土木工程专业本研贯通系列教材

弹塑性力学与有限元法应用

金 江 主 编
曹小建 副主编

中国建筑工业出版社

图书在版编目（CIP）数据

弹塑性力学与有限元法应用 / 金江主编；曹小建副主编． -- 北京：中国建筑工业出版社，2024.12.（土木工程专业本研贯通系列教材）． -- ISBN 978-7-112-30297-0

I. O34

中国国家版本馆CIP数据核字第2024YU2502号

有限元法是随着现代计算机技术发展而兴起的一种现代计算方法，它的应用几乎覆盖了科学计算和工程仿真分析的各个领域。Ansys是由美国Ansys公司研制开发的大型通用有限元分析商业软件，其工程版本——Ansys Workbench在工程仿真分析的使用中非常广泛。

本书主要介绍弹塑性力学和有限元法的基本原理及应用，包括弹塑性力学的基本理论与有限元法的理论基础、杆系结构的有限元法、弹性力学平面问题的有限元法、弹性力学空间问题的有限元法、弹性力学空间轴对称问题的有限元法、弹性薄板问题的有限元法简介、结构动力学问题的有限元法简介、塑性力学问题的有限元法简介、Ansys Workbench入门知识、SpaceClaim几何建模与前处理、Ansys Workbench网格划分技术，以及采用Ansys Workbench软件解决各种相关问题的应用实例与应用过程。

本书是弹塑性有限元法原理及Ansys Workbench应用的入门级教材，既有基本原理，又有操作指南，还有应用实例，内容翔实，可以作为力学类、机械类、土木类、飞行器类、船舶类等工科专业的本科生和研究生的教材，也可作为工程技术人员和教师的Ansys Workbench的操作指南和参考书籍。

为了更好地支持相应课程的教学，我们向采用本书作为教材的教师提供课件，有需要者可与出版社联系。建工书院：http://edu.cabplink.com，邮箱：jckj@cabp.com.cn，电话：(010) 58337285。

责任编辑：吉万旺
文字编辑：卜　煜
责任校对：赵　力

土木工程专业本研贯通系列教材
弹塑性力学与有限元法应用
金　江　主　编
曹小建　副主编

*

中国建筑工业出版社出版、发行（北京海淀三里河路9号）
各地新华书店、建筑书店经销
北京鸿文瀚海文化传媒有限公司制版
北京云浩印刷有限责任公司印刷

*

开本：787毫米×1092毫米　1/16　印张：20¼　字数：455千字
2025年3月第一版　2025年3月第一次印刷
定价：58.00元（赠教师课件）
ISBN 978-7-112-30297-0
（43647）

版权所有　翻印必究
如有内容及印装质量问题，请与本社读者服务中心联系
电话：(010) 58337283　QQ：2885381756
（地址：北京海淀三里河路9号中国建筑工业出版社604室　邮政编码：100037）

前　言

随着计算机技术日新月异的进步，提出于 20 世纪中后叶的有限元法迅速发展起来，成为一种解决工程结构力学问题的有效的通用数值求解方法。过去很多难以解决的工程结构计算问题，在有限元法出现后得到了满意的解决。

有限元法实施的基本过程是把实际结构划分为若干个单元，而单元与单元之间通过结点相连，这样就可以用有限个离散单元的组合体（有限元计算模型）去代替实际结构。随着计算机软、硬件技术的发展，有限元法理论的不断进步，有限元计算模型及计算结果越来越趋近于实际结构，使实际工程结构的设计能够安全可靠且经济合理，并有力促进了工程结构多种形态和基本理论的发展与应用。

由于有限元法的理论与应用的迅速发展，其应用领域的广泛性也不断拓展。有限元法的应用已经从固体力学领域发展到流体力学、热力学、电磁学、声学、光学、生物学等诸多领域的耦合场研究。应用有限元法，可以加快工业设计或研究问题的进度，并显著提高其安全性、可靠性和经济性，对现代工业技术的发展起到了巨大的推动作用。因此有限元法已经成为现代工程设计与分析中不可或缺的方案解决利器，越来越多的工程技术人员需要掌握这种现代分析技术。

Ansys 是应用比较广泛的商业有限元分析软件，在工业界享有世界声誉。从 Ansys 7.0 版本开始，除了 Ansys 经典版（Mechanical APDL）外，还附加了 Ansys Workbench 版本，至今，Ansys 已开发至 2023 R1 版本。Ansys Workbench 是 Ansys 公司提出的协同仿真环境，解决企业产品研发过程中 CAE（Computer Aided Engineering）软件的异构问题。

近些年来，由于高等教育教学改革的实施，土木工程、机械工程、水利工程等众多工科本科专业和研究生专业的力学课程普遍大幅缩减课时，在很多工科院校相关工科专业研究生培养计划中，原来弹塑性力学和有限元法分别是两门基础课程，但现阶段合并成了一门课程，学时也较过去总学时明显减少，更突出的问题是没有适合本课程的合适教材，本书的出现可望填补这一空白。本书之前的讲义在授课过程中受到了南通大学选修"弹塑性力学与有限元法"课程研究生们的欢迎，相信本书也会受到同样开设了研究生课程"弹塑性力学与有限元法"的很多工科院校的研究生们的欢迎。

本书精心挑选了弹塑性力学和有限元法的基本理论与使用方法的内容，并将其有机结合起来，理论阐述深入浅出，关于有限元法软件使用的介绍翔实有序，易读性强，一般有限元教材很少涉及的实体建模、网格划分技术等也有详细介绍，对现代有限元技术的介绍较为全面。其中，部分实例是笔者教学和科研的独特成果，具有很强的实用示范性。

本书也是一本全面介绍 Ansys Workbench 结构分析的使用指南书，实用性强。通过阅读本书，读者能在较短时间内极大提高其利用有限元法解决工程问题的能力。

本书由南通大学交通与土木工程学院力学教研室的金江教授主编并统稿，南通大学交通与土木工程学院力学教研室的曹小建副教授担任副主编。其中金江教授编写了本书的第6～16章，曹小建副教授编写了本书的第1～5章。南京航空航天大学博士生导师王鑫伟教授在弹塑性力学理论和有限元法理论两个方面都有着深厚造诣并做出了杰出的贡献，他在百忙之中审核了本书，并提出了宝贵的意见。南通大学交通与土木工程学院的邵叶秦教授和陈敏教授，对于本书的编写和出版给予了大力支持与帮助。另外，本书的编写得到了南通大学研究生教材建设专项基金资助（JPJC22_06）。在此笔者一并表示衷心感谢！

由于编者水平有限，书中难免存在不当之处，敬请读者批评指教。

目 录

第1章 弹塑性力学概论 ··· 1
  1.1 弹塑性力学的研究内容和任务 ··· 1
  1.2 弹塑性力学的基本假设 ··· 3
    1.2.1 连续性假设 ··· 4
    1.2.2 均匀性假设 ··· 4
    1.2.3 各向同性假设 ·· 4
    1.2.4 小变形假设 ··· 4
  1.3 张量简介 ··· 5
    1.3.1 张量的定义 ··· 5
    1.3.2 张量的基本运算 ··· 6
    1.3.3 张量函数的导数 ··· 15
  思考及练习题 ·· 17

第2章 弹塑性力学基础 ··· 18
  2.1 应力张量 ··· 18
    2.1.1 应力状态分析 ··· 19
    2.1.2 主应力及不变量 ·· 21
    2.1.3 八面体应力 ··· 27
  2.2 应力偏张量 ··· 28
    2.2.1 应力张量的分解 ·· 28
    2.2.2 应力偏张量的不变量 ·· 30
    2.2.3 等效应力 ··· 33
  2.3 应变张量 ··· 34
    2.3.1 应变状态分析 ··· 34
    2.3.2 主应变及其不变量 ··· 36
    2.3.3 应变偏张量 ··· 37
  2.4 应变速率张量 ·· 39
  2.5 应力和应变的 Lode 参数 ··· 39
    2.5.1 摩尔应力圆 ··· 39
    2.5.2 应力 Lode 参数 ··· 41
    2.5.3 应变 Lode 参数 ··· 42
  2.6 弹性力学基本方程 ·· 42

  2.6.1 平衡方程 ··· 42
  2.6.2 物理方程 ··· 42
  2.6.3 应变协调方程 ·· 43
 思考及练习题 ··· 44

第 3 章　简单应力状态的弹塑性问题 45
 3.1 基本试验资料 ··· 45
  3.1.1 应力-应变曲线 ·· 45
  3.1.2 静水压力试验 ·· 48
 3.2 应力-应变的简化模型 ·· 50
  3.2.1 理想弹塑性模型 ··· 50
  3.2.2 线性强化弹塑性模型 ·· 50
  3.2.3 理想刚塑性模型 ··· 50
  3.2.4 线性强化刚塑性模型 ·· 51
 3.3 应变的表示法 ··· 52
  3.3.1 工程应变和自然应变 ·· 52
  3.3.2 工程应变和自然应变的关系 ·· 53
 思考及练习题 ··· 54

第 4 章　屈服条件和加载条件 55
 4.1 屈服条件概念 ··· 55
 4.2 屈服曲面 ·· 56
  4.2.1 主应力空间 ·· 56
  4.2.2 屈服曲面 ··· 57
 4.3 两种常用屈服条件 ·· 60
  4.3.1 Tresca 屈服条件 ··· 60
  4.3.2 Mises 屈服条件 ·· 62
  4.3.3 Tresca 和 Mises 屈服条件的比较 ··· 63
 4.4 屈服条件的试验验证 ··· 64
 4.5 加载条件和加载曲面 ··· 66
 4.6 Mohr-Coulomb 和 Drucker-Prager 屈服条件 ·································· 68
  4.6.1 Mohr-Coulomb 屈服条件 ·· 68
  4.6.2 Drucker-Prager 屈服条件 ··· 69
 思考及练习题 ··· 71

第 5 章　塑性本构关系 72
 5.1 弹性本构关系 ··· 72
 5.2 塑性全量理论 ··· 75
 5.3 Drucker 公设 ·· 78
 5.4 加载和卸载准则 ·· 81

5.5 塑性增量理论 ························· 82
5.5.1 理想塑性材料的增量理论 ················ 84
5.5.2 强化材料的增量理论 ··················· 86
5.6 简单加载定律 ························· 87
5.7 有限元常用塑性本构关系 ··················· 88
5.7.1 双线性各向同性硬化模型 ················ 88
5.7.2 多线性各向同性硬化模型 ················ 88
5.7.3 双线性随动硬化模型 ··················· 88
5.7.4 多线性随动硬化模型 ··················· 89
思考及练习题 ··························· 90

第6章 有限单元法概论 ························ 92
6.1 有限单元法基本概念 ····················· 92
6.2 有限单元法基本步骤 ····················· 92
6.3 有限单元法及有限元软件发展历程 ·············· 94
6.3.1 有限单元法发展历程简介 ················ 94
6.3.2 Ansys 有限元软件简介 ·················· 95
6.3.3 Abaqus 有限元软件简介 ················· 96
6.3.4 Nastran 有限元软件简介 ················· 96
6.3.5 HyperWorks 有限元仿真软件简介 ············ 97

第7章 变形体虚功原理 ······················· 99
7.1 弹性力学基本方程 ······················ 99
7.1.1 平衡微分方程 ······················ 99
7.1.2 几何方程 ························ 100
7.1.3 边界条件 ························ 101
7.1.4 本构关系 ························ 101
7.1.5 弹性力学变量的矩阵表示 ················ 103
7.2 变形体虚功原理及最小势能原理 ················ 104
7.2.1 变形体虚功原理 ····················· 104
7.2.2 变形体最小势能原理 ··················· 104

第8章 杆系结构有限单元法 ····················· 106
8.1 杆系结构的离散化及单元类型 ················· 107
8.1.1 杆单元及桁架结构的离散化 ··············· 107
8.1.2 梁单元及刚架结构的离散化 ··············· 107
8.2 单元刚度矩阵 ························ 108
8.2.1 局部坐标系下的单元刚度矩阵 ·············· 108
8.2.2 坐标变换 ························ 114
8.2.3 总体坐标系下的单元刚度矩阵 ·············· 115

8.3 整体刚度矩阵 ……………………………………………………………… 115
    8.3.1 原始整体刚度方程 …………………………………………… 115
    8.3.2 修正整体刚度方程 …………………………………………… 118
思考及练习题 ………………………………………………………………… 122

第9章 平面问题有限元分析 …………………………………………………… 124
9.1 结构离散化 ……………………………………………………………… 124
9.2 三角形常应变单元 ……………………………………………………… 125
    9.2.1 位移模式及形函数 …………………………………………… 125
    9.2.2 形函数的性质 ………………………………………………… 128
    9.2.3 单元的刚度矩阵 ……………………………………………… 129
    9.2.4 等效结点力 …………………………………………………… 130
9.3 矩形双线性单元 ………………………………………………………… 131
    9.3.1 位移模式及形函数 …………………………………………… 132
    9.3.2 单元刚度矩阵和刚度方程 …………………………………… 133
9.4 平面等参数单元 ………………………………………………………… 135
    9.4.1 位移模式及形函数 …………………………………………… 135
    9.4.2 单元刚度矩阵 ………………………………………………… 137
    9.4.3 等效结点力 …………………………………………………… 138
9.5 轴对称等参数单元 ……………………………………………………… 140
    9.5.1 位移模式及形函数 …………………………………………… 140
    9.5.2 单元刚度矩阵 ………………………………………………… 141
    9.5.3 等效结点力 …………………………………………………… 142
9.6 高斯积分法的应用 ……………………………………………………… 143
思考及练习题 ………………………………………………………………… 144

第10章 空间问题有限元分析 …………………………………………………… 145
10.1 四面体常应变单元 ……………………………………………………… 145
    10.1.1 形状函数 ……………………………………………………… 145
    10.1.2 单元刚度矩阵 ………………………………………………… 146
    10.1.3 等效结点力 …………………………………………………… 148
10.2 空间等参数应变单元 …………………………………………………… 149
    10.2.1 形状函数 ……………………………………………………… 149
    10.2.2 单元刚度矩阵 ………………………………………………… 150
    10.2.3 等效结点力 …………………………………………………… 151
思考及练习题 ………………………………………………………………… 152

第11章 薄板弯曲问题有限元分析 ……………………………………………… 153
11.1 薄板弯曲问题基本方程 ………………………………………………… 153
    11.1.1 基本概念和假定 ……………………………………………… 153

	11.1.2 薄板内力	154
11.2	薄板弯曲矩形单元	155
	11.2.1 形状函数	156
	11.2.2 单元刚度方程	156
	11.2.3 单元等效结点力	157
	11.2.4 薄板边界条件	157

第 12 章 有限单元法的动力学和材料非线性问题应用 160

12.1	模态分析	160
12.2	谐响应分析	162
12.3	响应谱分析	164
12.4	材料非线性问题	164

第 13 章 Ansys Workbench 入门知识 169

13.1	Ansys Workbench 概述	169
	13.1.1 Ansys Workbench 的特点	170
	13.1.2 Ansys Workbench 分析模块介绍	171
	13.1.3 Ansys Workbench 分析过程	174
	13.1.4 基本菜单栏和工具栏	176
13.2	Ansys Workbench 项目管理	177
	13.2.1 工具箱	177
	13.2.2 单位系统	178
	13.2.3 项目概图	179
	13.2.4 Ansys Workbench 文档管理	185
	13.2.5 Ansys Workbench 选项设置	187

第 14 章 SpaceClaim 几何建模与前处理 189

14.1	SpaceClaim 功能特点	189
	14.1.1 直接建模特性	190
	14.1.2 丰富的数据接口	190
	14.1.3 三维几何建模功能	191
	14.1.4 适合 CAE 仿真的模型修改	191
	14.1.5 辅助制造的利器	191
14.2	SpaceClaim 使用简介	192
	14.2.1 概述	192
	14.2.2 交互图形界面	192
	14.2.3 选项设置	195
	14.2.4 板面操作	199
14.3	SpaceClaim 建模指南	201
	14.3.1 概述	201

14.3.2	视图模式	201
14.3.3	建模	202
14.3.4	创建	214
14.3.5	装配	219

14.4 SpaceClaim 有限元前处理应用 ………… 220
   14.4.1 概述 ………… 220
   14.4.2 几何接口 ………… 220
   14.4.3 几何模型前处理 ………… 221
思考及练习题 ………… 237

第 15 章 Ansys Workbench 网格划分 ………… 239

15.1 网格划分概述 ………… 239
15.2 全局网格控制 ………… 240
   15.2.1 Display Style（显示风格） ………… 240
   15.2.2 Defaults（默认设置） ………… 241
   15.2.3 Sizing（全局尺寸控件） ………… 243
   15.2.4 Quality（质量控制） ………… 245
   15.2.5 Inflation（膨胀控制） ………… 249
   15.2.6 Advanced（高级控制） ………… 252
   15.2.7 Statistics（网格信息） ………… 253
15.3 局部网格控制 ………… 253
   15.3.1 Method（网格划分方法） ………… 254
   15.3.2 Sizing（局部网格尺寸调整） ………… 258
   15.3.3 Contact Sizing（接触网格尺寸） ………… 260
   15.3.4 Refinement（网格细化） ………… 260
   15.3.5 Face Meshing（映射面网格划分） ………… 260
   15.3.6 Match Control（匹配控制） ………… 261
   15.3.7 Pinch（收缩控制） ………… 261
   15.3.8 Inflation（膨胀控制） ………… 261
15.4 Ansys Workbench 网格划分实例 ………… 262
思考及练习题 ………… 263

第 16 章 Ansys Workbench 应用实例 ………… 265

16.1 静力结构分析实例 1——空间刚架强度分析 ………… 265
   16.1.1 问题描述 ………… 265
   16.1.2 前处理 ………… 269
   16.1.3 模型求解 ………… 276
   16.1.4 结果显示 ………… 277
16.2 静力结构分析实例 2——联轴器变形和强度校验 ………… 278

  16.2.1 问题描述 ·············· 278
  16.2.2 前处理 ·············· 278
  16.2.3 求解 ················ 281
  16.2.4 结果显示 ·············· 284
 16.3 模态分析实例——机翼的模态分析 ·············· 285
  16.3.1 模态分析方法介绍 ·············· 285
  16.3.2 问题描述 ·············· 285
  16.3.3 前处理 ·············· 285
  16.3.4 求解 ················ 287
  16.3.5 结果 ················ 289
 16.4 响应谱分析实例——三层框架结构地震响应分析 ·············· 293
  16.4.1 响应谱分析方法介绍 ·············· 293
  16.4.2 问题描述 ·············· 294
  16.4.3 前处理 ·············· 294
  16.4.4 模态分析求解 ·············· 296
  16.4.5 模态分析结果 ·············· 297
  16.4.6 响应谱分析设置和求解 ·············· 298
  16.4.7 响应谱分析结果 ·············· 303
 16.5 材料塑性分析实例——聚乙烯管回弹效应 ·············· 306
  16.5.1 问题描述 ·············· 306
  16.5.2 前处理 ·············· 306
  16.5.3 模型求解 ·············· 308
  16.5.4 结果 ················ 311
参考文献 ·············· 313

第 1 章　弹塑性力学概论

1.1　弹塑性力学的研究内容和任务

物体在外力作用下发生变形，在外力（荷载）撤去后恢复原状的性质叫作物体的弹性。若作用在物体上的外力较大并超过某一数值，外力消失后物体不能恢复原状，卸载后保留下来的变形称为非弹性变形。其中也分为两部分，一部分会随着时间而慢慢消失，这是弹性后效；另一部分始终不能消失，叫作永久变形。在一定的应力下，永久变形随时间而缓慢增加的现象叫作蠕变。弹性后效和蠕变都是由材料的黏性所引起的。这些与时间有关的永久变形称为流态变形，而与时间无关，只与应力有关的永久变形才是塑性变形。例如，在材料力学低碳钢试验中，应力-应变曲线分为四个阶段：弹性阶段、屈服阶段、强化阶段和颈缩阶段。在弹性阶段，拉力去掉后，低碳钢会恢复初始状态。随着拉力增大，逐渐从弹性阶段过渡到塑性阶段并明显产生弹塑性分区。此时物体内某点或某一部分产生塑性变形，当荷载卸去后，物体中则存在残留的塑性变形且不可消失。在超过弹性极限的荷载作用下，物体的变形可分为两个部分，即弹性变形部分和塑性变形部分。其中的弹性变形部分是指卸载后能恢复的那部分变形，而塑性变形是指不能恢复的部分，塑性变形有时又称为残余变形。研究弹性阶段的力学问题属于弹性力学范畴，研究塑性阶段的力学问题属于塑性力学范畴。本课程中将不考虑变形与时间有关的现象，如蠕变、松弛、黏性等。

弹性变形的特点是弹性变形与应力呈正比例，两者一一对应；塑性变形则与弹性变形截然不同，塑性变形和应力是非线性，两者不存在一一对应，塑性变形除了与当前的应力相关外，还与它经历的加载过程相关。因此，研究塑性变形比较复杂，尤其是复杂加载条件下，更是要充分考虑加载过程。

结构设计时，若只在弹性阶段进行设计，称为弹性设计，这显然会造成浪费。例如，纯弯曲状态下，考虑塑性时一根矩形截面梁承载能力会比仅考虑弹性承载提高 50%。对于大部分结构材料，有必要考虑材料塑性。考虑材料塑性进行设计就称为弹塑性设计，这能够充分发挥材料潜力，也是研究材料塑性的一个重要目的。

工程上有些塑性变形需要避免。比如，墙体上较大的裂缝会影响结构美观并削弱结构强度；但钢筋的冷作硬化、结构部件的折弯成型等又是利用金属的塑性来加工的。无论是避免还是利用，都需要对材料塑性进行研究。指导结构设计，这是研究塑性的另一目的，而其研究对象主要是塑性较好的金属材料。

弹塑性力学是研究物体弹性阶段过渡到弹塑性阶段并最终破坏整个发展过程的力学问题的一门科学。它是固体力学的一个重要分支，应用于机械、土木、水利、冶金、采矿、建筑、造船、航空航天等广泛的工程领域。其目的主要是：确定一般工程结构受外力作用时的弹塑性变形与内力的分布规律；确定一般工程结构的承载能力；为进一步研究工程结构的振动、强度、稳定性等力学问题打下必要的理论基础。

材料力学研究杆件在外力作用或温度变化或支座沉陷等外因作用下的应力、变形、材料的宏观力学性质、破坏准则等，其任务主要是解决杆件的强度、刚度和稳定性；结构力学研究杆系结构在外力作用、温度变化、支座沉降等外因作用下的应力、变形、位移等变化规律，其任务主要是解决杆系的强度、刚度和稳定性；而弹塑性力学研究弹塑性体在外力作用、温度变化、支座沉降等外因作用下的应力、变形、位移等变化规律，其任务是解决弹塑性体的强度、刚度和稳定性。上述三门力学课程的区别如表 1-1 所示。

材料力学、结构力学、弹塑性力学的区别　　　　　　表 1-1

课程	研究对象	研究方法
材料力学	杆件（直杆、小曲率杆）	提出多个假设，从静力平衡、几何关系、物理方程三方面分析
结构力学	杆件系统（或结构）	提出多个假设，从静力平衡、几何关系、物理方程三方面分析
弹塑性力学	一般弹塑性实体结构、板壳结构、杆件等	放弃材料力学中的大部分假设，仅从静力平衡、几何关系、物理方程三方面分析

弹塑性力学的主要内容包括以下两个部分：

1. 弹塑性本构关系

本构关系是材料本身固有的一种物理关系，指材料内任一点的应力和应变之间的关系。弹性本构关系是广义胡克定律，而塑性的本构关系远比弹性的本构关系复杂。在不同加载条件下，要服从不同的塑性本构关系。塑性本构关系分为两大类——增量理论和全量理论。

2. 研究荷载作用下物体内任一点的应力和变形

在荷载作用下，物体内会产生应力，通过应力应变分析，每一点都会有自己的应力单元体，也对应着不同的主应力、变形和位移。研究荷载产生的应力和变形有助于解析物体的强度和刚度，从而使材料得到充分利用。

塑性力学和弹性力学有着密切的联系。弹性力学中的某些假设以及关于应力、应变的理论如与材料物理性质无关，则都可以在塑性力学中加以应用。但是塑性力学远比弹性力学复杂。塑性力学中没有广义胡克定律这样统一的本构关系，已有的理论只能反映特定的实际情况；而且由于变形和加载历史有关，塑性力学中方程通常是非线性的，在数学求解上有困难；塑性区和弹性区往往同时存在，如何确定界面并满足力和变形的连续条件，也有难度。

下面以一个简单的三杆桁架的极限设计问题为例（图 1-1），各杆具有相同截面积，由钢材制成，材料的屈服极限 $\sigma_s = 265\text{MPa}$，桁架的工作荷载 $P = 100\text{kN}$，安全系数 $n = 3$，试确定杆的横截面积 A。

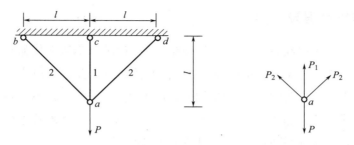

图 1-1　三杆桁架的极限设计

这是一次超静定的桁架问题，在各杆弹性变形的情况下，各杆内力为：

$$P_1=\frac{2P}{2+\sqrt{2}},\quad P_2=\frac{P_1}{2}=\frac{P}{2+\sqrt{2}}$$

桁架的工作荷载为 100kN，根据安全系数，则设计荷载 P 为 300kN，代入上述内力计算公式可得 $P_1=175.7\text{kN}$，$P_2=87.9\text{kN}$，若按弹性状态设计，以桁架最大受力部分的应力达到屈服极限认为桁架破坏，即当 $P_1=A\sigma_s$ 时破坏，则杆横截面积应取：

$$A_e=\frac{P_1}{\sigma_s}=\frac{175.7\text{kN}}{265\text{MPa}}=663\text{mm}^2$$

此时两根斜杆的应力才达到屈服应力的一半。大多数钢材为延性材料，能发生相当大的变形而不丧失强度。结构整体尚未达到极限承载程度，需要考虑斜杆也达到屈服极限时的情况。若此时三根杆件都是理想塑性体，此时 $P_1=P_2=A\sigma_s$。根据结点平衡条件，应有：

$$P_1+\sqrt{2}P_2=P,\quad A\sigma_s(1+\sqrt{2})=P$$

按此时塑性极限状态设计，杆的横截面积应取：

$$A_p=\frac{P}{\sigma_s(1+\sqrt{2})}=\frac{300\text{kN}}{265(1+\sqrt{2})\text{MPa}}=469\text{mm}^2$$

由此结果可见，采用塑性设计，可节省横截面积约 30%，即可节约用材近 30%。

1.2　弹塑性力学的基本假设

对于力学问题，为简化计算，或者为了使计算成为可能而且结构便于应用，要将材料进行理想化，即在一定条件下，只考虑材料的主要性质，忽略次要性质，建立力学模型。材料的力学模型往往是学科分支划分的标志，既是该学科的研究对象，又受到该学科适用性的限制。例如，"弹性体"是一个力学模型，以弹性体为研究对象的就是"弹性力学"。对于一般的"弹塑性力学"，材料可以有以下假设，这些基本假设既规定了研究对象，也限制了本课程理论的适用范围。

1.2.1 连续性假设

假定整个物体的体积都被组成这个物体的介质所填满，不留下任何空隙，这样物体内的一些物理量，如应力、应变和位移等，才可能是连续的，此时可以用含坐标的连续函数来表示它们的变化规律。实际上，一切物体都是由微粒组成的，都不能符合上述假定。但是只要微粒的尺寸以及相邻微粒间的距离远比物体的尺寸小（金属晶体结构的尺寸约为埃米级），则关于物体连续性的假设就不会引起明显的误差。

1.2.2 均匀性假设

假设物体由同一种材料组成，并且介质均匀连续无间隙地充满整个物体。这样整个物体的所有部分才具有相同的弹性，从而物体的弹性常数才不随位置改变而变化，可以取出该物体的任意部分作为单元体进行分析。而由于选取的任意性，最终的分析结果应用于整个物体。

如果物体由两种或两种以上的材料组成，那么也只需要每一种材料的颗粒远远小于物体尺寸，而且在物体内均匀分布，这个物体也可近似认为是均匀的。从微观上说，介质是由不连续的粒子组成的，能保持物质性质的最小单元称为分子；能代表材料力学性能的体积单元也随着物体组织结构的不同而不同，金属材料通常取 0.001mm^3 作为代表性体积单元的最小尺寸。该体积单元已包含足够多数量的基本组成部分，能使力学性能统计平均值保持一个恒量。宏观物体可看成这样均匀且连续体积单元的集合体。

1.2.3 各向同性假设

假设物体内一点的材料特性在所有方向都相同，这样物体的材料常数才不随方向而改变。显然木材和竹材做的构件都不能作为各向同性体；至于钢材构件，虽然其内部存在空洞、气泡、杂质等缺陷，而且内部含有各向异性的晶体，但由于晶体很微小，而且是随机排列的，所以钢材构件的材料特性（如包含无数微小晶体随机排列时的统观弹塑性）大致是各向相同的。

1.2.4 小变形假设

假定物体的位移和形变是微小的，也就是假设物体受力以后，整个物体所有点的位移都远远小于物体原来的尺寸，因而应变和转角都远小于1。这样在建立物体变形以后的平衡方程时，可以用变形前的尺寸来代替变形后的尺寸，而不致引起明显的误差。在考察物体的形变及位移时，转角和应变的二次幂或乘积都可以视作高阶无穷小量而舍去，这样才可能使弹塑性力学中的代数方程和微分方程简化成线性方程。

对于考虑塑性的材料，除了以上几个假设，还要补充以下几点：

1. 材料的弹性性质不受塑性变形的影响

当物体内任一点处于塑性状态时，变形分为弹性变形和塑性变形两部分。不管塑性变形有多大，弹性变形与应力始终是线性关系。在加载过程中，弹性变形与应力的关系服从广义胡克定律。卸载过程中，弹性变形改变量与应力改变量的关系也服从广义胡克定律。

2. 不考虑时间对材料性质的影响

弹塑性力学的研究对象是韧性金属材料。假定物体内的应力和变形的大小只与外加荷载的大小有关，与时间无关；假设变形速率、应变率等概念指标是位移、应变的增量。至于这些增量在多长时间内产生，认为其对力学分析无影响。

3. 只考虑稳定材料和荷载逐级缓慢增加

所谓稳定材料，是指在单向应力状态下、任一时间段内，应力的改变量 $\Delta\sigma$ 与应变的改变量 $\Delta\varepsilon$ 的乘积大于或等于 0，即应力的改变量（或称附加应力）总是做正功。假设外加荷载是缓慢增加的，在加载的过程中不会引起结构的明显振动，所以弹塑性力学的研究是建立在静力学范畴上的。

1.3 张量简介

在连续介质力学领域中广泛采用张量来表征力学问题，尤其是一阶张量和二阶张量。力学中常用的一些重要物理量，如位移、速度、边界力等是一阶张量；应力、应变、应变率、应变增量等是二阶张量。用张量表示物理量及基本方程具有书写简单、物理意义明确的特点。

1.3.1 张量的定义

在力学及理论物理中，将不依赖于坐标系的物理量称为标量，如物体的质量、密度、体积、面积、温度及动能、势能、应变能等。这些物理量只有大小、单位而没有方向。

有些物理量需要建立在选定的坐标系中，用若干个独立的物理量才能表达出来。如图 1-2 所示，空间中某点 A 的几何位置由 3 个独立的坐标 (x, y, z) 来表示。若在力的作用下，点 A 移动到点 A'，此位移在 x、y、z 方向上的分量分别对应 u、v、w，即 A 点的位移也由 3 个独立的量 $(u、v、w)$ 来表示。这些物理量是由 3 个独立的量组成的集合，称为一阶张量，也称为矢量或向量。换言之，一阶张量是指既有大小又有方向的物理量。

在弹塑性力学中，有些物理量如应力、应变等是由 9 个独立的物理量组成的集合，如：

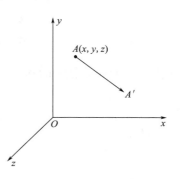

图 1-2 直角坐标系点的坐标及位移

$$\begin{bmatrix} \sigma_{11} & \sigma_{12} & \sigma_{13} \\ \sigma_{21} & \sigma_{22} & \sigma_{23} \\ \sigma_{31} & \sigma_{32} & \sigma_{33} \end{bmatrix}$$

这类物理量称为二阶张量。以此类推，n 阶张量应是由 3^n 个分量组成的集合。

1.3.2 张量的基本运算

1. 下标记号法

下标记号法是张量的一种最简洁的表示方法。用此方法可将一阶张量和二阶张量表示如下：

1) A 点的坐标 (x,y,z) 可表示为 $x_i(i=1,2,3)$。

2) A 点的位移 (u,v,w) 可表示为 $u_i(i=1,2,3)$。

3) 应力张量 $\begin{bmatrix} \sigma_{11} & \sigma_{12} & \sigma_{13} \\ \sigma_{21} & \sigma_{22} & \sigma_{23} \\ \sigma_{31} & \sigma_{32} & \sigma_{33} \end{bmatrix}$ 可表示为 $\sigma_{ij}(i=1,2,3;\ j=1,2,3)$。

4) 应变张量 $\begin{bmatrix} \varepsilon_{11} & \varepsilon_{12} & \varepsilon_{13} \\ \varepsilon_{21} & \varepsilon_{22} & \varepsilon_{23} \\ \varepsilon_{31} & \varepsilon_{32} & \varepsilon_{33} \end{bmatrix}$ 可表示为 $\varepsilon_{ij}(i=1,2,3;\ j=1,2,3)$。

以上表明，一阶张量的下标应是 1 个，二阶张量的下标应是 2 个。以此类推，n 阶张量的下标应是 n 个。n 阶张量可表示为：

$$a_{i_1 i_2 \cdots i_n}(i_k=1,2,3;\ k=1,2,\cdots,n)$$

2. 张量的加减

同阶的张量才可以做加减法运算。设有 2 个 n 阶张量：

$$A = a_{i_1 i_2 \cdots i_n}(i_k=1,2,3;\ k=1,2,\cdots,n)$$
$$B = b_{i_1 i_2 \cdots i_n}(i_k=1,2,3;\ k=1,2,\cdots,n)$$

这 2 个 n 阶张量的和或差也是 n 阶张量，即：

$$C = A \pm B$$

其中：

$$C = c_{i_1 i_2 \cdots i_n}(i_k=1,2,3;\ k=1,2,\cdots,n) \tag{1-1}$$

3. 张量的乘积

与张量的加减法运算不同，不同阶的张量之间可以做乘除运算。设 A 为 m 阶张量，B 为 n 阶张量，即：

$$A = a_{i_1 i_2 \cdots i_m} \ (i_k = 1, 2, 3; \ k = 1, 2, \cdots, m)$$
$$B = b_{j_1 j_2 \cdots j_n} \ (j_l = 1, 2, 3; \ l = 1, 2, \cdots, n)$$

它们的积为 T，是 $m+n$ 阶张量，即：

$$T = t_{i_1 i_2 \cdots i_m j_1 j_2 \cdots j_n} \ (i_k = 1, 2, 3, k = 1, 2, \cdots, m; \ j_l = 1, 2, 3, l = 1, 2, \cdots, n) \quad (1\text{-}2)$$

4. 求和约定

在用下标记号法表示张量的某一项时，如有 2 个下标相同，则表示对此下标的 1、2、3 求和。此下标称为哑标，例如：

$$a_i b_i = a_1 b_1 + a_2 b_2 + a_3 b_3 \quad (1\text{-}3)$$

$$\varepsilon_{ii} = \varepsilon_{11} + \varepsilon_{22} + \varepsilon_{33} \quad (1\text{-}4)$$

$$\sigma_{ij}\varepsilon_{ij} = \sigma_{i1}\varepsilon_{i1} + \sigma_{i2}\varepsilon_{i2} + \sigma_{i3}\varepsilon_{i3}$$
$$= \sigma_{11}\varepsilon_{11} + \sigma_{12}\varepsilon_{12} + \sigma_{13}\varepsilon_{13} + \sigma_{21}\varepsilon_{21} + \sigma_{22}\varepsilon_{22} + \sigma_{23}\varepsilon_{23} + \sigma_{31}\varepsilon_{31} + \sigma_{32}\varepsilon_{32} + \sigma_{33}\varepsilon_{33} \quad (1\text{-}5)$$

将求和约定用于含偏导数的项：

$$a_{i,i} = \frac{\partial a_i}{\partial x_i} = \frac{\partial a_1}{\partial x_1} + \frac{\partial a_2}{\partial x_2} + \frac{\partial a_3}{\partial x_3} \quad (1\text{-}6)$$

$$\sigma_{ij,j} = \frac{\partial \sigma_{ij}}{\partial x_j} = \frac{\partial \sigma_{i1}}{\partial x_1} + \frac{\partial \sigma_{i2}}{\partial x_2} + \frac{\partial \sigma_{i3}}{\partial x_3} \quad (1\text{-}7)$$

在某一项中不重复出现的下标称为自由标号，可取 1、2、3 中的任意值。例如，在物体内某点的静力平衡方程为：

$$\sigma_{ij,j} + f_i = 0$$

其中 i 是自由标号，可以取 1、2、3。上式代表 3 个方程：

$$\begin{cases} \dfrac{\partial \sigma_{11}}{\partial x_1} + \dfrac{\partial \sigma_{12}}{\partial x_2} + \dfrac{\partial \sigma_{13}}{\partial x_3} + f_1 = 0 \\ \dfrac{\partial \sigma_{21}}{\partial x_1} + \dfrac{\partial \sigma_{22}}{\partial x_2} + \dfrac{\partial \sigma_{23}}{\partial x_3} + f_2 = 0 \\ \dfrac{\partial \sigma_{31}}{\partial x_1} + \dfrac{\partial \sigma_{32}}{\partial x_2} + \dfrac{\partial \sigma_{33}}{\partial x_3} + f_3 = 0 \end{cases}$$

等价于：

$$\begin{cases} \dfrac{\partial \sigma_x}{\partial x} + \dfrac{\partial \tau_{xy}}{\partial y} + \dfrac{\partial \tau_{xz}}{\partial z} + f_x = 0 \\ \dfrac{\partial \tau_{yx}}{\partial x} + \dfrac{\partial \sigma_y}{\partial y} + \dfrac{\partial \tau_{yz}}{\partial z} + f_y = 0 \\ \dfrac{\partial \tau_{zx}}{\partial x} + \dfrac{\partial \tau_{zy}}{\partial y} + \dfrac{\partial \sigma_z}{\partial z} + f_z = 0 \end{cases} \quad (1\text{-}8)$$

5. 张量的内积

设有 m 阶张量 A 和 n 阶张量 B，即：

$$A = a_{i_1 i_2 \cdots i_m} \ (i_l = 1, 2, 3; \ l = 1, 2, \cdots, m)$$
$$B = b_{j_1 j_2 \cdots j_n} \ (j_l = 1, 2, 3; \ l = 1, 2, \cdots, n)$$

从 m 阶张量 A 和 n 阶张量 B 中各取出 1 个下标，约定求和一次后称为一个 $(m+n-2)$ 阶张量。此张量称为张量 A 和张量 B 的内积，用 $A \cdot B$ 表示。例如：

$A \cdot C = a_{ij} c_j$ 表示二阶张量 A 和矢量（一阶张量）C 做内积。该内积是一阶张量。

$A \cdot B = a_{ij} b_{jk}$ 为二阶张量 A 和二阶张量 B 做内积。该内积是二阶张量。

$D \cdot B = d_i b_i$ 是矢量 D 和矢量 B 做内积。该内积是一个标量：

$$D \cdot B = d_i b_i = d_1 b_1 + d_2 b_2 + d_3 b_3 \tag{1-9}$$

一阶张量与一阶张量的内积运算还可以按式(1-10)计算：

$$D \cdot B = |D| \cdot |B| \cdot \cos\langle D, B\rangle \tag{1-10}$$

式中 $|D|$、$|B|$——分别表示矢量 D 和矢量 B 的模；

$\langle D, B\rangle$——矢量 D 和矢量 B 的夹角。

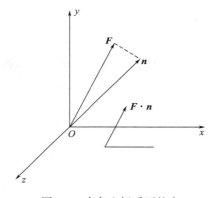

图 1-3 直角坐标系下的力

如图 1-3 中所示，在直角坐标系 $Oxyz$ 中，F 表示一个作用力 $F(F_1, F_2, F_3)$，n 表示某单位矢量，方向余弦为 (n_1, n_2, n_3)，且 $|n| = 1$，则：

$$\begin{aligned} F \cdot n &= F_1 n_1 + F_2 n_2 + F_3 n_3 \\ &= |F| \cdot \cos\langle F, n\rangle \end{aligned} \tag{1-11}$$

由式(1-11)可知，$F \cdot n$ 为矢量 F 在 n 方向上的投影。

6. 坐标变换

设 $Ox_1 x_2 x_3$ 是一个直角坐标系，$Ox'_1 x'_2 x'_3$ 是旋转坐标轴后得到的新坐标系。新、旧坐标系间存在着下列变换关系：

$$\begin{cases} x'_1 = l_{11} x_1 + l_{12} x_2 + l_{13} x_3 = l_{1j} x_j \\ x'_2 = l_{21} x_1 + l_{22} x_2 + l_{23} x_3 = l_{2j} x_j \\ x'_3 = l_{31} x_1 + l_{32} x_2 + l_{33} x_3 = l_{3j} x_j \end{cases} \tag{1-12}$$

其中，l_{ij} 是 x'_i 轴与 x_j 轴之间夹角的余弦，即：

$$l_{ij} = \cos\langle x'_i, \ x_j\rangle \tag{1-13}$$

由式(1-13)可得：

$$x'_i = l_{ik} x_k, \ x'_j = l_{jm} x_m \tag{1-14}$$

由新坐标轴及旧坐标轴的正交性得：

$$x'_i \cdot x'_j = \delta_{ij}, \quad x_i \cdot x_j = \delta_{ij}$$

将式(1-14)中两式相乘得：

$$x'_i \cdot x'_j = l_{ik} x_k \cdot l_{jm} x_m = l_{ik} \cdot l_{jm} \cdot \delta_{km} = l_{ik} \cdot l_{jk}$$

则可推出：

$$l_{ik} \cdot l_{jk} = \delta_{ij} \tag{1-15}$$

展开上式得到：

$$\begin{cases} l_{11}^2 + l_{12}^2 + l_{13}^2 = 1 \\ l_{21}^2 + l_{22}^2 + l_{23}^2 = 1 \\ l_{31}^2 + l_{32}^2 + l_{33}^2 = 1 \\ l_{11}l_{21} + l_{12}l_{22} + l_{13}l_{23} = 0 \\ l_{11}l_{31} + l_{12}l_{32} + l_{13}l_{33} = 0 \\ l_{21}l_{31} + l_{22}l_{32} + l_{23}l_{33} = 0 \end{cases}$$

式(1-15)体现了转换矩阵各分量之间的关系。若是标量，则进行坐标变化时，其值不变。对一阶张量 $a_i (i=1, 2, 3)$，其中 a_1、a_2、a_3 是此矢量在坐标轴 x_1、x_2、x_3 上的投影。设它在新坐标系 $Ox'_1 x'_2 x'_3$ 中表示为 $a'_i (i=1, 2, 3)$。a'_1、a'_2、a'_3 是此矢量在新坐标轴 x'_1、x'_2、x'_3 上的投影，则在新坐标系中：

$$\begin{cases} a'_1 = a_i \cdot l_{1i} = a_1 l_{11} + a_2 l_{12} + a_3 l_{13} \\ a'_2 = a_i \cdot l_{2i} = a_1 l_{21} + a_2 l_{22} + a_3 l_{23} \\ a'_3 = a_i \cdot l_{3i} = a_1 l_{31} + a_2 l_{32} + a_3 l_{33} \end{cases} \tag{1-16}$$

式(1-16)可用记号表示为 $a'_i = a_j l_{ij}$。

若在旧坐标系中，二阶张量表示为 a_{ij}，在新坐标系中表示为 a'_{ij}，且 $a'_{ij} = l_{it} l_{jm} a_{tm}$。同理，$n$ 阶张量 $a_{i_1 i_2 \cdots i_n}$ 在新坐标系中表示为：

$$a'_{i_1 i_2 \cdots i_n} = l_{i_1 j_1} l_{i_2 j_2} \cdots l_{i_n j_n} a_{i_1 i_2 \cdots i_n} \tag{1-17}$$

上述性质可用来定义张量，即当坐标轴旋转而由此发生坐标系变换时，某物理量发生相应变化，由原坐标系中的 $a_{i_1 i_2 \cdots i_n}$ 变为新坐标系下的 $a'_{i_1 i_2 \cdots i_n}$，且满足式(1-17)这样的物理量称为 n 阶张量。

7. 二阶张量

二阶张量的重要特性是具有主值、主轴和不变量。

设 A 为 1 个二阶张量 $A = a_{ij} (i=1, 2, 3; j=1, 2, 3)$，与空间中任一矢量 n 做内积，得另一矢量 m，即：

$$A \cdot n = m \tag{1-18}$$

若矢量 m 和矢量 n 共线,即得:

$$m = \lambda n \tag{1-19}$$

其中,λ 为某一数值,则称矢量 n 为二阶张量 A 的主轴,λ 为二阶张量 A 的主值。现求二阶张量 A 的主值和主轴。由式(1-18)和式(1-19)得:

$$A \cdot n = \lambda n$$

将上式展开可得:

$$\begin{cases} a_{11}n_1 + a_{12}n_2 + a_{13}n_3 = \lambda n_1 \\ a_{21}n_1 + a_{22}n_2 + a_{23}n_3 = \lambda n_2 \\ a_{31}n_1 + a_{32}n_2 + a_{33}n_3 = \lambda n_3 \end{cases} \tag{1-20}$$

式(1-20)是关于 n_1、n_2、n_3 的线性齐次方程组。参照线性代数,若要此方程组有非零解,其系数行列式必为 0,因此有下式成立:

$$\begin{vmatrix} a_{11} - \lambda & a_{12} & a_{13} \\ a_{21} & a_{22} - \lambda & a_{23} \\ a_{31} & a_{32} & a_{33} - \lambda \end{vmatrix} = 0 \tag{1-21}$$

将上式展开得:

$$\lambda^3 - (a_{11} + a_{22} + a_{22})\lambda^2 - (-a_{22}a_{33} - a_{11}a_{33} - a_{11}a_{22} + a_{12}a_{21} + a_{23}a_{32} + a_{13}a_{31})\lambda \\ - \begin{vmatrix} a_{11} & a_{12} & a_{13} \\ a_{21} & a_{22} & a_{23} \\ a_{31} & a_{32} & a_{33} \end{vmatrix} = 0 \tag{1-22}$$

此方程是确定 λ 的三次代数方程,它有 3 个根 λ_1、λ_2、λ_3,它们可能全部是实根,也可能有 1 个实根,其余 2 个是共轭复根。

将 λ_1 代回式(1-20),得到对应于 λ_1 的主轴 n 的 3 个方向余弦 n_1、n_2、n_3 的比值。矢量 n 的长度是单位长度,即:

$$n_1^2 + n_2^2 + n_3^2 = 1$$

可求出 n_1、n_2、n_3 的具体数值,因此得到了对应于主值 λ_1 的主轴 n。同理可求出相应于另两个主值 λ_2 和 λ_3 的主轴。

在数学上,把不随坐标轴转换而改变的量称为不变量。主值 λ_1、λ_2、λ_3 是 3 个不变量,故式(1-22)中 λ 的各系数均为不变量。设:

$$J_1 = a_{11} + a_{22} + a_{33}$$

$$J_2 = -a_{11}a_{22} - a_{11}a_{33} - a_{22}a_{33} + a_{12}a_{21} + a_{13}a_{31} + a_{23}a_{32}$$

$$J_3 = \begin{vmatrix} a_{11} & a_{12} & a_{13} \\ a_{21} & a_{22} & a_{23} \\ a_{31} & a_{32} & a_{33} \end{vmatrix} \tag{1-23}$$

J_1、J_2、J_3 是二阶张量的 3 个不变量。将式(1-23)代入式(1-22)，整理得：

$$\lambda^3 - \lambda^2 J_1 - \lambda J_2 - J_3 = 0 \tag{1-24}$$

8. 对称张量

设 $\boldsymbol{A} = a_{ij} (i = 1, 2, 3; j = 1, 2, 3)$ 是一个二阶张量。若该张量的各分量间满足 $a_{ij} = a_{ji}$，则称此张量为一个对称张量。在弹塑性力学中，有一些物理量是对称的二阶张量，如应力张量、应力偏张量、应变张量及应变偏张量等。可以证明，在一个坐标系中，一个张量如果是对称张量，变化坐标系后仍为一个对称张量。张量的对称性不随坐标系的转换而改变。

二阶对称张量具有的主要性质有：1)它的 3 个主值都是实数；2)一定存在 3 个相互垂直的主轴。以下分别证明这两个性质成立。

对称二阶张量的 3 个主值：

设 λ 是对称二阶张量 $\boldsymbol{A}$ 的任一主值，$\boldsymbol{J}$ 是与 λ 对应的非零列向量，即主轴。根据主值及主轴的定义，有：

$$\boldsymbol{A} \cdot \boldsymbol{J} = \lambda \boldsymbol{J} \tag{1-25}$$

用下标记号法表示式(1-25)，得：

$$a_{ij} l_j = \lambda l_i \tag{1-26}$$

两边同时乘以 $\boldsymbol{l}$ 的复共轭矩阵 $\bar{l}_i$，得：

$$\bar{l}_i a_{ij} l_j = \lambda \bar{l}_i l_i = \lambda (|\boldsymbol{l}|)^2 \tag{1-27}$$

$|\boldsymbol{l}|$ 是矢量 $\boldsymbol{l}$ 的大小。因为张量 $\boldsymbol{A}$ 中的各分量均为实数，所以 $\bar{\boldsymbol{A}} = \boldsymbol{A}$，将式(1-27)两边取共轭得：

$$l_i a_{ij} \bar{l}_j = \bar{\lambda} (|\boldsymbol{l}|)^2 \tag{1-28}$$

因 $\boldsymbol{A}$ 为对称张量，所以：

$$l_i a_{ij} \bar{l}_j = l_i a_{ji} \bar{l}_j = \bar{l}_j a_{ji} l_i = \bar{l}_i a_{ij} l_j \tag{1-29}$$

用式(1-27)与式(1-28)相减，并利用式(1-29)，得：

$$0 = (\lambda - \bar{\lambda})(|\boldsymbol{l}|)^2 \tag{1-30}$$

而 J 是非零矢量，$|l|\neq 0$，由式(1-30)得：

$$\lambda = \bar{\lambda} \tag{1-31}$$

从而证明了对称张量的主值 λ 为实数。

以下就对称二阶张量的 3 个主轴进行分类讨论：

1）λ 值不相同

设与主值 λ_1 对应的主轴为 l_1，与主值 λ_2 对应的主轴为 l_2，$\lambda_1 \neq \lambda_2$。根据主轴的定义，有下列等式成立：

$$A \cdot l_1 = \lambda_1 l_1 \tag{1-32}$$

$$A \cdot l_2 = \lambda_2 l_2 \tag{1-33}$$

将式(1-32)两边同时乘以 l_2^T，式(1-33)两边同时乘以 l_1^T，得：

$$l_2^T \cdot A \cdot l_1 = \lambda_1 l_2^T \cdot l_1 \tag{1-34}$$

$$l_1^T \cdot A \cdot l_2 = \lambda_2 l_1^T \cdot l_2 \tag{1-35}$$

因为 A 是一个对称的二阶张量，所以：

$$l_1^T \cdot A \cdot l_2 = l_2^T \cdot A \cdot l_1 \tag{1-36}$$

并且 $l_1^T \cdot l_2$ 是一个标量，所以 $l_1^T \cdot l_2 = l_2^T \cdot l_1$，将式(1-36)代入式(1-34)，并与式(1-35)相减，得：

$$(\lambda_1 - \lambda_2) l_1^T \cdot l_2 = 0 \tag{1-37}$$

因为 $\lambda_1 - \lambda_2 \neq 0$，故：

$$l_1^T \cdot l_2 = 0 \tag{1-38}$$

上式证明了主轴 l_1 和 l_2 正交。

以此类推可知，当 $\lambda_1 \neq \lambda_2 \neq \lambda_3$ 时，与 λ_1、λ_2、λ_3 相对应的 3 个不同的主轴是互相正交的。以 3 个主轴方向为坐标轴建立的新坐标系 $Ox_1'x_2'x_3'$ 为主坐标系，则新、旧坐标轴的转换关系如表 1-2 所示。其中，l_{ij} 为坐标轴 x_i'（与 λ_i 对应的主轴）在原坐标轴 x_j 上的投影。如 x_1' 轴是与主值 λ_1 对应的主轴，即 l_1 轴，它在原坐标系中的 3 个坐标轴上的投影分别为 l_{11}、l_{12}、l_{13}。根据主值与主轴的定义，有：

$$A \cdot l_1 = \lambda_1 l_1 \tag{1-39}$$

坐标轴转换关系表 表 1-2

	x_1	x_2	x_3
x_1'	l_{11}	l_{12}	l_{13}
x_2'	l_{21}	l_{22}	l_{23}
x_3'	l_{31}	l_{32}	l_{33}

将式(1-39)用下标记号法表示，得：

$$a_{ij}l_{ij} = \lambda_1 l_{1i} \tag{1-40}$$

展开式(1-40)，得：

$$\begin{bmatrix} a_{11} & a_{12} & a_{13} \\ a_{21} & a_{22} & a_{23} \\ a_{31} & a_{32} & a_{33} \end{bmatrix} \begin{bmatrix} l_{11} \\ l_{12} \\ l_{13} \end{bmatrix} = \lambda_1 \begin{bmatrix} l_{11} \\ l_{12} \\ l_{13} \end{bmatrix} \tag{1-41}$$

设原坐标系中的张量 $\boldsymbol{A}$ 在主坐标系中变换为 $\boldsymbol{A}'$，对应的各分量为 a'_{ij}。根据式(1-17)有：

$$a'_{ij} = l_{im}l_{jn}a_{mn} \tag{1-42}$$

取 $i=1$ 代入式(1-42)，得：

$$a'_{1j} = l_{1m}l_{jn}a_{mn} = l_{jn}(l_{1m}a_{mn}) = l_{jn}(\lambda_1 l_{1n}) = \lambda_1(l_{jn}l_{1n}) \tag{1-43}$$

根据不同主轴之间的正交性，得：

$$a'_{1j} = \begin{cases} \lambda_1, & j=1 \\ 0, & j \neq 1 \end{cases} \tag{1-44}$$

由式(1-44)，得：

$$a'_{11} = \lambda_1, \quad a'_{12} = a'_{13} = 0 \tag{1-45}$$

同理可得：

$$\begin{aligned} a'_{22} &= \lambda_2, \quad a'_{21} = a'_{23} = 0 \\ a'_{33} &= \lambda_3, \quad a'_{31} = a'_{32} = 0 \end{aligned} \tag{1-46}$$

所以在主坐标系中：

$$\boldsymbol{A}' = \begin{bmatrix} \lambda_1 & 0 & 0 \\ 0 & \lambda_2 & 0 \\ 0 & 0 & \lambda_3 \end{bmatrix} \tag{1-47}$$

由式(1-47)可看出，在主坐标系中，对称的二阶张量有着最简单的表达式，即一个对角矩阵。

2) 2个主值相同，另一主值不同

设 $\lambda_2 = \lambda_3 = \lambda$，$\lambda_1 \neq \lambda$，且与 λ_1 对应的主轴为 $\boldsymbol{l}_1$ 轴，与 λ_2、λ_3 对应的主轴为 $\boldsymbol{l}_2$ 轴、$\boldsymbol{l}_3$ 轴。据主值和主轴定义，则：

$$\boldsymbol{A} \cdot \boldsymbol{l}_2 = \lambda \boldsymbol{l}_2 \tag{1-48}$$

$$\bm{A} \cdot \bm{l}_3 = \lambda \bm{l}_3 \tag{1-49}$$

设 a 与 b 是 2 个任意实常数，则 $a\bm{l}_2 + b\bm{l}_3$ 是主轴 $\bm{l}_2$ 轴、$\bm{l}_3$ 轴所在平面内的任意矢量，由式(1-48)和式(1-49)可得：

$$\bm{A} \cdot (a\bm{l}_2 + b\bm{l}_3) = \lambda (a\bm{l}_2 + b\bm{l}_3) \tag{1-50}$$

由式(1-50)，根据主轴的定义，$\bm{l}_2$ 与 $\bm{l}_3$ 轴所在面内的任意矢量均为张量 $\bm{A}$ 的主轴。所以以 $\bm{l}_1$ 为一坐标轴，可取与 $\bm{l}_1$ 垂直的任意 2 个相互垂直的矢量为另 2 个坐标轴，建立主坐标系。在建立的主坐标系中：

$$\bm{A}' = \begin{bmatrix} \lambda_1 & 0 & 0 \\ 0 & \lambda & 0 \\ 0 & 0 & \lambda \end{bmatrix}$$

3) 3 个主值相同

设 $\lambda_1 = \lambda_2 = \lambda_3 = \lambda$，并与 λ_1、λ_2、λ_3 对应的主轴为 $\bm{l}_1$、$\bm{l}_2$、$\bm{l}_3$ 轴，则：

$$\bm{A} \cdot \bm{l}_1 = \lambda \bm{l}_1 \tag{1-51}$$

$$\bm{A} \cdot \bm{l}_2 = \lambda \bm{l}_2 \tag{1-52}$$

$$\bm{A} \cdot \bm{l}_3 = \lambda \bm{l}_3 \tag{1-53}$$

设 a、b 与 c 是 3 个任意实常数，则 $a\bm{l}_1 + b\bm{l}_2 + c\bm{l}_3$ 是空间内的任意矢量，由式(1-51)、式(1-52)与式(1-53)，得：

$$\bm{A} \cdot (a\bm{l}_1 + b\bm{l}_2 + c\bm{l}_3) = \lambda (a\bm{l}_1 + b\bm{l}_2 + c\bm{l}_3) \tag{1-54}$$

由此可见，任意矢量都是主轴，因而任取 3 个相互垂直的矢量为坐标轴建立主坐标系。在该坐标系中：

$$\bm{A}' = \begin{bmatrix} \lambda & 0 & 0 \\ 0 & \lambda & 0 \\ 0 & 0 & \lambda \end{bmatrix}$$

综上所述，不论 3 个主值是否相等，均能找到 3 个相互垂直的主轴，以这 3 个主轴为坐标轴建立主坐标系。在主坐标系中，对称的二阶张量有最简单的表达形式：

$$\begin{bmatrix} \lambda_1 & 0 & 0 \\ 0 & \lambda_2 & 0 \\ 0 & 0 & \lambda_3 \end{bmatrix}$$

因为 3 个不变量 J_1、J_2、J_3 不随坐标系的变换而改变，所以可将这 3 个不变量用 3 个主值表示，即：

$$J_1 = \lambda_1 + \lambda_2 + \lambda_3$$
$$J_2 = -(\lambda_1\lambda_2 + \lambda_2\lambda_3 + \lambda_1\lambda_3) \tag{1-55}$$
$$J_3 = \lambda_1\lambda_2\lambda_3$$

1.3.3 张量函数的导数

1. 梯度

给定一函数 $\varphi(x, y, z)$，在直角坐标系 $Oxyz$ 中，空间中每一个点都对应一个函数值，即函数 $\varphi(x, y, z)$ 随空间内点的位置而变化。在空间内任取一点 P，通过 P 点取一曲线 s，并设 P' 点是在曲线 s 上与 P 点无限接近的点，$\varphi(P)$ 与 $\varphi(P')$ 分别是 P 点与 P' 点相应的函数值。定义：

$$\frac{\partial \varphi}{\partial s} = \lim_{P' \to P} \frac{\varphi(P') - \varphi(P)}{PP'} \tag{1-56}$$

$\partial\varphi/\partial s$ 为函数 φ 在 P 点沿 s 方向的方向导数。它的物理意义是函数 φ 在 P 点沿 s 方向的变化率。过 P 点有无限多个方向，因此，P 点有无限多个方向导数。

将 φ 值相等的面定义为等位面，并设 P 点是某一等位面上一点，等位面在 P 点的方向为 $\boldsymbol{n}$。这样，函数 φ 在 P 点 $\boldsymbol{n}$ 方向的方向导数为 $\partial\varphi/\partial n$，体现了函数 φ 在 P 点附近的变化情况。

如图 1-4 所示，设过 P 点的等位面方程为 $\varphi(x, y, z) = \varphi(P) = c$，等位面的法线方向为 $\boldsymbol{n}$，并沿 $\boldsymbol{n}$ 向函数值是增加的，即 $\Delta\varphi \geq 0$。在法线 $\boldsymbol{n}$ 上取一无限接近的 P' 点，过 P' 点作另一等位面 $\varphi = c'$。根据式(1-56)，得：

$$\frac{\partial \varphi}{\partial n} = \lim_{P' \to P} \frac{\varphi(P') - \varphi(P)}{PP'} \tag{1-57}$$

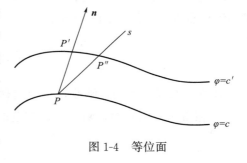

图 1-4 等位面

过 P 点任取一方向 s，与 $\varphi = c'$ 面相交于 P'' 点，可知 $\varphi(P'') = c'$，设 $\langle \boldsymbol{n}, \boldsymbol{s} \rangle$ 为 $\boldsymbol{n}$ 向和 $\boldsymbol{s}$ 向的夹角。根据方向导数的定义，有：

$$\frac{\partial \varphi}{\partial s} = \lim_{P' \to P} \frac{\varphi(P'') - \varphi(P)}{PP''} \tag{1-58}$$

因为 P' 点、P'' 点在同一等位面上，所以有：

$$\varphi(P'') - \varphi(P) = \varphi(P') - \varphi(P) = c' - c \tag{1-59}$$

根据几何关系有：

$$\overline{PP''} \cdot \cos\langle \boldsymbol{n}, \boldsymbol{s} \rangle = \overline{PP'} \tag{1-60}$$

由式(1-57)、式(1-58)、式(1-59)及式(1-60)可推得：

$$\frac{\partial \varphi}{\partial s} = \frac{\partial \varphi}{\partial n} \cos\langle \boldsymbol{n}, \boldsymbol{s} \rangle \tag{1-61}$$

由式(1-61)可知，如果已知等位面上 P 点法线方向的方向导数，可求出过 P 点的任意方向的方向导数。此时大小为 $\partial\varphi/\partial n$、方向为 $\boldsymbol{n}$ 的矢量称为函数 φ 的梯度，记为 $\mathrm{grad}\varphi$。它描述了在 P 点附近函数值的变化。

在直角坐标系中，可求出 $\mathrm{grad}\varphi$ 的表达式。式(1-61)中，分别取 s 为 x、y、z 轴方向，可得 $\mathrm{grad}\varphi$ 在坐标系中的 3 个分量为 $\partial\varphi/\partial x$、$\partial\varphi/\partial y$、$\partial\varphi/\partial z$，则：

$$\mathrm{grad}\varphi = \frac{\partial \varphi}{\partial x}\boldsymbol{i} + \frac{\partial \varphi}{\partial y}\boldsymbol{j} + \frac{\partial \varphi}{\partial z}\boldsymbol{k} \tag{1-62}$$

式中　$\boldsymbol{i}$、$\boldsymbol{j}$、$\boldsymbol{k}$ —— x、y、z 轴的单位矢量。

综上所述，梯度具有如下性质：

1) $\mathrm{grad}\varphi$ 的方向是等位面的法线方向 $\boldsymbol{n}$，且指向函数值增加的方向，大小为 $\partial\varphi/\partial n$，即：

$$\varphi = \frac{\partial \varphi}{\partial n}\boldsymbol{n} \tag{1-63}$$

2) 已知某点的函数 φ 的梯度大小和方向，可求得过此点的任意方向的方向导数，即求得沿任意方向函数 φ 的变化率：

$$\frac{\partial \varphi}{\partial s} = |\mathrm{grad}\varphi| \cos\langle \boldsymbol{n}, \boldsymbol{s} \rangle \tag{1-64}$$

3) 由式(1-61)可知，函数 φ 的值沿梯度即等位面的法线方向变化最快。

4) 在直角坐标系中，函数 φ 的梯度的表达式为：

$$\mathrm{grad}\varphi = \frac{\partial \varphi}{\partial x}\boldsymbol{i} + \frac{\partial \varphi}{\partial y}\boldsymbol{j} + \frac{\partial \varphi}{\partial z}\boldsymbol{k} \tag{1-65}$$

5) 梯度 $\mathrm{grad}\varphi$ 描述了场内任一点 P 的邻域内函数值的变化，它是场的不均匀性的量度，若在 P 点的邻域内任取一点 P'，$\overline{PP'} = \mathrm{d}\boldsymbol{r}$，$P$ 点处的梯度为 $\mathrm{grad}\varphi$，可求出 P 点和 P' 点的函数值的差：

$$\mathrm{d}\varphi = \frac{\partial \varphi}{\partial x}\mathrm{d}x + \frac{\partial \varphi}{\partial y}\mathrm{d}y + \frac{\partial \varphi}{\partial z}\mathrm{d}z = \mathrm{grad}\varphi \cdot \mathrm{d}\boldsymbol{r} \tag{1-66}$$

2. 哈密顿算子

哈密顿算子是张量分析中一个重要的微分算子，记为 ∇，即：

$$\nabla = \frac{\partial}{\partial x}\boldsymbol{i} + \frac{\partial}{\partial y}\boldsymbol{j} + \frac{\partial}{\partial z}\boldsymbol{k} \tag{1-67}$$

∇ 具有微分和矢量的双重性质，前面介绍过的 gradφ，可用哈密顿算子表示为 ∇φ，即：

$$\nabla\varphi = \left(\frac{\partial}{\partial x}\boldsymbol{i} + \frac{\partial}{\partial y}\boldsymbol{j} + \frac{\partial}{\partial z}\boldsymbol{k}\right)\varphi = \frac{\partial\varphi}{\partial x}\boldsymbol{i} + \frac{\partial\varphi}{\partial y}\boldsymbol{j} + \frac{\partial\varphi}{\partial z}\boldsymbol{k} \tag{1-68}$$

3. 拉普拉斯算子

拉普拉斯算子是张量分析中的另一个重要的微分算子，记为 Δ，即：

$$\Delta = \nabla\cdot\nabla = \left(\frac{\partial}{\partial x}\boldsymbol{i} + \frac{\partial}{\partial y}\boldsymbol{j} + \frac{\partial}{\partial z}\boldsymbol{k}\right)\cdot\left(\frac{\partial}{\partial x}\boldsymbol{i} + \frac{\partial}{\partial y}\boldsymbol{j} + \frac{\partial}{\partial z}\boldsymbol{k}\right) = \frac{\partial^2}{\partial x^2} + \frac{\partial^2}{\partial y^2} + \frac{\partial^2}{\partial z^2} \tag{1-69}$$

拉普拉斯算子只具有微分的性质，例如：

$$\Delta\varphi = \nabla\cdot\nabla\varphi = \frac{\partial^2\varphi}{\partial x^2} + \frac{\partial^2\varphi}{\partial y^2} + \frac{\partial^2\varphi}{\partial z^2} \tag{1-70}$$

思考及练习题

1-1 为什么对塑性力学的研究要比弹性力学复杂？

1-2 在实际工程及生活中，还有哪些塑性变形可以利用？

1-3 弹性变形和塑性变形的区别是什么？

1-4 什么是材料的时间效应？在通常的塑性力学中不考虑金属材料的时间效应，这意味着什么？

1-5 为什么一个对称的二阶张量在新的坐标系中仍是一个对称的二阶张量？

1-6 一个 n 阶张量具有多少个分量？

1-7 试将下列用下标记号法表示的张量按求和约定展开：

(1) $a_i b_{ij}$　　(2) $a_i b_{ij} c_j$　　(3) a_{ii}　　(4) $a_{i,jj}$

1-8 设函数 φ 与函数 ψ 均是关于坐标的标量函数，试证明下式成立：

(1) $\mathrm{grad}(\varphi+\psi) = \mathrm{grad}\varphi + \mathrm{grad}\psi$。

(2) $\mathrm{grad}(\varphi\psi) = \varphi\,\mathrm{grad}\psi + \psi\,\mathrm{grad}\varphi$。

(3) $\mathrm{grad}[f(\varphi)] = f'(\varphi)\,\mathrm{grad}\varphi$。

1-9 设 $\boldsymbol{Q}$ 是一个对称的二阶张量，$\boldsymbol{a}$、$\boldsymbol{b}$ 是两矢量，证明：$\boldsymbol{b}\cdot(\boldsymbol{Q}\cdot\boldsymbol{a}) = \boldsymbol{a}\cdot(\boldsymbol{Q}\cdot\boldsymbol{b})$

第 2 章 弹塑性力学基础

2.1 应力张量

作用在物体上的外力分为体力和面力。

体力是指分布在物体内部各点上的力。设在物体内某点 A 处取一微小体积 ΔV，分布在 ΔV 上的力为 ΔF，则在 ΔV 上的平均集度为 $\dfrac{\Delta F}{\Delta V}$。当 ΔV 无限小时，此平均集度趋于极限值 f，即：

$$f = \lim_{\Delta V \to 0} \frac{\Delta F}{\Delta V}$$

极限值 f 为 A 点的体力。

体力既有大小又有方向，是一个矢量，如重力、惯性力等，体力的量纲是 $\mathrm{N/m^3}$。

面力是指作用在物体表面的力。如图 2-1(a)所示，在物体表面上任意一点 B 处取一微小面积 ΔS，其上所受的力为 ΔT，则 ΔS 上所受力的平均集度为 $\Delta T/\Delta S$。当 ΔS 无限小时，此平均集度趋于极限值，即：

$$t = \lim_{\Delta S \to 0} \frac{\Delta T}{\Delta S}$$

极限值为 B 点的面力。面力也是一矢量，如风力、摩擦力等，面力的量纲为 $\mathrm{N/m^2}$。

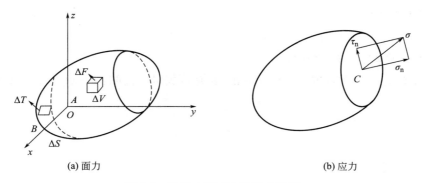

(a) 面力　　　　　　　　　(b) 应力

图 2-1　物体上的面力和应力示例

2.1.1 应力状态分析

1. 应力

当有外荷载作用时,物体内产生内力。如图 2-1(b)所示,在物体横截面上的某点 C 处存在着面力。此面力称为 C 点的应力,用 σ 表示,即:

$$\sigma = \lim_{\Delta S \to 0} \frac{\Delta T}{\Delta S}$$

应力也是一矢量,方向与 ΔT 一致。设横截面外法线方向为 n,将 σ 分解为 2 个分力,定义沿方向 n 的分力为正应力,用 σ_n 表示;在平面内的分力为切应力,用 τ_n 表示,即:

$$\sigma_n = \sigma \cdot n, \quad \tau_n = \sqrt{\sigma^2 - \sigma_n^2}$$

2. 应力张量

设有一个受荷载作用的物体,在物体内任取一点 O,在 O 点附近取一微元体,如图 2-2 所示。以点 O 为坐标原点,微元体的 3 个边为坐标轴,建立坐标系 $Oxyz$。微元体有 6 个面,因为它们均以坐标轴为法线,所以称为坐标平面(坐标面)。下面分别研究这 6 个面上的正应力和切应力。

将平面 $ABDC$ 取出,此平面的外法线方向为 x 轴正方向,其上的应力 p 可分解为正应力和切应力。正应力 σ_n 沿 x 轴正向,定义为 σ_x。切应力 τ_n 位于平面内。将 τ_n 沿 y 轴、z 轴分解,可分解成 τ_{xy} 与 τ_{xz},即此平面上的正应力是 σ_x,切应力是 τ_{xy}、τ_{xz},如图 2-3 所示。

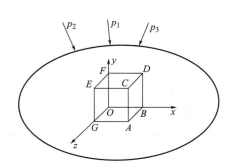

图 2-2 应力单元体

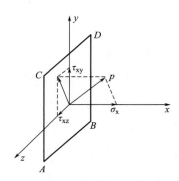

图 2-3 切应力示例

再将平面 $CDFE$ 取出,此平面的外法线方向为 y 轴正方向,其上的应力 p' 可分解为正应力 σ_y 和切应力 τ_n。正应力 σ_y 沿着此平面的外法线方向,切应力分解为 τ_{yx} 与 τ_{yz}。τ_{yx} 与 τ_{yz} 分别沿着 x 轴方向和 z 轴方向,即此平面上的正应力是 σ_y,2 个切应力是 τ_{yx}、τ_{yz},如图 2-4 所示。

同样,$ACEG$ 平面上的正应力是 σ_z,切应力是 τ_{zx}、τ_{zy},如图 2-5 所示。

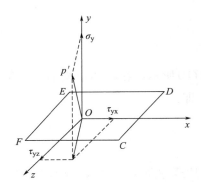
图 2-4 应力分解示例一

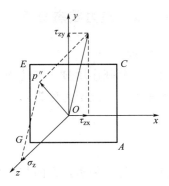
图 2-5 应力分解示例二

在上述 3 个坐标平面中,每个平面上都存在 1 个正应力和 2 个切应力,共有 9 个应力分量。这 9 个应力分量组成一个二阶张量,形式为:

$$\begin{bmatrix} \sigma_x & \tau_{xy} & \tau_{xz} \\ \tau_{yx} & \sigma_y & \tau_{yz} \\ \tau_{zx} & \tau_{zy} & \sigma_z \end{bmatrix}$$

如用下标记号法可表示为 $\sigma_{ij}(i=1, 2, 3; j=1, 2, 3)$。

二阶张量 σ 称为应力张量,展开后也可表示为:

$$\sigma = \begin{bmatrix} \sigma_{11} & \tau_{12} & \tau_{13} \\ \tau_{21} & \sigma_{22} & \tau_{23} \\ \tau_{31} & \tau_{32} & \sigma_{33} \end{bmatrix}$$

其中,对角线元素 $\sigma_{ij}(i=j)$ 代表以 i 轴为法线的平面上的正应力。非对角线元素 $\sigma_{ij}(i \neq j)$ 代表以 i 轴为法线的平面上沿 j 轴方向的切应力。

有关正应力和切应力符号的规定如下:正应力以拉应力为"+",即沿着此平面的外法线方向为"+"。切应力 $\sigma_{ij}(i \neq j)$ 的规定稍微复杂一些。当此坐标平面的外法线方向沿着坐标轴 i 的正向时,切应力 σ_{ij} 以 j 轴正向为"+";而当此坐标平面的外法线方向沿着坐标轴 i 的反向时,切应力 σ_{ij} 以 j 轴反向为"+"。

如图 2-6 所示,$EFOG$ 平面的外法线方向为 x 轴的反向,所以此平面上的正应力 σ_x 以平面外法线方向为"+",即 x 轴反向为"+",切应力也以 y 轴和 z 轴反向为"+"。

若将此微元体 6 个面上的应力全部表示出来,如图 2-7 所示。将所有的力对微元体中心取矩。因为微元体处于静力平衡状态,x 轴向、y 轴向及 z 轴向的力矩和分别为零,因此有下式成立:

$$\tau_{xy} = \tau_{yx}, \ \tau_{yz} = \tau_{zy}, \ \tau_{xz} = \tau_{zx}$$

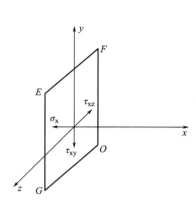

图 2-6 应力正方向定义

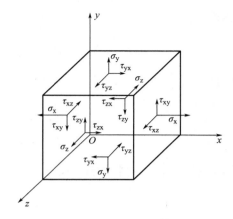

图 2-7 应力单元体

用下标记号法将上式表示为(即材料力学中的切应力互等定理):

$$\tau_{ij} = \tau_{ji}$$

因此在 9 个分量中,独立的实际上只有 6 个。这 6 个应力分量确定了 1 个应力张量,也决定了一点的应力状态。

2.1.2 主应力及不变量

1. 一点的应力状态

如前所述,在荷载作用下,物体内任一点存在着应力状态。这一点的应力状态由此应力张量的 6 个分量决定。已知 6 个应力分量,可求过此点的任一平面的应力状态。

如图 2-8 所示,在 O 点任取一微小的四面体 $OABC$。此四面体的 3 个面都是直角三角形,直角边的边长分别为 dx、dy、dz。设 ABC 平面上的应力为 p,沿 3 个坐标轴的分量分别是 p_x、p_y、p_z。O 点的 6 个应力分量为 σ_x、σ_y、σ_z、τ_{xy}、τ_{xz}、τ_{yz}。OAC 平面上的应力为 σ_x、τ_{xy}、τ_{xz},OAB 平面上的应力为 τ_{yx}、σ_y、τ_{yz},OBC 平面上的应力为 τ_{zx}、σ_z、τ_{yz}。为清楚起见,图 2-8 中只给出这 3 个面上 x 方向的应力。

设平面 ABC 的外法线方向为 n,其方向余弦为 (l_x, l_y, l_z) 或表示为 $l_i (i=1, 2, 3)$,面积为 A,则直角三角形 OAC 的面积为 Al_x,直角三角形 OAB 的面积为 Al_y,直角三角形 OBC 的面积为 Al_z。

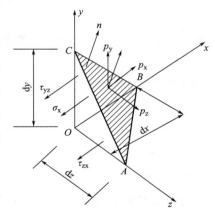

图 2-8 斜截面应力

此四面体在所有力作用下维持静力平衡。由 x 方向合力为 0,得:

$$\sum F_x = 0, \quad p_x A = \sigma_x A l_x + \tau_y x A l_y + \tau_z x A l_z$$

整理得：

$$p_x = \sigma_x l_x + \tau_{yx} l_y + \tau_{zx} l_z$$

同理，由 $\sum F_y = 0$，$\sum F_z = 0$ 得：

$$p_y = \tau_{xy} l_x + \sigma_y l_y + \tau_{zy} l_z$$
$$p_z = \tau_{xz} l_x + \tau_{yz} l_y + \sigma_z l_z$$

用下标记号法，可将上述三式表示为：

$$p_i = \sigma_{ji} l_j = \sigma_{ij} l_j \tag{2-1}$$

式(2-1)表示 O 点的应力张量可确定过 O 点的任意平面上的应力沿 3 个坐标轴的分量 $p_j (j=1, 2, 3)$，由此可进一步求出此平面上的正应力 σ_n 及切应力 τ_n。正应力 σ_n 为总应力 p 在法线 n 上的投影，即是 p 与 n 做点积，得：

$$\begin{aligned} \sigma_n &= p_i l_i = \sigma_{ij} l_i l_j \\ \tau_n &= \sqrt{p^2 - \sigma_n^2} = \sqrt{p_1^2 + p_2^2 + p_3^2 - \sigma_n^2} \end{aligned} \tag{2-2}$$

即 ABC 平面上的应力状态可用 O 点的 6 个应力分量表示出来，应力张量 σ 决定了 O 点的应力状态。

2. 坐标变换

当坐标系 $Oxyz$ 变换为另一坐标系 $Ox'y'z'$ 时，新、旧坐标系间的变换关系如表 2-1 所示。其中，l_{ij} 为 x_i' 轴在旧坐标系中 x_j 轴方向的投影，即：

$$l_{ij} = \cos\langle x_i', x_j \rangle$$

式中 $\langle x_i', x_j \rangle$——$x_i'$ 轴与 x_j 轴的夹角。

坐标系变换关系　　　　　　　　　　　　　　表 2-1

	x	y	z
x'	l_{11}	l_{12}	l_{13}
y'	l_{21}	l_{22}	l_{23}
z'	l_{31}	l_{32}	l_{33}

当坐标变换后，应力张量 σ 变换为 σ'。如以 x' 轴为法线的坐标平面上的正应力为 σ_x'，切应力为 τ_{xy}'、τ_{xz}'，x' 轴在旧坐标系中的方向余弦为 (l_{11}, l_{12}, l_{13})。根据式(2-1)，求得在此坐标平面上的总应力在 3 个坐标轴 x、y、z 上的分量为：

$$p_i' = \sigma_{ij} l_{1j}$$

将 p_i' 与 x' 轴做内积得到这个平面上的正应力：

$$p'_x = p'_i l_{1i} = l_{1i}\sigma_{ij}l_{1j} = l_{1j}l_{1i}\sigma_{ij}$$
$$= l_{11}^2\sigma_{11} + 2l_{12}l_{11}\sigma_{12} + l_{12}^2\sigma_{22} + 2l_{11}l_{13}\sigma_{13} + l_{13}^2\sigma_{33} + 2l_{12}l_{13}\sigma_{23}$$

y'轴在旧坐标系中的方向余弦为 (l_{21}, l_{22}, l_{23})，将 p'_i 与 y' 轴做内积得：

$$\tau'_{xy} = p'_i l_{2i} = l_{2i}\sigma_{ij}l_{1j} = l_{1j}l_{2i}l_{ij}$$

z'轴在旧坐标系中的方向余弦为 (l_{31}, l_{32}, l_{33})，将 p'_i 与 z' 轴做内积得：

$$\tau'_{xz} = p'_i l_{3i} = l_{3i}\sigma_{ij}l_{1j} = l_{1j}l_{3i}\sigma_{ij}$$

综上所述，可得出：

$$\sigma'_{1j} = l_{1m}l_{jn}\sigma_{mn} = l_{1m}l_{jn}\sigma_{mn}$$

同理可求得以 y' 轴为法线的坐标平面上的应力 τ'_{yx}、σ'_y、τ'_{yz} 及以 z' 轴为法线的坐标平面上的应力 τ'_{zx}、σ'_z、τ'_{zy}，且 $\sigma'_{2j} = l_{2m}l_{jn}\sigma_{mn}$，$\sigma'_{3j} = l_{3m}l_{jn}\sigma_{mn}$。

将上述三式改写成通式：

$$\sigma'_{ij} = l_{im}l_{jn}\sigma_{mn} \tag{2-3}$$

上式表示新坐标系中的应力分量 σ'_{ij} 与旧坐标系中的应力分量 σ_{ij} 间的关系。此关系符合二阶张量的定义，因此，进一步证明了由这 9 个应力分量组成 1 个二阶张量。此张量是对称的二阶张量。

在平面应力问题中，旧坐标系 $Oxyz$ 中的 6 个应力分量中只有 σ_x、τ_{xy}、σ_y 不为零，其他应力分量均为零。变换到新坐标系 $Ox'y'z'$ 后，应力分量为 σ'_{ij}，新、旧坐标轴间的变换关系如表 2-2 和图 2-9 所示。

平面应力问题中的坐标轴变换关系　　　　　　　　　　　表 2-2

	x	y	z
x'	$\cos\theta$	$\sin\theta$	0
y'	$-\sin\theta$	$\cos\theta$	0
z'	0	0	1

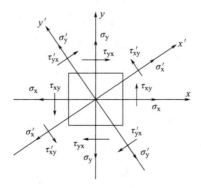

图 2-9　平面应力单元应力分量

根据式(2-3)，得：

$$\sigma'_x = l_{1m}l_{1n}\sigma_{mn} = l_{11}^2\sigma_x + 2l_{11}l_{12}\tau_{xy} + l_{12}^2\sigma_y$$
$$= \frac{1}{2}(\sigma_x + \sigma_y) + \frac{1}{2}(\sigma_x - \sigma_y)\cos 2\theta + \tau_{xy}\sin 2\theta \tag{2-4}$$

$$\tau'_{xy} = l_{1m}l_{2n}\sigma_{mn} = \tau_{xy}(\cos^2\theta - \sin^2\theta) + (\sigma_y - \sigma_x)\cos\theta\sin\theta$$
$$= \frac{1}{2}(\sigma_y - \sigma_x)\sin 2\theta + \tau_{xy}\cos 2\theta \tag{2-5}$$

$$\sigma'_y = l_{2m}l_{2n}\sigma_{mn} = \frac{1}{2}(\sigma_x + \sigma_y) - \frac{1}{2}(\sigma_x - \sigma_y)\cos 2\theta - \tau_{xy}\sin 2\theta \tag{2-6}$$

$$\sigma'_z = \tau'_{xz} = \tau'_{yz} = 0$$

3. 主平面、主轴、主应力

因为应力张量 σ 是对称的二阶张量，所以一定存在 3 个主轴和相应的 3 个主值。设某个主轴为 n，方向余项为 $l_i(i=1,2,3)$，相应的主值为 λ，则有下式成立：

$$\sigma_{ij}l_j = \lambda l_i \tag{2-7}$$

设以 n 为法线方向的平面上的应力在 3 个坐标轴上的投影为 p_i，则：

$$p_i = \sigma_{ij}l_j$$

代入式(2-7)，得：

$$p_i = \lambda l_i \tag{2-8}$$

式(2-8)表明，此平面上的应力方向与法线 n 相同，即此平面上只有正应力没有切应力，此正应力成为主应力，其值为：

$$\sigma = \sigma_n = p_i l_i = \lambda l_i l_i = \lambda \tag{2-9}$$

所以主应力 σ 即为与主轴 n 相应的主值 λ。对于一个对称二阶张量，存在 3 个主值和相应的 3 个主轴。因此，在物体内任一点存在着 3 个主应力 σ_1、σ_2、σ_3 及与之相应的 3 个主轴，以主轴为法线的平面为主平面，其特点是在主平面上只有正应力没有切应力。

根据对称二阶张量的性质可知，3 个主轴相互垂直，并以此 3 个主轴为坐标轴建立主坐标系。在主坐标系中，应力分量为 σ'。根据主平面的性质有：

$$\sigma' = \begin{bmatrix} \sigma_1 & 0 & 0 \\ 0 & \sigma_2 & 0 \\ 0 & 0 & \sigma_3 \end{bmatrix} \tag{2-10}$$

即在主坐标系中，应力张量有最简单的形式，它的矩阵为对角矩阵。

对称的二阶应力张量 σ_{ij} 有 3 个不变量，分别表示为：

$$J_1 = \sigma_x + \sigma_y + \sigma_z$$

2.1 应力张量

$$J_2 = -\begin{vmatrix} \sigma_x & \tau_{xy} \\ \tau_{yx} & \sigma_y \end{vmatrix} - \begin{vmatrix} \sigma_y & \tau_{yz} \\ \tau_{zy} & \sigma_z \end{vmatrix} - \begin{vmatrix} \sigma_x & \tau_{xz} \\ \tau_{zx} & \sigma_z \end{vmatrix}$$
$$= -(\sigma_x\sigma_y + \sigma_y\sigma_z + \sigma_z\sigma_x) + \tau_{xy}^2 + \tau_{yz}^2 + \tau_{zx}^2 \tag{2-11}$$

$$J_3 = \begin{vmatrix} \sigma_x & \tau_{xy} & \tau_{xz} \\ \tau_{yx} & \sigma_y & \tau_{yz} \\ \tau_{zx} & \tau_{zy} & \sigma_z \end{vmatrix} = \sigma_x\sigma_y\sigma_z + 2\tau_{xy}\tau_{xz}\tau_{yz} - \sigma_x\tau_{yz}^2 - \sigma_y\tau_{xz}^2 - \sigma_z\tau_{xy}^2$$

因 J_1、J_2、J_3 是应力张量的 3 个不变量，故当坐标轴变换时，J_1、J_2、J_3 的值不变。在以 3 个主轴为坐标轴的主坐标系中，3 个不变量为：

$$\begin{aligned} J_1 &= \sigma_1 + \sigma_2 + \sigma_3 \\ J_2 &= -(\sigma_2\sigma_3 + \sigma_1\sigma_3 + \sigma_1\sigma_2) \\ J_3 &= \sigma_1\sigma_2\sigma_3 \end{aligned} \tag{2-12}$$

设应力张量的第一个不变量 J_1 的 1/3 为平均应力 σ_m，即：

$$\sigma_m = \frac{1}{3}J_1 = \frac{1}{3}(\sigma_x + \sigma_y + \sigma_z) = \frac{1}{3}(\sigma_1 + \sigma_2 + \sigma_3) \tag{2-13}$$

由式(2-7)及式(2-9)得：

$$\sigma_{ij}l_j = \sigma l_i \tag{2-14}$$

展开式(2-14)，可得 3 个方程：

$$\begin{cases} \sigma_x l_x + \tau_{xy} l_y + \tau_{xz} l_z = \sigma l_x \\ \tau_{yx} l_x + \sigma_y l_y + \tau_{yz} l_z = \sigma l_y \\ \tau_{zx} l_x + \tau_{zy} l_y + \sigma_z l_z = \sigma l_z \end{cases} \tag{2-15}$$

式(2-15)是一个齐次线性方程组，整理式(2-15)，得：

$$\begin{bmatrix} \sigma_x - \sigma & \tau_{xy} & \tau_{xz} \\ \tau_{yx} & \sigma_y - \sigma & \tau_{yz} \\ \tau_{zx} & \tau_{zy} & \sigma_y - \sigma \end{bmatrix} \begin{bmatrix} l_x \\ l_y \\ l_z \end{bmatrix} = \begin{bmatrix} 0 \\ 0 \\ 0 \end{bmatrix}$$

若使式(2-15)有非零解，系数行列式值一定为零，即：

$$\begin{vmatrix} \sigma_x - \sigma & \tau_{xy} & \tau_{xz} \\ \tau_{yx} & \sigma_y - \sigma & \tau_{yz} \\ \tau_{zx} & \tau_{zy} & \sigma_y - \sigma \end{vmatrix} = 0$$

展开行列式，得主应力方程：

$$\sigma^3 - J_1\sigma^2 - J_2\sigma - J_3 = 0 \tag{2-16}$$

求解主应力方程，可求得主应力 σ_1、σ_2、σ_3 的大小。将 3 个主应力分别代回式(2-15)，可求得相应的主轴，且 3 个主轴是相互正交的。

在平面应力问题中，应力状态为 $\sigma_z = \tau_{yz} = \tau_{xz} = 0$、$\sigma_x \neq 0$、$\sigma_y \neq 0$，$\tau_{xy} \neq 0$。根据主应力和主轴的定义可知，$\sigma_z$ 为一主应力，z 轴为一主轴，相应的应力张量为：

$$\begin{bmatrix} \sigma_x & \tau_{xy} & 0 \\ \tau_{yx} & \sigma_y & 0 \\ 0 & 0 & 0 \end{bmatrix}$$

设另外 2 个主应力分别为 σ_1、σ_2，应力的 3 个不变量为：

$$J_1 = \sigma_x + \sigma_y$$

$$J_2 = -\begin{vmatrix} \sigma_x & \tau_{xy} \\ \tau_{yx} & \sigma_y \end{vmatrix} = -\sigma_x \sigma_y + \tau_{xy}^2$$

$$J_3 = 0$$

代入主应力方程式(2-16)，得：

$$\sigma^3 - (\sigma_x + \sigma_y)\sigma^2 - (\tau_{xy}^2 - \sigma_x \sigma_y)\sigma = 0$$

整理得：

$$\sigma[\sigma^2 - (\sigma_x + \sigma_y)\sigma - (\tau_{xy}^2 - \sigma_x \sigma_y)] = 0 \tag{2-17}$$

式(2-17)的解为：

$$\sigma_{1,2} = \frac{1}{2}\left[(\sigma_x + \sigma_y) \pm \sqrt{(\sigma_x + \sigma_y)^2 + 4(\tau_{xy}^2 - \sigma_x \sigma_y)}\right]$$

$$= \frac{1}{2}\left[(\sigma_x + \sigma_y) \pm \sqrt{(\sigma_x - \sigma_y)^2 + 4\tau_{xy}^2}\right] \tag{2-18}$$

$$\sigma_3 = 0$$

因根号里的数是正的，所以 σ_1、σ_2 一定是实根，且可验证：

$$\sigma_1 + \sigma_1 = \sigma_x + \sigma_y = J_1 \tag{2-19}$$

下面求与主应力 σ_1、σ_2 相应的主轴。设相应于 σ_1 的主轴 l_1 的 3 个方向余弦为 l_{11}、l_{12}、l_{13}，根据式(2-14)有：

$$\sigma_{ij} l_{1j} = \sigma_1 l_{1i} \tag{2-20}$$

将主轴长度取为单位长度，有下式成立：

$$\begin{cases} (\sigma_x - \sigma_1) l_{11} + \tau_{xy} l_{12} = 0 \\ \tau_{xy} l_{11} + (\sigma_x - \sigma_1) l_{12} = 0 \\ \sigma_1 l_{13} = 0 \\ l_{11}^2 + l_{12}^2 + l_{13}^2 = 1 \end{cases} \tag{2-21}$$

2.1 应力张量

由式(2-21)，得：

$$\frac{l_{11}}{l_{12}} = \frac{\tau_{xy}}{\sigma_1 - \sigma_x}, \quad l_{13} = 0 \tag{2-22}$$

由式(2-22)知，与 σ_1 相应的主轴 l_1 位于 x-y 平面内。其方向余弦为：

$$\left(\frac{\tau_{xy}}{\sqrt{\tau_{xy}^2 + (\sigma_1 - \sigma_x)^2}}, \frac{\sigma_1 - \sigma_x}{\sqrt{\tau_{xy}^2 + (\sigma_1 - \sigma_x)^2}}, 0 \right)$$

同理可求得与 σ_2 相应的主轴 l_2 的方向余弦为：

$$\left(\frac{\sigma_2 - \sigma_y}{\sqrt{\tau_{xy}^2 + (\sigma_2 - \sigma_y)^2}}, \frac{\tau_{xy}}{\sqrt{\tau_{xy}^2 + (\sigma_2 - \sigma_y)^2}}, 0 \right)$$

2个主轴的点积为：

$$l_1 \cdot l_2 = \frac{\tau_{xy}(\sigma_2 - \sigma_y) + \tau_{xy}(\sigma_1 - \sigma_x)}{\sqrt{\tau_{xy}^2 + (\sigma_2 - \sigma_y)^2}\sqrt{\tau_{xy}^2 + (\sigma_1 - \sigma_x)^2}} = \frac{\tau_{xy}(\sigma_1 + \sigma_2 - \sigma_x - \sigma_y)}{\sqrt{\tau_{xy}^2 + (\sigma_2 - \sigma_y)^2}\sqrt{\tau_{xy}^2 + (\sigma_1 - \sigma_x)^2}}$$

将式(2-19)代入上式，得：

$$l_1 \cdot l_2 = 0 \tag{2-23}$$

式(2-23)证明主轴 l_1 与 l_2 是相互垂直的，并且位于 x-y 平面内，且与 z 轴垂直，因此可证 3 个主轴相互垂直。

2.1.3 八面体应力

应力状态可由应力张量完全确定。一般地说，应力张量有 9 个分量，但只有 6 个是独立的。因此，应力状态可由 6 个参量确定。6 个参量可以是 6 个独立的应力分量(当坐标系给定)，也可以是 3 个主应力和 3 个主方向。对于各向同性材料，其力学性质与方向无关，因此，在讨论应力状态与材料性质的关系时，一点的应力状态可由 3 个主应力来描述。

如果虚构一个空间，在其内任一点的坐标分别等于 3 个主应力，这样的空间叫作三维应力空间，应力空间内的 P 点代表某个应力状态，称为应力点(图 2-10)。现在，令三维应力空间轴 σ_1、σ_2 和 σ_3 与一点处的应力主轴 1、2、3 重合，在此空间内，取一个八面体，其中每一个面的外法线对应力主轴的方向余弦 l_1、l_2、l_3 为：

$$l_1^2 = l_2^2 = l_3^2 = 1/3 \tag{2-24}$$

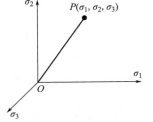

图 2-10 应力点

于是在八面体任一面上的正应力为：

$$\sigma_8 = l_1^2 \sigma_1 + l_2^2 \sigma_2 + l_3^2 \sigma_3 = \frac{1}{3}(\sigma_1 + \sigma_2 + \sigma_3) = \frac{1}{3} J_1 \tag{2-25}$$

式(2-25)表明，八面体上的正应力等于平均应力 σ_m。八面体上的切应力 τ_8 为：

$$\tau_8^2 = l_1^2\sigma_1^2 + l_2^2\sigma_2^2 + l_3^2\sigma_3^2 - (l_1^2\sigma_1 + l_2^2\sigma_2 + l_3^2\sigma_3)^2$$

$$= \frac{1}{3}(\sigma_1^2 + \sigma_2^2 + \sigma_3^2) - \frac{1}{9}(\sigma_1 + \sigma_2 + \sigma_3)^2$$

$$= \frac{1}{9}[(\sigma_1-\sigma_2)^2 + (\sigma_2-\sigma_3)^2 + (\sigma_3-\sigma_1)^2] \tag{2-26}$$

或者：

$$\tau_8 = \frac{1}{3}\sqrt{(\sigma_1-\sigma_2)^2 + (\sigma_2-\sigma_3)^2 + (\sigma_3-\sigma_1)^2} \tag{2-27}$$

因为 σ_1、σ_2 和 σ_3 是与坐标系选择无关的量，所以八面体应力 σ_8 和 τ_8 都与坐标系无关，因而都是不变量。

2.2 应力偏张量

2.2.1 应力张量的分解

当物体受到荷载的作用时，物体中任一点 O 存在 3 个主轴和相应的 3 个主应力。在由 3 个主轴为坐标轴建立的柱坐标系中，过 O 点任取一平面，法线方向为 n，方向余弦为 $l_i(i=1,2,3)$，如图 2-11 所示。此平面上的应力 p 在 3 个坐标轴上的分量为 $p_i(i=1,2,3)$。由式(2-1)得：

$$p_i = \sigma_{ij} l_j \tag{2-28}$$

展开式(2-28)，得：

$$\begin{cases} p_1 = \sigma_1 l_1, & \dfrac{p_1}{\sigma_1} = l_1 \\ p_2 = \sigma_2 l_2, & \dfrac{p_2}{\sigma_2} = l_2 \\ p_3 = \sigma_3 l_3, & \dfrac{p_3}{\sigma_3} = l_3 \end{cases} \tag{2-29}$$

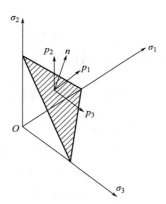

图 2-11 依主轴建立的坐标系中应力分解

将法线方向 n 取为单位长度，则：

$$l_1^2 + l_2^2 + l_3^2 = 1 \tag{2-30}$$

将式(2-29)代入式(2-30)，得：

$$\left(\frac{p_1}{\sigma_1}\right)^2 + \left(\frac{p_2}{\sigma_2}\right)^2 + \left(\frac{p_3}{\sigma_3}\right)^2 = 1 \tag{2-31}$$

2.2 应力偏张量

如果以 p_1、p_2、p_3 为坐标轴建立直角坐标系，则此坐标系中，式(2-31)是一椭球面方程，主半轴分别为 σ_1、σ_2、σ_3，称为应力椭球面。此椭球面上任一点都存在这3个坐标 p_1、p_2、p_3，分别是过 O 点的某一平面上应力的3个分量。若3个主应力相等，即：

$$\sigma_1 = \sigma_2 = \sigma_3 = \sigma$$

则式(2-31)变为：

$$p_1^2 + p_2^2 + p_3^2 = \sigma^2 \tag{2-32}$$

式(2-32)是一球面方程。在主坐标系中，3个主应力均等于 σ 的应力张量为 $\sigma\delta$，展开为：

$$\sigma\delta = \begin{bmatrix} \sigma\delta_{11} & 0 & 0 \\ 0 & \sigma\delta_{22} & 0 \\ 0 & 0 & \sigma\delta_{33} \end{bmatrix}$$

式中 $\delta = \delta_{ij} = \begin{cases} 1 & i = j \\ 0 & i \neq j \end{cases}$。

此张量定义为应力球张量。因为此应力张量的3个主应力相等。由第2章中所述，此时过 O 点任意方向均为主轴，即任一平面上只有正应力而无切应力。如在 O 点附近取一微球，则球面上每一点都同时作用有指向或背离球心的应力 σ。它相当于静水压力，试验证明它不产生塑性变形，并且与屈服无关。

任意一个应力张量 σ 可分解为两个张量之和，即：

$$\begin{bmatrix} \sigma_x & \tau_{xy} & \tau_{xz} \\ \tau_{yx} & \sigma_y & \tau_{yz} \\ \tau_{zx} & \tau_{zy} & \sigma_z \end{bmatrix} = \begin{bmatrix} \sigma_m & 0 & 0 \\ 0 & \sigma_m & 0 \\ 0 & 0 & \sigma_m \end{bmatrix} + \begin{bmatrix} \sigma_x - \sigma_m & \tau_{xy} & \tau_{xz} \\ \tau_{yx} & \sigma_y - \sigma_m & \tau_{yz} \\ \tau_{zx} & \tau_{zy} & \sigma_z - \sigma_m \end{bmatrix} \tag{2-33}$$

将式(2-33)用下标记号法表示为：

$$\sigma_{ij} = \sigma_m \delta_{ij} + s_{ij} \tag{2-34}$$

其中：

$$s_{ij} = \begin{bmatrix} s_x & s_{xy} & s_{xz} \\ s_{yx} & s_y & s_{yz} \\ s_{zx} & s_{zy} & s_z \end{bmatrix} = \begin{bmatrix} \sigma_x - \sigma_m & \tau_{xy} & \tau_{xz} \\ \tau_{yx} & \sigma_y - \sigma_m & \tau_{yz} \\ \tau_{zx} & \tau_{zy} & \sigma_z - \sigma_m \end{bmatrix}$$

s 定义为应力偏张量，它与塑性变形有关。$\sigma_m \delta$ 是应力球张量，$\sigma_m \delta$ 只会引起体积的改变，与塑性变形无关。将应力张量分解为应力球张量和应力偏张量是为今后研究塑性本构关系做准备。

2.2.2 应力偏张量的不变量

应力偏张量 s 也是对称的二阶张量,它有 3 个主值 $s_i(i=1,2,3)$ 和对应的 3 个主轴。可以证明,应力偏张量的主轴与应力张量的主轴一致,且 3 个主值为:

$$s_1=\sigma_1-\sigma_m, s_2=\sigma_2-\sigma_m, s_3=\sigma_3-\sigma_m \tag{2-35}$$

应力偏张量也有 3 个不变量:

$$J'_1=s_1+s_2+s_3=0 \tag{2-36}$$

$$J'_2=-\begin{vmatrix} s_x & s_{xy} \\ s_{xy} & s_y \end{vmatrix}-\begin{vmatrix} s_y & s_{yz} \\ s_{yz} & s_z \end{vmatrix}-\begin{vmatrix} s_z & s_{xz} \\ s_{xz} & s_z \end{vmatrix}$$

$$=-(s_x s_y+s_y s_z+s_z s_x)+s_{xy}^2+s_{yz}^2+s_{zx}^2 \tag{2-37}$$

$$J'_3=\begin{vmatrix} s_x & s_{xy} & s_{xz} \\ s_{yx} & s_y & s_{yz} \\ s_{zx} & s_{zy} & s_z \end{vmatrix}$$

$$=s_x s_y s_z+2s_{xy}s_{yz}s_{zx}-s_z s_{xy}^2-s_x s_{yz}^2-s_y s_{zx}^2=s_1 s_2 s_3 \tag{2-38}$$

由式(2-34)得 $(s_x+s_y+s_z)^2=0$,所以有:

$$s_x^2+s_y^2+s_z^2=-2(s_x s_y+s_y s_z+s_z s_x)$$

将上式代入式(2-35),得:

$$J'_2=\frac{1}{2}s_{ij}s_{ij}$$

$$=\frac{1}{6}[(\sigma_x-\sigma_y)^2+(\sigma_x-\sigma_z)^2+(\sigma_y-\sigma_z)^2+6(\tau_{xy}^2+\tau_{yz}^2+\tau_{xz}^2)]$$

$$=\frac{1}{6}[(\sigma_1-\sigma_2)^2+(\sigma_2-\sigma_3)^2+(\sigma_3-\sigma_1)^2]$$

$$=-s_1 s_2-s_2 s_3-s_3 s_1 \tag{2-39}$$

在主坐标系中,与 3 个坐标轴呈相同倾斜角的平面称为八面体面,它的法线的方向余弦为 $\left(\pm\frac{1}{\sqrt{3}}, \pm\frac{1}{\sqrt{3}}, \pm\frac{1}{\sqrt{3}}\right)$,根据式(2-25),此八面体的正应力为:

$$\sigma_8=l_1^2\sigma_1+l_2^2\sigma_2+l_3^2\sigma_3=\frac{1}{3}(\sigma_1+\sigma_2+\sigma_3)=\frac{1}{3}J_1=\sigma_m \tag{2-40}$$

总应力 p 可由下式求出:

$$p^2=p_1^2+p_2^2+p_3^2=(\sigma_1 l_1)^2+(\sigma_2 l_2)^2+(\sigma_3 l_3)^2=\frac{1}{3}(\sigma_1^2+\sigma_2^2+\sigma_3^2)$$

切应力为：

$$\tau_8=\sqrt{p^2-\sigma_8^2}=\frac{1}{3}\sqrt{(\sigma_1-\sigma_2)^2+(\sigma_2-\sigma_3)^2+(\sigma_3-\sigma_1)^2}=\sqrt{\frac{2}{3}J_2'} \quad (2\text{-}41)$$

对于单向应力状态，拉应力 σ_8 的大小代表了单向应力状态的强度，而对于复杂的应力状态，其 6 个应力分量一般不为 0，不能用某一应力分量的大小表示应力状态的强度，因此需要定义一个物理量。定义：

$$\sigma_i=\frac{1}{\sqrt{2}}\sqrt{(\sigma_x-\sigma_y)^2+(\sigma_y-\sigma_z)^2+(\sigma_x-\sigma_z)^2+6(\tau_{xy}^2+\tau_{zx}^2+\tau_{yz}^2)}$$

$$=\frac{1}{\sqrt{2}}\sqrt{(\sigma_1-\sigma_2)^2+(\sigma_1-\sigma_3)^2+(\sigma_2-\sigma_3)^2}=\sqrt{3J_2}=\frac{3\sqrt{2}\tau_8}{2} \quad (2\text{-}42)$$

在单向拉伸应力状态下，$\sigma_8\neq 0$，其他应力分量均为零，此时 $\sigma_i=\sigma_8$，称 σ_i 为应力强度，代表复杂应力状态的强度大小。从某种意义上说，此复杂应力状态与大小为 σ_i 的单向应力状态是等效的，所以又称等效应力。

J_2'、σ_i、τ_8 三个物理量的相互换算关系如表 2-3 所示。

J_2'、σ_i、τ_8 三个物理量的相互换算关系　　　　　表 2-3

	$\sqrt{J_2'}$	τ_8	σ_i
$\sqrt{J_2'}$	1	$\sqrt{\frac{3}{2}}$	$\frac{\sqrt{3}}{3}$
τ_8	$\sqrt{\frac{2}{3}}$	1	$\frac{\sqrt{2}}{3}$
σ_i	$\sqrt{3}$	$\frac{3}{\sqrt{2}}$	1

在主坐标系中，过 O 点任取一平面，法线方向为 n，方向余弦为 $l_i(i=1,2,3)$。此平面上的应力 p 在 3 个坐标轴上的分量为 $p_i(i=1,2,3)$。根据式(2-29)，有：

$$\begin{cases} p_1=\sigma_1 l_1 \\ p_2=\sigma_2 l_2 \\ p_3=\sigma_3 l_3 \end{cases} \quad (2\text{-}43)$$

此平面上的正应力：

$$\sigma_n=p_i l_i=\sigma_1 l_1^2+\sigma_2 l_2^2+\sigma_3 l_3^2 \quad (2\text{-}44)$$

切应力：

$$\tau_n^2=p^2-\sigma_n^2=\sigma_i^2 l_i^2-(\sigma_i l_i^2)^2 \quad (2\text{-}45)$$

$$\frac{\partial(\tau_n^2)}{\partial l_j}=2\sigma_i^2 l_j\delta_{ij}-2(\sigma_k l_k^2)\cdot 2\sigma_i l_j\delta_{ij}=2l_j(\sigma_i^2-2\sigma_n\sigma_i)\delta_{ij} \quad (2\text{-}46)$$

令 $\Phi=\Phi_1+\lambda\Phi_2$，求函数 Φ 的极大值。这是一个带有约束条件的极值问题。极值条件为：

$$\frac{\partial \Phi}{\partial l_i}=0 \quad (i=1,2,3)$$

$$\frac{\partial \Phi}{\partial \lambda}=0$$

(2-47)

将式(2-46)代入式(2-47)，得：

$$\begin{cases} l_1(\sigma_1^2-2\sigma_n\sigma_1+\lambda)=0 \\ l_2(\sigma_2^2-2\sigma_n\sigma_2+\lambda)=0 \\ l_3(\sigma_3^2-2\sigma_n\sigma_3+\lambda)=0 \\ l_1^2+l_2^2+l_3^2=1 \end{cases}$$

(2-48)

式(2-48)存在下列解：

$$\begin{cases} l_1=1, \ l_2=l_3=0 \\ l_2=1, \ l_1=l_3=0 \\ l_3=1, \ l_1=l_2=0 \end{cases}$$

(2-49)

式(2-49)是式(2-48)的解，代表着3个主轴方向。以主轴为法线的平面上，$\tau^2=0$，即 τ^2 取最小值，但是现在要找的是 τ^2 的最大值。

设 $l_1 \neq 0$、$l_2 \neq 0$，由式(2-48)得：

$$\sigma_1^2-2\sigma_n\sigma_1+\lambda=0 \quad (2\text{-}50)$$

$$\sigma_2^2-2\sigma_n\sigma_2+\lambda=0 \quad (2\text{-}51)$$

用式(2-50)减去式(2-51)，得：

$$\sigma_1^2-2\sigma_n\sigma_1-\sigma_2^2+2\sigma_n\sigma_2=0 \quad (2\text{-}52)$$

求解式(2-52)，得：

$$\sigma_n=\frac{1}{2}(\sigma_1+\sigma_2), \ \lambda=\sigma_1\sigma_2 \quad (2\text{-}53)$$

将 λ 代入式(2-48)，得：

$$l_3=0, \ l_1^2+l_2^2=1 \quad (2\text{-}54)$$

由式(2-54)，得：

$$l_2^2=1-l_1^2 \quad (2\text{-}55)$$

将式(2-55)及式(2-53)代入式(2-44)，得：

$$\sigma_1 l_1^2 + \sigma_2(1-l_1^2) = \frac{1}{2}(\sigma_1+\sigma_2)$$

整理得：$l_1^2 = \frac{1}{2}$，$l_1 = \pm\frac{\sqrt{2}}{2}$。

将 $l_1 = \pm\frac{\sqrt{2}}{2}$ 代入式(2-55)，得 $l_2 = \pm\frac{\sqrt{2}}{2}$，即切应力 τ_n 所在平面的法线 n 的方向余弦为 $\left(\pm\frac{\sqrt{2}}{2}, \pm\frac{\sqrt{2}}{2}, 0\right)$，即为主轴 1 与主轴 2 的角平分线。将 $l_1^2 = l_2^2 = \frac{1}{2}$ 代入式(2-45)，得 $\tau_n^2 = \left[\frac{1}{2}(\sigma_1-\sigma_2)\right]^2$，同理得 τ_n^2 的另外 2 个极值为 $\left[\frac{1}{2}(\sigma_1-\sigma_3)\right]^2$ 和 $\left[\frac{1}{2}(\sigma_2-\sigma_3)\right]^2$。这 2 个切应力所在平面法线的方向余弦分别为 $\left(\pm\frac{\sqrt{2}}{2}, 0, \pm\frac{\sqrt{2}}{2}\right)$ 和 $\left(0, \pm\frac{\sqrt{2}}{2}, \pm\frac{\sqrt{2}}{2}\right)$，分别为主轴 1 与主轴 3、主轴 2 与主轴 3 的角平分线。令：

$$\begin{cases} \tau_1 = \pm\frac{1}{2}(\sigma_2-\sigma_3) \\ \tau_2 = \pm\frac{1}{2}(\sigma_1-\sigma_3) \\ \tau_3 = \pm\frac{1}{2}(\sigma_1-\sigma_2) \end{cases} \quad (2\text{-}56)$$

τ_1、τ_2、τ_3 为主切应力，其中绝对值最大的是物体内 O 点的最大切应力。如果给定正应力的大小顺序为 $\sigma_1 \geqslant \sigma_2 \geqslant \sigma_3$，则：

$$\tau_{\max} = \frac{1}{2}(\sigma_1-\sigma_3) \quad (2\text{-}57)$$

2.2.3 等效应力

偏应力状态 S_{ij} 的主方向与原应力状态 σ_{ij} 的主方向一致，主值为式(2-35)，满足三次代数方程式 $\lambda^3 - J_1'\lambda^2 - J_2'\lambda - J_3' = 0$，式中 J_1'、J_2'、J_3' 为不变量：

$$J_1' = s_{11} + s_{22} + s_{33} = 0$$

$$J_2' = -(s_{11}s_{22} + s_{22}s_{33} + s_{33}s_{11}) + s_{12}^2 + s_{23}^2 + s_{31}^2 = \frac{1}{2}(s_1^2+s_2^2+s_3^2) = \frac{1}{2}s_{ij}s_{ij}$$

$$J_3' = |s_{ij}| = s_1 s_2 s_3$$

利用 $J_1'=0$，不变量 J_2' 还可以写为：

$$J_2' = \frac{1}{6}\left[(\sigma_1-\sigma_2)^2 + (\sigma_2-\sigma_3)^2 + (\sigma_3-\sigma_1)^2\right]$$

对比 τ_8 和 J'_2 的表达式：

$$\begin{cases} \tau_8 = \dfrac{1}{3}\sqrt{(\sigma_1-\sigma_2)^2+(\sigma_2-\sigma_3)^2+(\sigma_3-\sigma_1)^2} \\ J'_2 = \dfrac{1}{6}[(\sigma_1-\sigma_2)^2+(\sigma_2-\sigma_3)^2+(\sigma_3-\sigma_1)^2] \end{cases}$$

得：$\tau_8 = \sqrt{\dfrac{2}{3}J'_2}$。

在弹塑性力学中，为方便使用，将 τ_8 乘以 $\dfrac{3}{\sqrt{2}}$ 后，称为等效应力。用符号 $\bar{\sigma}$ 表示：

$$\bar{\sigma} = \dfrac{3}{\sqrt{2}}\tau_s = \dfrac{1}{\sqrt{2}}\sqrt{(\sigma_1-\sigma_2)^2+(\sigma_2-\sigma_3)^2+(\sigma_3-\sigma_1)^2} = \sqrt{3J'_2} \tag{2-58}$$

简单拉伸时，因为 $\sigma_1=\sigma$，$\sigma_2=\sigma_3=0$，故 $\bar{\sigma}=\sigma$。

对于切应力，其等效切应力为：

$$T = \sqrt{J'_2} = \dfrac{1}{\sqrt{6}}\sqrt{(\sigma_1-\sigma_2)^2+(\sigma_2-\sigma_3)^2+(\sigma_3-\sigma_1)^2} = \sqrt{\dfrac{1}{2}s_{ij}s_{ij}} \tag{2-59}$$

上述等效应力 $\bar{\sigma}$ 和等效切应力 T，符合米塞斯屈服准则（后文详述），它们遵循材料力学第四强度理论（形状改变比能理论），也可以表述为：在一定的变形条件下，当受力物体内一点的等效应力达到某一定值时，该点就开始进入塑性状态。或当材料的单位体积形状改变的弹性位能（又称弹性形变能）达到某一常数时，材料就屈服。在有限单元法分析时，显示的米塞斯应力（Von Mises Stress）用应力等值线来表示模型内部的应力分布情况，它可以清晰描述出一种结果在整个模型中的变化，从而使分析人员可以快速地确定模型中的最危险区域。

2.3 应变张量

2.3.1 应变状态分析

在外荷载作用下，物体会发生形状和体积的变化，该变化称为变形。与前述的应力状态一样，在此需要一个应变张量描述某点的变形，定义应变张量为 ε。它是一个对称的二阶张量，由 8 个分量组成，具体形式为：

$$\begin{bmatrix} \varepsilon_x & \varepsilon_{xy} & \varepsilon_{xz} \\ \varepsilon_{yx} & \varepsilon_y & \varepsilon_{yz} \\ \varepsilon_{zx} & \varepsilon_{zy} & \varepsilon_z \end{bmatrix} \text{ 或 } \begin{bmatrix} \varepsilon_{11} & \varepsilon_{12} & \varepsilon_{13} \\ \varepsilon_{21} & \varepsilon_{22} & \varepsilon_{23} \\ \varepsilon_{31} & \varepsilon_{32} & \varepsilon_{33} \end{bmatrix} \tag{2-60}$$

在直角坐标系中,设物体内某点沿 x 轴、y 轴、z 轴方向的位移分别为 u、v、w,则上述各应变分量与位移分量的关系为:

$$\begin{cases} \varepsilon_x = \dfrac{\partial u}{\partial x}, \ \varepsilon_y = \dfrac{\partial v}{\partial y}, \ \varepsilon_z = \dfrac{\partial w}{\partial z} \\ \varepsilon_{xy} = \dfrac{1}{2}\left(\dfrac{\partial u}{\partial y} + \dfrac{\partial v}{\partial x}\right) = \varepsilon_{yx} \\ \varepsilon_{xz} = \dfrac{1}{2}\left(\dfrac{\partial u}{\partial z} + \dfrac{\partial w}{\partial x}\right) = \varepsilon_{zx} \\ \varepsilon_{yz} = \dfrac{1}{2}\left(\dfrac{\partial v}{\partial z} + \dfrac{\partial w}{\partial y}\right) = \varepsilon_{zy} \end{cases} \quad (2\text{-}61)$$

从式(2-60)可知,9 个应变量当中只有 6 个是独立的。以下对这 6 个独立的分量进行分析。

如图 2-12 所示,沿 x 轴取一小微段 OA,令 $\overline{OA} = \mathrm{d}x$。变形后 O 点移动至点 O',A 点移至 A',OA 段伸长的长度为 $\overline{O'A'} - \overline{OA}$。在小变形条件下,$O'A'$ 段的长度近似等于 $O'A''$ 段的长度。设 O 点的 x 方向位移为 u,A 点的 x 方向位移为 $u + \dfrac{\partial u}{\partial x}\mathrm{d}x$,$OA$ 段伸长长度为:

$$\overline{O'A'} - \overline{OA} = u + \dfrac{\partial u}{\partial x}\mathrm{d}x - u = \dfrac{\partial u}{\partial x}\mathrm{d}x$$

定义 $\varepsilon_x = \dfrac{\overline{O'A'} - \overline{OA}}{OA} = \dfrac{\dfrac{\partial u}{\partial x}\mathrm{d}x}{\mathrm{d}x} = \dfrac{\partial u}{\partial x}$,所以

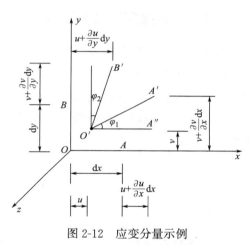

图 2-12 应变分量示例

ε_x 表示沿 x 轴单位长度的伸长量或缩短量。同样可知 ε_y、ε_z 分别代表沿 y 轴和 z 轴方向单位长度的伸长量或缩短量,即 ε_x、ε_y、ε_z 是线应变。

在 x-y 平面内沿 x 轴、y 轴各取一微小线段 OA、OB,$\overline{OA} = \mathrm{d}x$,$\overline{OB} = \mathrm{d}y$。变形后,$O$ 点移至 O',A 点移至 A',B 点移至 B'。设 O 点沿 x、y 向的位移分别为 u、v,则 A 点水平位移和竖向位移分别为 $u + \dfrac{\partial u}{\partial x}\mathrm{d}x$、$v + \dfrac{\partial v}{\partial x}\mathrm{d}x$,$B$ 点水平位移和竖向位移分别为 $u + \dfrac{\partial u}{\partial y}\mathrm{d}y$、$v + \dfrac{\partial v}{\partial y}\mathrm{d}y$。

设 φ_1、φ_2 分别为 $O'A'$ 轴与 x 轴、$O'B'$ 轴与 y 轴的夹角。考虑在荷载作用下物体只发生微小变形,所以它们分别为:

$$\varphi_1 = \dfrac{\dfrac{\partial v}{\partial x}\mathrm{d}x}{\mathrm{d}x} = \dfrac{\partial v}{\partial x}, \quad \varphi_2 = \dfrac{\dfrac{\partial u}{\partial y}\mathrm{d}y}{\mathrm{d}y} = \dfrac{\partial u}{\partial y}, \quad \angle A'O'B' = \dfrac{\pi}{2} - \left(\dfrac{\partial v}{\partial x} + \dfrac{\partial u}{\partial y}\right)$$

$\angle A'O'B'$ 为变形后 x 轴与 y 轴的夹角,变形前为 $\frac{\pi}{2}$。设 γ_{xy} 为 x 轴与 y 轴夹角的变化,则 $\gamma_{xy}=\varphi_1+\varphi_2=\frac{\partial v}{\partial x}+\frac{\partial u}{\partial y}$。

设 $\varepsilon_{xy}=\frac{1}{2}\left(\frac{\partial v}{\partial x}+\frac{\partial u}{\partial y}\right)=\frac{\gamma_{xy}}{2}$,$\varepsilon_{xy}$ 为 x 轴与 y 轴夹角变化量的一半。同样可知,ε_{xz}、ε_{yz} 为 x 轴与 z 轴、y 轴与 z 轴夹角变化量的一半。由此可知,ε_{xy}、ε_{yx}、ε_{xz}、ε_{zx}、ε_{yz}、ε_{zy} 为切应变。式(2-60)可用下标记号法表示为:

$$\varepsilon_{ij}=\frac{1}{2}(u_{i,j}+u_{j,i})\quad(i=1,2,3;\ j=1,2,3) \tag{2-62}$$

经验证,$\varepsilon=\varepsilon_{ij}(i=1,2,3;\ j=1,2,3)$ 为对称的二阶张量,具有与应力张量相似的性质。

2.3.2 主应变及其不变量

物体内每一点都存在着应变状态,这种状态用应变张量 ε_{ij} 表示。应变张量是对称的二阶张量,所以一定存在 3 个主轴,对应于 3 个主轴有 3 个主值。将 3 个主值分别定义为主应变 ε_1、ε_2、ε_3。在以主轴为法线的平面上只有线应变,没有切应变,并且线应变分别是 ε_1、ε_2、ε_3。现以 3 个主轴为坐标轴建立主坐标系。在主坐标系中,应变张量 ε 变为对角矩阵,即:

$$\varepsilon=\begin{bmatrix} \varepsilon_1 & 0 & 0 \\ 0 & \varepsilon_2 & 0 \\ 0 & 0 & \varepsilon_3 \end{bmatrix} \tag{2-63}$$

应变张量存在着 3 个应变不变量,分别为 I_1、I_2、I_3。它们的值分别为:

$$\begin{gathered} I_1=\varepsilon_x+\varepsilon_y+\varepsilon_z \\ I_2=-\begin{vmatrix} \varepsilon_x & \varepsilon_{xy} \\ \varepsilon_{xy} & \varepsilon_y \end{vmatrix}-\begin{vmatrix} \varepsilon_y & \varepsilon_{yz} \\ \varepsilon_{yz} & \varepsilon_z \end{vmatrix}-\begin{vmatrix} \varepsilon_x & \varepsilon_{xz} \\ \varepsilon_{xz} & \varepsilon_z \end{vmatrix} \\ I_3=\begin{vmatrix} \varepsilon_x & \varepsilon_{xy} & \varepsilon_{xz} \\ \varepsilon_{yx} & \varepsilon_y & \varepsilon_{yz} \\ \varepsilon_{zx} & \varepsilon_{zy} & \varepsilon_z \end{vmatrix} \end{gathered} \tag{2-64}$$

因为 I_1、I_2、I_3 是应变张量的 3 个不变量,所以它们不随坐标系的选择而变化。在主坐标系中,3 个不变量分别为:

$$\begin{cases} I_1=\varepsilon_1+\varepsilon_2+\varepsilon_3 \\ I_2=-(\varepsilon_1\varepsilon_2+\varepsilon_1\varepsilon_3+\varepsilon_2\varepsilon_3) \\ I_3=\varepsilon_1\varepsilon_2\varepsilon_3 \end{cases} \tag{2-65}$$

可以证明，I_1 等于体积应变 θ。

证明过程如下：在物体的某点附近取一小微元体，边长为 dx、dy、dz。设此点的线应变为 ε_x、ε_y、ε_z，微元体的初始体积为 V_0，即：

$$V_0 = dx\,dy\,dz$$

在荷载作用下，体积变为 V'，即：

$$V' = (dx + \varepsilon_x dx)(dy + \varepsilon_y dy)(dz + \varepsilon_z dz) = (1+\varepsilon_x)(1+\varepsilon_y)(1+\varepsilon_z)dx\,dy\,dz$$

加载前后微元体体积的改变量为：

$$\Delta V = V' - V_0 = (1+\varepsilon_x)(1+\varepsilon_y)(1+\varepsilon_z)dx\,dy\,dz - dx\,dy\,dz$$

略去微小量，得体积应变为：

$$\theta = \frac{V' - V_0}{V_0} = \varepsilon_x + \varepsilon_y + \varepsilon_z = I_1$$

令：

$$\varepsilon_m = \frac{1}{3}I_1 = \frac{1}{3}(\varepsilon_x + \varepsilon_y + \varepsilon_z) = \frac{1}{3}(\varepsilon_1 + \varepsilon_2 + \varepsilon_3) = \frac{1}{3}\theta \tag{2-66}$$

其中 ε_m 为平均线应变，是体积应变的 1/3。

2.3.3 应变偏张量

与应力张量类似，应变张量可分解为应变球张量与应变偏张量。各分量之间关系为：

$$\varepsilon_{ij} = \varepsilon_m \delta_{ij} + e_{ij} \tag{2-67}$$

其中：

$$\begin{bmatrix} e_{11} & e_{12} & e_{13} \\ e_{21} & e_{22} & e_{23} \\ e_{31} & e_{32} & e_{33} \end{bmatrix} = \begin{bmatrix} e_x & e_{xy} & e_{xz} \\ e_{yx} & e_y & e_{yz} \\ e_{zx} & e_{zy} & e_z \end{bmatrix} = \begin{bmatrix} \varepsilon_x - \varepsilon_m & \varepsilon_{xy} & \varepsilon_{xz} \\ \varepsilon_{yx} & \varepsilon_y - \varepsilon_m & \varepsilon_{yz} \\ \varepsilon_{zx} & \varepsilon_{zy} & \varepsilon_z - \varepsilon_m \end{bmatrix} \tag{2-68}$$

应变偏张量为对称的二阶张量，存在 3 个主轴及相对应的 3 个主值 e_1、e_2、e_3。可证明得应变偏张量的主轴与应变张量的主轴一致，且它的主值与应变张量的主应变之间存在以下关系：

$$\begin{cases} e_1 = \varepsilon_1 - \varepsilon_m \\ e_2 = \varepsilon_2 - \varepsilon_m \\ e_3 = \varepsilon_3 - \varepsilon_m \end{cases} \tag{2-69}$$

应变偏张量也存在 3 个不变量，在此设为 I'_1、I'_2、I'_3，即：

$$I'_1 = \varepsilon_x + \varepsilon_y + \varepsilon_z = \varepsilon_1 + \varepsilon_2 + \varepsilon_3 = 0$$

$$I'_2 = -\begin{vmatrix} \varepsilon_x & \varepsilon_{xy} \\ \varepsilon_{xy} & \varepsilon_y \end{vmatrix} - \begin{vmatrix} \varepsilon_y & \varepsilon_{yz} \\ \varepsilon_{yz} & \varepsilon_z \end{vmatrix} - \begin{vmatrix} \varepsilon_x & \varepsilon_{xz} \\ \varepsilon_{xz} & \varepsilon_z \end{vmatrix}$$

$$= \frac{1}{6}[(\varepsilon_x - \varepsilon_y)^2 + (\varepsilon_y - \varepsilon_z)^2 + (\varepsilon_x - \varepsilon_z)^2] + (\varepsilon_{xy}^2 + \varepsilon_{xz}^2 + \varepsilon_{zy}^2) \tag{2-70}$$

$$= \frac{1}{6}[(\varepsilon_1 - \varepsilon_2)^2 + (\varepsilon_2 - \varepsilon_3)^2 + (\varepsilon_3 - \varepsilon_1)^2]$$

$$I'_3 = \begin{vmatrix} e_x & e_{xy} & e_{xz} \\ e_{yx} & e_y & e_{yz} \\ e_{zx} & e_{zy} & e_z \end{vmatrix} = e_1 e_2 e_3$$

用求八面体上的正应力及切应力类似的过程,可求得八面体的线应变 ε_8 及切应变 γ_8,即:

$$\varepsilon_8 = \frac{1}{3}(\varepsilon_x + \varepsilon_y + \varepsilon_z) = \varepsilon_m \tag{2-71}$$

$$\gamma_8 = \frac{2}{3}\sqrt{(\varepsilon_1 - \varepsilon_2)^2 + (\varepsilon_2 - \varepsilon_3)^2 + (\varepsilon_3 - \varepsilon_1)^2} = \sqrt{\frac{8}{3}I'_2} \tag{2-72}$$

定义 ε_i 为等效应变或应变强度,物理意义与应力强度的意义类似。它代表物体内某处变形的程度。形式为:

$$\varepsilon_i = \frac{\sqrt{2}}{2}\gamma_8 = \frac{\sqrt{2}}{3}\sqrt{(\varepsilon_x - \varepsilon_y)^2 + (\varepsilon_y - \varepsilon_z)^2 + (\varepsilon_z - \varepsilon_x)^2 + 6(\varepsilon_{xy}^2 + \varepsilon_{yz}^2 + \varepsilon_{zx}^2)} \tag{2-73}$$

在单向应变状态下,若体积不可压缩,应变张量的各分量为:

$$\varepsilon_x \neq 0, \quad \varepsilon_y = \varepsilon_z = -\frac{1}{2}\varepsilon_x, \quad \varepsilon_{xy} = \varepsilon_{yz} = \varepsilon_{xz} = 0$$

此时的应变强度 ε_i 与拉应变 ε_x 相等。ε_i、γ_8、I'_2 是3个非常重要的物理量,换算关系如表 2-4 所示。

ε_i、γ_8、I'_2 间的换算关系　　　　表 2-4

	$\sqrt{I'_2}$	γ_8	ε_i
$\sqrt{I'_2}$	1	$\frac{1}{2}\sqrt{\frac{3}{2}}$	$\frac{\sqrt{3}}{2}$
γ_8	$2\sqrt{\frac{2}{3}}$	1	$\sqrt{2}$
ε_i	$\frac{2}{\sqrt{3}}$	$\frac{1}{\sqrt{2}}$	1

等效应变 $\bar{\varepsilon}$(应变强度)和等效切应变张量 Γ(切应变强度)表达式分别为:

$$\bar{\varepsilon} = \frac{2}{\sqrt{3}}\sqrt{I'_2} = \sqrt{\frac{2}{9}[(\varepsilon_1 - \varepsilon_2)^2 + (\varepsilon_2 - \varepsilon_3)^2 + (\varepsilon_3 - \varepsilon_1)^2]} = \sqrt{\frac{2}{3}\varepsilon_{ij}\varepsilon_{ij}} \tag{2-74}$$

$$\Gamma = 2\sqrt{I'_2} = \sqrt{\frac{2}{3}\left[(\varepsilon_1-\varepsilon_2)^2+(\varepsilon_2-\varepsilon_3)^2+(\varepsilon_3-\varepsilon_1)^2\right]} = \sqrt{2e_{ij}e_{ij}} \qquad (2\text{-}75)$$

2.4 应变速率张量

一般来说物体变形时，物体任一点的变形不但与坐标有关，而且与时间也有关。如以 u、v、w 表示质点的位移分量，则：

$$V_x = \frac{\mathrm{d}u}{\mathrm{d}t},\quad V_y = \frac{\mathrm{d}v}{\mathrm{d}t},\quad V_z = \frac{\mathrm{d}w}{\mathrm{d}t}$$

设应变速率分量为：

$$\zeta_x = \frac{\partial V_x}{\partial x},\quad \zeta_y = \frac{\partial V_y}{\partial y},\quad \zeta_z = \frac{\partial V_z}{\partial z}$$

$$\eta_{xy} = \frac{\partial V_x}{\partial y}+\frac{\partial V_y}{\partial x},\quad \eta_{yz} = \frac{\partial V_z}{\partial y}+\frac{\partial V_y}{\partial z},\quad \eta_{zx} = \frac{\partial V_z}{\partial x}+\frac{\partial V_x}{\partial z}$$

在小变形情况下，应变速率分量与应变分量之间的关系为：

$$\zeta_x = \dot{\varepsilon}_x = \frac{\partial \dot{u}}{\partial x},\quad \zeta_y = \dot{\varepsilon}_y = \frac{\partial \dot{v}}{\partial y},\quad \zeta_z = \dot{\varepsilon}_z = \frac{\partial \dot{w}}{\partial z}$$

$$\eta_{xy} = \dot{\gamma}_{xy} = \frac{\partial \dot{u}}{\partial y}+\frac{\partial \dot{v}}{\partial x},\quad \eta_{yz} = \dot{\gamma}_{yz} = \frac{\partial \dot{v}}{\partial z}+\frac{\partial \dot{w}}{\partial y},\quad \eta_{zx} = \dot{\gamma}_{zx} = \frac{\partial \dot{u}}{\partial z}+\frac{\partial \dot{w}}{\partial x}$$

因此，小变形下的应变速率可用张量 $\dot{\varepsilon}_{ij}$ 来表示：

$$\dot{\varepsilon}_{ij} = \begin{bmatrix} \dot{\varepsilon}_x & \frac{1}{2}\dot{\gamma}_{xy} & \frac{1}{2}\dot{\gamma}_{xz} \\ \frac{1}{2}\dot{\gamma}_{yx} & \dot{\varepsilon}_y & \frac{1}{2}\dot{\gamma}_{yz} \\ \frac{1}{2}\dot{\gamma}_{zx} & \frac{1}{2}\dot{\gamma}_{zy} & \dot{\varepsilon}_z \end{bmatrix} \qquad (2\text{-}76)$$

由于时间度量的绝对值对塑性规律没有影响，因此 $\mathrm{d}t$ 可不代表真实时间，而是代表一个加载过程。因而用应变增量张量来代替应变率张量更能表示不受时间参数选择的特点。

2.5 应力和应变的 Lode 参数

2.5.1 摩尔应力圆

在材料力学中，对于受力物体内一点的应力状态，最普遍的情况是所取单元体 3 对平面上都有正应力和切应力，而且切应力可分解为沿坐标轴方向的 2 个分量，如图 2-7 所示。图中 x 平面上有正应力 σ_x、切应力 τ_{xy} 和 τ_{xz}。切应力的两个下标中,第一个下标表示切应力所在平面,第二个下标表示切应力的方向。同理,在 y 平面上有应力 σ_y、切应力 τ_{yx} 和 τ_{yz};在 z 平面上有应力 σ_z、切应力 τ_{zx} 和 τ_{zy}。这种单元体所代表的应力状态,称为一般的空间应力状态。

在一般的空间应力状态的 9 个应力分量中,根据切应力互等定理,独立的应力分量有 6 个,分别是 σ_x、σ_y、σ_z、τ_{xy}、τ_{yz}、τ_{zx}。前文已证明,对于一般的空间应力状态有 3 对主平面和对应的主应力 σ_1、σ_2、σ_3。

对于危险点处于空间应力状态下的构件进行强度计算,通常需确定其最大正应力和最大切应力。当受力物体内某一点处的 3 个主应力 σ_1、σ_2 和 σ_3 均为已知时,利用材料力学平面应力分析章节的知识,可以通过应力圆来确定该点正应力和切应力的最值。工程问题中有较多已知某主应力的情况,如单向拉压、静水受压,或可转化为平面的问题。首先,研究其中一个主平面(例如主应力 σ_3 对应的平面)垂直的斜截面上的应力,则问题转化为平面应力状态分析,可得到相应的摩尔应力圆和对应的最大与最小正应力 σ_1 和 σ_2。

设某一斜截面方向余弦为 (l_1, l_2, l_3),则该面正应力 σ 和切应力 τ 满足下列关系:

$$\begin{cases} \sigma = \sigma_1 l_1^2 + \sigma_2 l_2^2 + \sigma_3 l_3^2 \\ \sigma^2 + \tau^2 = \sigma_1^2 l_1^2 + \sigma_2^2 l_2^2 + \sigma_3^2 l_3^2 \\ l_1^2 + l_2^2 + l_3^2 = 1 \end{cases} \tag{2-77}$$

若已知某截面的正应力 σ 和切应力 τ,可由式(2-78)得到该截面的方向:

$$\begin{cases} l_1^2 = \dfrac{(\sigma - \sigma_2)(\sigma - \sigma_3) + \tau^2}{(\sigma_1 - \sigma_2)(\sigma_1 - \sigma_3)} \\ l_2^2 = \dfrac{(\sigma - \sigma_3)(\sigma - \sigma_1) + \tau^2}{(\sigma_2 - \sigma_3)(\sigma_2 - \sigma_1)} \\ l_3^2 = \dfrac{(\sigma - \sigma_1)(\sigma - \sigma_2) + \tau^2}{(\sigma_3 - \sigma_1)(\sigma_3 - \sigma_2)} \end{cases} \tag{2-78}$$

由于 $\sigma_1 \geqslant \sigma_2 \geqslant \sigma_3$,则可得对任意截面,有:

$$\begin{cases} (\sigma - \sigma_2)(\sigma - \sigma_3) + \tau^2 \geqslant 0 \\ (\sigma - \sigma_3)(\sigma - \sigma_1) + \tau^2 \leqslant 0 \\ (\sigma - \sigma_1)(\sigma - \sigma_2) + \tau^2 \geqslant 0 \end{cases} \tag{2-79}$$

从而可推得:

$$\begin{cases} \left[\sigma - \dfrac{1}{2}(\sigma_2 + \sigma_3)\right]^2 + \tau^2 \geqslant \dfrac{1}{4}(\sigma_2 - \sigma_3)^2 \\ \left[\sigma - \dfrac{1}{2}(\sigma_3 + \sigma_1)\right]^2 + \tau^2 \leqslant \dfrac{1}{4}(\sigma_3 - \sigma_1)^2 \\ \left[\sigma - \dfrac{1}{2}(\sigma_1 + \sigma_2)\right]^2 + \tau^2 \geqslant \dfrac{1}{4}(\sigma_1 - \sigma_2)^2 \end{cases} \tag{2-80}$$

式(2-80)表明,当一点处于空间应力状态时,与 3 个主平面斜交的任意斜截面上应力为 σ 和 τ 的 D 点,一定落在分别以 $(\sigma_1-\sigma_2)/2$、$(\sigma_2-\sigma_3)/2$、$(\sigma_1-\sigma_3)/2$ 为半径的 3 个圆的圆周所包围的阴影面积(包括 3 个圆周)之内,如图 2-13 所示。

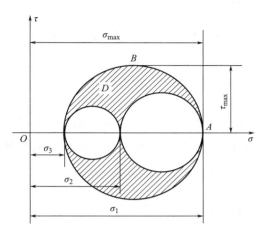

图 2-13　三向应力状态摩尔应力圆

若在一应力状态上再叠加一个球形应力状态(各向等拉或各向等压),则应力圆的 3 个直径并不改变,只是整个图形沿横轴发生平移。应力圆在横轴上的整体位置取决于球形应力张量;而各圆的大小(直径)则取决于应力偏张量,与球形应力张量无关。一点应力状态中的主应力按同一比例缩小或增大(应力分量的大小有改变,但应力状态的形式不变),则应力圆的 3 个直径也按同一比例缩小或增大,即应力变化前后的 2 个应力圆是相似的。这种情况相当于应力偏张量的各分量的大小有了改变,但张量的形式保持不变。

2.5.2　应力 Lode 参数

因为球形应力张量对塑性变形没有明显影响,因而常把这一因素分离出来,而着重研究应力偏张量。为此,引进 Lode 参数 μ_σ,定义如下:

$$\mu_\sigma = \frac{\sigma_2 - \dfrac{\sigma_1+\sigma_3}{2}}{\dfrac{\sigma_1-\sigma_3}{2}} = 2\frac{\sigma_2-\sigma_3}{\sigma_1-\sigma_3} - 1 = \frac{(\sigma_2-\sigma_3)-(\sigma_1-\sigma_2)}{\sigma_1-\sigma_3} \tag{2-81}$$

Lode 参数的几何意义是两内圆直径之差与外圆直径之比,表征了摩尔应力圆中两内圆切点相对于大圆圆心的位置,实际上是反映了中间主应力 σ_2 对屈服的贡献大小。应力 Load 参数有以下几点物理意义:1)其与平均应力无关;2)其值确定了应力圆的 3 个直径之比;3)如果各应力状态的 Lode 参数相等,就说明各应力状态所对应的应力圆是相似的,即应力偏张量的形式相同。Lode 参数是排除球形应力张量的影响而描绘应力状态特征的一个参数,它可以表征应力偏张量的形式。Load 参数有 $-1 \leqslant \mu_\sigma \leqslant 1$ 的特征。

对单向拉伸构件，Load 参数为 -1；对单向压缩构件，Load 参数为 1；对受纯剪切构件，Load 参数为 0。

2.5.3 应变 Lode 参数

同样的，为表征量应变张量的形式，引入应变 Lode 参数 μ_ε，定义如下：

$$\mu_\varepsilon = 2\frac{\varepsilon_2 - \varepsilon_3}{\varepsilon_1 - \varepsilon_3} - 1 \tag{2-82}$$

如果各应变状态的 μ_ε 相等，则表明它们所对应的应变莫尔圆是相似的，也就是说，应变偏张量的形式相同。应变 Lode 参数的几何意义是两内圆切点到大圆心的距离与大圆半径的比值。

2.6 弹性力学基本方程

2.6.1 平衡方程

在弹塑性力学分析里，通常从三个方面来考虑：静力学方面、几何方面和物理学方面。先考虑空间问题的静力学方面，首先根据平衡条件来导出应力分量与体力分量之间的关系式，也就是平衡微分方程。

对图 2-7 中的空间应力单元体，若其三个轴方向分别有体力分布量 F_x、F_y、F_z，则有如下平衡方程：

$$\begin{cases} \dfrac{\partial \sigma_x}{\partial x} + \dfrac{\partial \tau_{yx}}{\partial y} + \dfrac{\partial \tau_{zx}}{\partial z} + F_x = 0 \\ \dfrac{\partial \tau_{xy}}{\partial x} + \dfrac{\partial \sigma_y}{\partial y} + \dfrac{\partial \tau_{zy}}{\partial z} + F_y = 0 \\ \dfrac{\partial \tau_{xz}}{\partial x} + \dfrac{\partial \tau_{yz}}{\partial y} + \dfrac{\partial \sigma_z}{\partial z} + F_z = 0 \end{cases} \tag{2-83}$$

按下标记号法，可简写为：

$$\sigma_{ij,j} + F_i = 0 \tag{2-84}$$

2.6.2 物理方程

应变分量和应力分量之间的关系就是物理方程。材料力学中，已知空间问题的广义胡克定律如下：

$$\varepsilon_x = \frac{1}{E}[\sigma_x - \mu(\sigma_y + \sigma_z)], \quad \gamma_{xy} = \frac{1}{G}\tau_{xy}$$

$$\varepsilon_y = \frac{1}{E}[\sigma_y - \mu(\sigma_x + \sigma_z)], \quad \gamma_{yz} = \frac{1}{G}\tau_{yz} \tag{2-85}$$

$$\varepsilon_z = \frac{1}{E}[\sigma_z - \mu(\sigma_x + \sigma_y)], \quad \gamma_{zx} = \frac{1}{G}\tau_{zx}$$

式中　E——拉压弹性模量；

G——剪切弹性模量；

μ——泊松比。

这三个弹性常数之间有如下关系：

$$G = \frac{E}{2(1+\mu)} \tag{2-86}$$

2.6.3　应变协调方程

由式（2-61）可知，$\varepsilon_x = \frac{\partial u}{\partial x}$，$\varepsilon_y = \frac{\partial v}{\partial y}$，对此进一步处理，$x$ 对 y、y 对 x 求两次偏导，有：

$$\frac{\partial^2 \varepsilon_x}{\partial y^2} + \frac{\partial^2 \varepsilon_y}{\partial x^2} = \frac{\partial^3 u}{\partial x \partial y^2} + \frac{\partial^3 v}{\partial y \partial x^2} = \frac{\partial^2}{\partial x \partial y}\left(\frac{\partial u}{\partial y} + \frac{\partial v}{\partial x}\right) = \frac{\partial^2 \gamma_{xy}}{\partial x \partial y} \tag{2-87}$$

可变形得：

$$\frac{\partial^2 \varepsilon_x}{\partial y^2} + \frac{\partial^2 \varepsilon_y}{\partial x^2} - \frac{\partial^2 \gamma_{xy}}{\partial x \partial y} = 0 \tag{2-88}$$

式（2-88）保证了物体在变形后不会出现撕裂或套叠等现象。

类似地，可得到对空间问题的应变协调方程：

$$\begin{cases} \dfrac{\partial^2 \varepsilon_x}{\partial y^2} + \dfrac{\partial^2 \varepsilon_y}{\partial x^2} - \dfrac{\partial^2 \gamma_{xy}}{\partial x \partial y} = 0 \\ \dfrac{\partial^2 \varepsilon_y}{\partial z^2} + \dfrac{\partial^2 \varepsilon_z}{\partial y^2} - \dfrac{\partial^2 \gamma_{yz}}{\partial y \partial z} = 0 \\ \dfrac{\partial^2 \varepsilon_z}{\partial x^2} + \dfrac{\partial^2 \varepsilon_x}{\partial z^2} - \dfrac{\partial^2 \gamma_{xz}}{\partial x \partial z} = 0 \\ -\dfrac{\partial^2 \varepsilon_x}{\partial y \partial z} + \dfrac{1}{2}\dfrac{\partial}{\partial x}\left(-\dfrac{\partial \gamma_{yz}}{\partial x} + \dfrac{\partial \gamma_{xz}}{\partial y} + \dfrac{\partial \gamma_{xy}}{\partial z}\right) = 0 \\ -\dfrac{\partial^2 \varepsilon_y}{\partial z \partial x} + \dfrac{1}{2}\dfrac{\partial}{\partial y}\left(-\dfrac{\partial \gamma_{zx}}{\partial y} + \dfrac{\partial \gamma_{yx}}{\partial z} + \dfrac{\partial \gamma_{yz}}{\partial x}\right) = 0 \\ -\dfrac{\partial^2 \varepsilon_z}{\partial x \partial y} + \dfrac{1}{2}\dfrac{\partial}{\partial z}\left(-\dfrac{\partial \gamma_{xy}}{\partial z} + \dfrac{\partial \gamma_{yz}}{\partial x} + \dfrac{\partial \gamma_{zx}}{\partial y}\right) = 0 \end{cases} \tag{2-89}$$

思考及练习题

2-1 为什么要将应力张量及应变张量分解为球张量和偏张量?

2-2 试证明应力偏张量的第二不变量不随坐标系的转换而变化。

2-3 设物体内某点的应变张量为 ε,问此点的最大伸长率(绝对值)是什么?最大切应变是什么?

2-4 为什么要定义应力强度和应变强度?

2-5 在荷载的作用下,已知物体中某点的应力状态为 $\sigma_x=0$、$\sigma_y=a$、$\tau_{xy}=0$、$\tau_{yz}=2a$、$\tau_{xz}=a$,求过此点的平面 $x+2y+z=0$ 上的正应力和切应力。

2-6 在平面应力问题中,已知物体内某点的应力状态为 $\sigma_x=5a$、$\sigma_y=5a$、$\tau_{xy}=-2a$、$\sigma_z=\tau_{xz}=\tau_{yz}=0$,试求应力和主轴的方向余弦。

2-7 受力物体中某点的应力张量为 $\begin{bmatrix} 2a & 0 & a \\ 0 & 2a & a \\ a & a & 5a \end{bmatrix}$,试将它分解为应力球张量和应力偏张量,并求出应力偏张量的第二不变量。

2-8 试证明:$\dfrac{\partial I_2}{\partial \sigma_{ij}}=s_{ij}$。

2-9 试证明应力偏张量的主轴和应力张量的主轴相同。

2-10 试推导八面体上线应变 ε_8 和切应变 γ_8 的表达式。

2-11 在平面应变状态下,$\varepsilon_z=\varepsilon_{xz}=\varepsilon_{yz}=0$。已知沿 x 轴向线应变 ε_x、沿 y 轴向线应变 ε_y 及 x-y 平面内与 x 轴夹角为 $30°$方向的线应变 $\varepsilon_{30°}$,试求此应变状态的应变张量及应变强度。

2-12 设有厚度为 h、平均半径为 R 的薄管,承受轴向拉力 P 和扭转力偶矩 M 作用,试求此时的应力 Lode 参数 μ_σ。

第 3 章　简单应力状态的弹塑性问题

3.1　基本试验资料

在分析复杂应力状态的塑性变形规律之前，我们先复习一下低碳钢简单拉伸试验和三向应力状态下的静水压力试验。这两个试验是塑性力学的基本试验，塑性应力-应变关系的建立是以这些试验资料为基础的。

3.1.1　应力-应变曲线

假定所用的材料有弹塑性现象，是各向同性的，对拉伸和压缩具有相同的力学性质，即对于初始材料，先拉伸或者先压缩，力学性能是相同的。从试验结果可以绘出其 σ-ε 曲线，如图 3-1 所示。它是忽略了一些次要的因素而理想化了的应力-应变曲线图，但反映了常温、静载下材料在受力过程中应力-应变关系的基本面貌，显示了材料固有力学性能。从中可以看到以下几点：

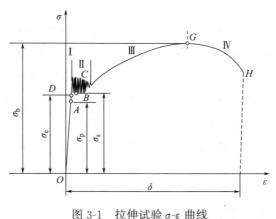

图 3-1　拉伸试验 σ-ε 曲线

1) 试样的变形完全是弹性的，随着荷载的增加，其伸长量与荷载之间呈正比例关系：$\Delta l = \dfrac{Fl}{EA}$。在变形的最初阶段，直到 A 点以前（OA 段），应力 σ 和应变 $\varepsilon = \dfrac{\Delta l}{l}$ 呈直线关系：

$$\varepsilon = \dfrac{\sigma}{E}$$

式中 E——弹性模量。

由于超过 A 点后，就不再保持上述的比例关系，所以与 A 点相应的应力叫材料的比例极限 σ_p。而全部卸除荷载后，试样将回复原长，这表明在 OA 范围内仅有弹性变形。实际测量中，由于夹头松紧、试样加工偏差和测量误差等因素，伸长量与荷载之间初始时与正比例关系略有偏离，但从工程应用的精确度要求来看，这种微小的偏差可以忽略不计。

当试样所受荷载继续增加，此时变形的增长比在 A 点之前稍大，但在未超过 D 点以前，变形仍是可以恢复的。所以将与 D 点相应的应力称为材料的弹性极限 σ_e，它表示材料不致产生塑性变形的最大应力值。

2) 继续加载会发现变形增长更快。在几乎不增加荷载的情况下，变形会继续迅速增加。这时，发生了显著的残余变形，材料达到屈服阶段。在拉伸应力-应变曲线的这个阶段产生了上下往复的抖动，此时振幅的下限值称为下屈服极限，也称材料的屈服极限 σ_s。

像低碳钢这类材料具有明显的屈服阶段，应力-应变曲线在屈服阶段有一个明显的平缓区间。但有很多材料没有明显的屈服阶段。在工程上往往以残余变形达到 0.2% 作为塑性变形的开始，其相应的应力 $\sigma_{0.2}$ 作为材料的屈服应力。

由于一般材料的比例极限、弹性极限和屈服极限相差不大，为方便使用，通常不会细分。后续章节中统一用 σ_s 来表示，称为屈服应力。对于各向同性材料，可以观察到开始阶段压缩应力-应变曲线将和拉伸应力-应变曲线高度重合。一般认为材料在应力达到屈服极限 σ_s 以前是弹性的，应力与应变呈正比例，即服从胡克定律，这个阶段称为初始弹性阶段。屈服应力是初始弹性阶段的界限，应力超过这个值材料就进入塑性阶段了，所以把它称为初始屈服点，材料由初始弹性阶段进入塑性的过程就称为初始屈服。

3) 当材料屈服达到一定程度时，它的内部结构因为晶体排列的位置在改变后重新得到调整，使它又重新获得了继续抵抗外载的能力。所以在继续加载后，曲线在屈服后继续上升，这就说明在屈服以后，必须继续增大应力才能使它产生新的塑性变形，这种现象称为应变硬化或加工硬化，简称硬化。这个变形阶段称为强化阶段或硬化阶段。当曲线达到最高点 G 时，荷载达到最大值。此时，由于颈缩现象的出现，在 G 点以后荷载开始下降，直至断裂。这种应力降低、应变增加的现象称为应变软化，简称软化。和 G 点相应的应力就称为强度极限 σ_b。

4) 如图 3-2 所示，如果将试件拉伸到塑性阶段的某一点 D，以后再逐渐减小应力，即卸载，则应力-应变曲线将沿着大致与 OA 平行的直线下降。在全部卸除荷载之后，留下残余变形 OO'。OD' 表示全应变 ε，$O'D'$ 是可以恢复的应变，即弹性应变 ε^e，OO' 是不能恢复的应变，即塑性应变。

$$\varepsilon = \varepsilon^e + \varepsilon^p \tag{3-1}$$

即全应变等于弹性应变加上塑性应变。

若在卸载后重新加载，曲线将仍沿着 $O'D$ 上升至 D 点，此时又继续产生新的塑性变

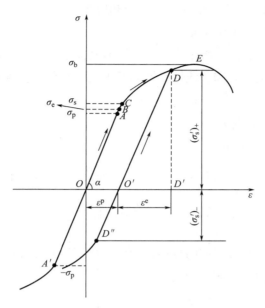

图 3-2 过屈服点后的卸载和再加载

形,好像又进入了新的屈服。然后顺着原来的 DE 线上升,就像未曾卸载一样。继续发生新的塑性变形时,材料的再度屈服为继续屈服或后继屈服,相应的屈服点 D 称为后继屈服点,相应的屈服应力 σ_s' 称为后继屈服应力。由于硬化作用,材料的后继屈服应力较初始屈服极限提高了,即 $\sigma_s' > \sigma_s$。而且和 σ_s 不同,σ_s' 不是材料常数,它的大小与塑性变形的大小和历史有关。

5) 如果在完全卸载后施加相反方向的应力,譬如由拉改为压,则曲线沿 DO' 的延长线下降,即开始时呈直线关系(弹性变形),直至一定程度(D'' 点)又开始进入屈服,并有反方向应力的屈服极限降低的现象,这种现象称为 Bauschinger(包辛格)效应。这个效应说明对先给出某方向的塑性变形材料,如再加上反方向的荷载,和先前相比其抵抗变形的能力减小,即一个方向的硬化引起相反方向的软化。这样,即使是初始各向同性的材料,在出现塑性变形以后,就带各向异性。虽然多数情况下为了简化而不考虑 Bauschinger 效应,但对有反复加载的情况必须予以考虑。

卸载的过程中,从 D 到 D'' 也是线性关系,应服从胡克定律,但它们之间是增量关系,这是因为全应变中有部分是塑性应变。

综合上述简单拉伸试验所观察到的现象可以知道,和弹性阶段不同,塑性的变形规律,即本构关系,应具有以下几个重要的特点:

(1) 首先要有一个判断材料是处于弹性阶段还是已进入塑性阶段的判断式,即屈服条件。对简单拉伸或压缩应力状态。这个判别式为:

初始屈服条件 $\qquad |\sigma| = \sigma_s$

后继屈服条件 $\qquad |\sigma| = \sigma_s'$

σ_s 是常数，而 σ'_s 的大小由塑性变形的大小和历史所决定。

(2) 应力和应变之间是非线性关系。

(3) 应力和应变之间不存在弹性阶段那样的单值关系，因为加载和卸载是分别服从不同规律的。这一点又决定了它和非线性弹性问题不同。在单向拉伸或压缩应力状态下，这些关系可表示为：

弹性阶段(当 $|\sigma| < \sigma_s$ 时) $\quad\quad\quad \varepsilon = \sigma/E$

弹塑性阶段(当 $|\sigma| \geqslant \sigma_s$ 时)

$$\text{加载}(\sigma d\sigma > 0 \text{ 时}), \varepsilon = \varepsilon^e + \varepsilon^p = \frac{\sigma}{E} + f_p(\sigma)(\text{非线性关系})$$

$$\text{卸载}(\sigma d\sigma < 0 \text{ 时}), \Delta\varepsilon = \frac{\Delta\sigma}{E}(\text{线性关系})$$

正因为加载和卸载时服从不同的规律，因此，如不指明变形路径(历史)，则不能由应力确定应变(图 3-3a)或由应变确定应力(图 3-3b)。

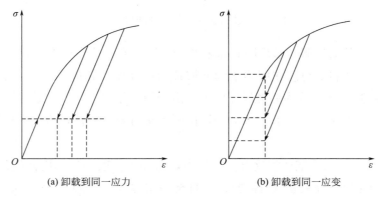

(a) 卸载到同一应力　　　　　(b) 卸载到同一应变

图 3-3　卸载的两种情形

塑性变形的规律远比弹性变形的规律复杂得多，它是一个非线性的、加载与卸载不同的复杂关系，这就决定了弹塑性力学更复杂。所以，在塑性力学中，常常不得不引入一些恰当的假设，使问题得到合理的解决。对材料加以理想化就是一个方面。

3.1.2　静水压力试验

试验表明，金属的塑性强化效果及塑性变形跟静水压力相关性极弱。Bridgman(布里奇曼)根据试验结果给出了：

$$\varepsilon_m = \frac{\Delta V}{V_0} = \frac{1}{K}p\left(1 - \frac{1}{K_1}p\right)$$

或者：

$$\frac{\Delta V}{V_0} = ap - bp^2 \tag{3-2}$$

式中 ε_m——体积应变；

K——体积压缩模量；

K_1——派生模量；

p——静水压力下的压应力；

a、b——材料相关的系数，可从试验中得到(表 3-1 列出了几个金属的静水压力系数)；

ΔV——体积变化量；

V_0——初始体积。

Bridgman 公式中的静水压力系数　　　　表 3-1

	铜	铝	铅
a	7.31×10^{-7}	13.34×10^{-7}	23.73×10^{-7}
b	2.7×10^{-12}	3.5×10^{-12}	17.25×10^{-12}

根据试验结果，在塑性理论中常认为金属材料体积变形是弹性的。对钢、铜等金属材料，可以认为塑性变形不受静水压力的影响；但对于铸铁、岩石、土壤等材料，静水压力对屈服应力和塑性变形的大小都有明显的影响，不能忽略。

Bridgman 对镍、铌的拉伸试验表明，静水压力增大，塑性强化效应增加不明显，但颈缩和破坏时的塑性变形增加了(图 3-4)。因此，静水压力对屈服极限的影响常可忽略。

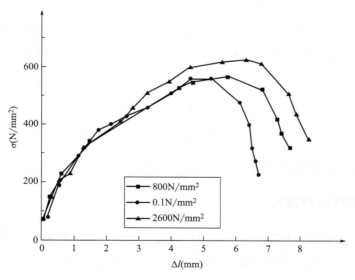

图 3-4　静水压力对屈服极限的影响

静水压力试验表明。弹簧钢在 10,000 个大气压下体积缩小约 2.2%，而且这种体积变化是可以恢复的。对于一般金属材料，可以认为体积变化基本是弹性的，除去静水压力后体积变形可以全部恢复，没有残余体积变形。因此可以忽略弹性的体积变化，而认为材料在塑性状态时的体积是不可压缩的,即体积不变仅改变形状。另外,变形速度、应力作用时间的长短以及温度等因素对应力-应变曲线都有影响,但对金属材料在通常情况下及室温条件下的变形速度影响不大,可以不考虑。

3.2 应力-应变的简化模型

塑性变形的规律远比弹性变形的规律复杂得多,在塑性力学中,为了简化分析过程,同时又能避开数学上的困难,通常采用以下集中应力-应变简化模型(图3-5)。

3.2.1 理想弹塑性模型

在材料中应力达到屈服极限以前,应力-应变服从线弹性关系。应力一旦达到屈服极限,则应力保持常数σ_s。如图3-5(a)所示,即:

$$\sigma = \begin{cases} E\varepsilon & (\varepsilon \leqslant \varepsilon_s) \\ \sigma_s & (\varepsilon > \varepsilon_s) \end{cases} \tag{3-3}$$

当材料σ-ε曲线有一较长的水平屈服阶段,即材料的强化效应不明显时,可采用理想弹塑性模型。

3.2.2 线性强化弹塑性模型

对于一般合金钢、铝合金等强化材料,其应力-应变关系可以用两段折线拟合,如图3-5(c)所示。应力达到屈服极限σ_s前,应力-应变呈线弹性关系,应力超过σ_s则为线性强化关系,即:

$$\sigma = \begin{cases} E\varepsilon & (\varepsilon \leqslant \varepsilon_s) \\ \sigma_s + E_1(\varepsilon - \varepsilon_s) & (\varepsilon > \varepsilon_s) \end{cases} \tag{3-4}$$

式中 E_1——强化阶段直线斜率。

3.2.3 理想刚塑性模型

如果弹性变形比塑性变形小得多,则可以忽略理想弹塑性模型的线弹性部分,看作在应力达到屈服极限σ_s前,材料为刚性的,当应力达到σ_s后,材料为理想塑性的,如图3-5(b)所示,即:

$$\varepsilon = \begin{cases} 0 & (\sigma < \sigma_s) \\ 不定 & (\sigma = \sigma_s) \end{cases} \tag{3-5}$$

在进行结构塑性极限分析时,可以采用理想刚塑性模型。

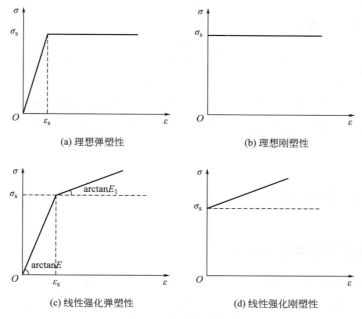

图 3-5 几种简化模型

3.2.4 线性强化刚塑性模型

如果弹性变形比塑性变形小得多,则可以略去弹性部分,即在应力达到 σ_s 前,材料为刚性的,应力超过 σ_s 后,应力-应变关系呈线性强化,如图 3-5(d)所示,即:

$$\varepsilon = \begin{cases} 0 & (\sigma \leqslant \sigma_s) \\ \dfrac{1}{2E}(\sigma - \sigma_s) & (\sigma > \sigma_s) \end{cases} \quad (3-6)$$

以上几种情况不仅对拉伸应力状态适用,而且同样适用于压缩应力状态。除了上述常用简化模型,有时还采用其他的数学函数来近似描述应力-应变曲线,如幂强化弹塑性模型、割线模量模型和 Prager 模型。其中幂强化塑性模型如图 3-6 所示,即:

$$\sigma = A\varepsilon^n \quad (3-7)$$

式中 n——强化系数,是介于 0 和 1 之间的正数,当 $n=0$ 时,代表理想塑性体的模型;当 $n=1$ 时,则为理想弹性体模型。

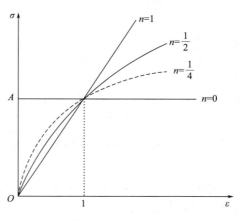

图 3-6 不同强化系数下的应力-应变曲线

幂强化曲线与多数工程材料的实际性能相接近，并且便于使用，适用于应变较大的问题。表 3-2 中给出了几种金属的 n 值。

几种金属的 n 值　　　　表 3-2

材料	不锈钢	黄铜	铜	铝	铁
n	0.45～0.55	0.35～0.40	0.30～0.35	0.15～0.25	0.05～0.15

在求解弹性问题中，究竟采用哪种模型或经验公式，要由所使用的材料和所研究的变形范围来确定。

3.3　应变的表示法

3.3.1　工程应变和自然应变

杆件轴线方向受拉压，则每单位长度的伸长或缩短称为线应变，用记号 ε 表示。按定义，图 3-8(a)中杆件 x 和 z 方向的应变计算如图 3-8(b)所示。但实际上，从图 3-7 上可以看出，拉伸变形是有颈缩的，因此单纯的比例关系意义是不大的，因而由此绘出的图也可能给人带来一些容易产生误解的信息，比如让人误认为过了 M 点金属材料本身的性能会下降。但其实我们可以看到，断口处（这个面积才代表真正的受应力面）是非常小的，因而材料的真实强度是上升了的（是指单位体积或者单位面积上的，不是结构上的）。

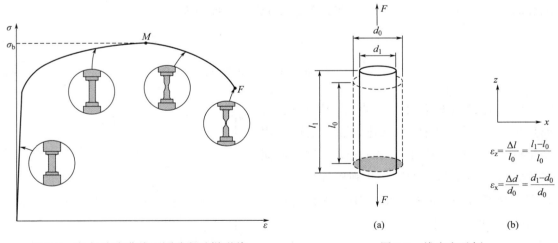

图 3-7　应力-应变曲线不同阶段试样形貌　　　　图 3-8　线应变示例

真实应力按式(3-8)计算，其中的 A_i 是实时的代表性截面积，因此图 3-8 中断裂时应选择颈缩区截面积。

$$\sigma_T = \frac{F}{A_i} \tag{3-8}$$

这里，工程应变不考虑拉压过程中的截面积变化，按式(3-9)计算：

$$\varepsilon = \frac{l_n - l_0}{l_0} \tag{3-9}$$

式中　l_n——变形后的长度；

l_0——初始长度。

式(3-9)不适用于大变形杆件。在塑性变形较大时，用 $\sigma\text{-}\varepsilon$ 曲线不能真正代表加载和变形的状态。对大变形拉压杆件，用式(3-10)来计算其应变，积分后的对数形式，称为自然应变或对数应变。

$$\varepsilon = \frac{l_1 - l_0}{l_0} + \frac{l_2 - l_1}{l_1} + \cdots + \frac{l_n - l_{n-1}}{l_{n-1}} = \sum_{i=0}^{n-1} \frac{l_{i+1} - l_i}{l_i} = \int_{l_0}^{l_n} \frac{\mathrm{d}l}{l} = \ln\frac{l_n}{l_0} \tag{3-10}$$

这里 l 的下标记录了拉压过程中每一阶段长度的变化。

3.3.2　工程应变和自然应变的关系

1. 小变形时，记 $\varepsilon = \epsilon$，按式(3-11)进行计算。由图 3-9 可见，变形程度越大，误差越大。当变形程度小于 10% 时，两值比较接近，这也是小变形和大变形界限的根据。

$$\epsilon = \ln\frac{l_n}{l_0} = \ln\left(1 + \frac{l_n - l_0}{l_0}\right) = \ln(1 + \varepsilon) = \varepsilon - \frac{\varepsilon^2}{2} + \frac{\varepsilon^3}{3} - \frac{\varepsilon^4}{4} + \cdots \tag{3-11}$$

根据前述体积不变的论述，可知自然应变和工程应变的相对误差公式(式 3-12)。经验表明，在颈缩刚开始时，式(3-12)成立。图 3-10 显示了真实应变和工程应变的对照，其中"修正"是指考虑颈缩区域复杂应力状态后的修正。

$$\epsilon = \ln(1 + \varepsilon) \tag{3-12}$$

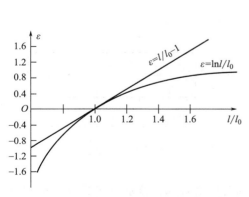

图 3-9　不同变形程度下的误差分析

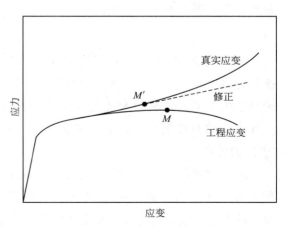

图 3-10　真实应变和工程应变的对照

2. 自然应变为可加应变，而工程应变为不可加应变。如杆件轴向受拉变形过程分为三个阶段，最终的变形程度可表示为：

$$\epsilon = \ln \frac{l_3}{l_0} \tag{3-13}$$

各阶段相应的应变为：

$$\epsilon_1 = \ln \frac{l_1}{l_0}, \quad \epsilon_2 = \ln \frac{l_2}{l_1}, \quad \epsilon_3 = \ln \frac{l_3}{l_2} \tag{3-14}$$

$$\epsilon_1 + \epsilon_2 + \epsilon_3 = \ln \frac{l_1}{l_0} + \ln \frac{l_2}{l_1} + \ln \frac{l_3}{l_2} = \ln \frac{l_1 l_2 l_3}{l_0 l_1 l_2} = \ln \frac{l_3}{l_0} = \epsilon \tag{3-15}$$

可见自然应变的总变形程度等于各阶段变形程度之和。

3. 自然应变为可比应变，工程应变为不可比应变。设物体由 l_0 拉长一倍后，尺寸变为 $2l_0$；缩短一倍尺寸变为 $0.5l_0$。物体拉长一倍或缩短一倍，物体的变形程度应该是一样的，采用工程应变表示拉压变形程度，数值相差悬殊，失去了可比性。若采用自然应变，两者数值大小相等，符号相反，具有可比性。

$$\epsilon^+ = \frac{2l_0 - l_0}{l_0} = 100\%, \quad \epsilon^- = \frac{0.5l_0 - l_0}{l_0} = -50\%$$

$$\epsilon^+ = \ln \frac{2l_0}{l_0} = 69\%, \quad \epsilon^- = \ln \frac{0.5l_0}{l_0} = -69\%$$

思考及练习题

3-1 在拉杆中，设 A_0 和 l_0 为试件的原始截面积和原长，A 和 l 为拉伸后的截面积和长度。如截面收缩率 $\psi = \dfrac{A_0 - A}{A_0}$，而应变 $\epsilon = \dfrac{l - l_0}{l_0}$，试证明当体积不变时，有如下关系：$(1+\epsilon)(1-\psi) = 1$。

3-2 如图 3-11 所示的等截面直杆，截面积为 A，且 $b > a$。在 $x = a$ 处作用一个逐渐增加的力 P。该材料为线性强化弹塑性，拉伸和压缩时性能相同，求左端反力 F_1 与力 P 的关系。

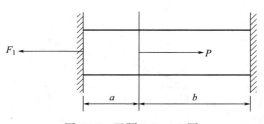

图 3-11 习题 3-2、3-3 图

3-3 如图 3-11 所示等截面直杆，截面积为 A，且 $b > a$。在 $x = a$ 处作用一个逐渐增加的力 P。该材料为线性强化弹塑性，拉伸和压缩时性能相同。按加载过程分析结构所处不同状态，并求力 P 作用截面的位移 δ 与 P 的关系。

第4章 屈服条件和加载条件

4.1 屈服条件概念

物体受到荷载作用后,先是产生弹性变形,当荷载逐渐增加到一定程度,有可能使物体内应力较大的区域开始发生塑性变形,这种由弹性状态进入塑性状态的过渡就是初始屈服。在单向拉伸、压缩时,材料初始屈服状态的界限,就是拉、压屈服极限,即 $\sigma = \sigma_s$。在复杂应力状态下,物体内一点开始出现塑性变形时其应力状态所应满足的条件,称为材料的初始屈服条件,有时简称为屈服条件。屈服条件的数学表达式为屈服函数。

屈服条件应由材料的应力、应变状态来决定,因此屈服函数一般可表示为:

$$f(\sigma_{ij}, \varepsilon_{ij}) = 0 \tag{4-1}$$

由于材料初始屈服前,弹性变形阶段应力与应变具有一一对应的关系,一般满足广义胡克定律,则式(4-1)可仅由应力张量 σ_{ij} 来表示,即:

$$f(\sigma_{ij}) = 0 \tag{4-2}$$

当 $f(\sigma_{ij}) < 0$ 时,材料仍处于弹性状态。

如果材料是初始各向同性的,则 f 应该与应力的方向无关,可用主应力或应力不变量表示屈服条件:

$$f(\sigma_1, \sigma_2, \sigma_3) = 0$$

或者:

$$f(J_1, J_2, J_3) = 0 \tag{4-3}$$

根据材料各向同性的基本假设,式(4-3)中的3个主应力应该可以任意调换,再根据 Bauschinger 效应的基本假设,主应力的正、负值又可以互换,因此式(4-3)是主应力的对偶函数。

另外,静水应力不影响屈服,则屈服条件也可以用应力偏张量或其不变量来表示:

$$f(s_1, s_2, s_3) = 0$$

或者:

$$f(J_2, J_3) = 0 \ (J_1 = 0) \tag{4-4}$$

这里为简便起见，不同变量的屈服函数都用 f 表示。

4.2 屈服曲面

4.2.1 主应力空间

以主应力 σ_1、σ_2、σ_3 为坐标轴而构成的应力空间称为主应力空间，则此时任一应力状态 $\overrightarrow{OP}$ 可表示为式(4-5)，考虑静水应力矢量和主偏张量应力矢量分解，则可写成式(4-6)。

$$\overrightarrow{OP} = \sigma_1\boldsymbol{i} + \sigma_2\boldsymbol{j} + \sigma_3\boldsymbol{k} \tag{4-5}$$

$$\overrightarrow{OP} = s_1\boldsymbol{i} + s_2\boldsymbol{j} + s_3\boldsymbol{k} + (\sigma\boldsymbol{i} + \sigma\boldsymbol{j} + \sigma\boldsymbol{k}) = \overrightarrow{OQ} + \overrightarrow{ON} \tag{4-6}$$

定义主应力空间内，过原点且和 3 个坐标轴夹角相等的直线为 L 直线，方程为 $\sigma_1 = \sigma_2 = \sigma_3$。主应力空间内过原点且与 L 直线垂直的平面称为 π 平面，方程为 $\sigma_1 + \sigma_2 + \sigma_3 = 0$。矢量 $\overrightarrow{OQ}$ 总在 π 平面上，矢量 $\overrightarrow{ON}$ 与 σ_1、σ_2、σ_3 坐标轴的夹角相等。主应力空间、L 直线、π 平面如图 4-1 所示。

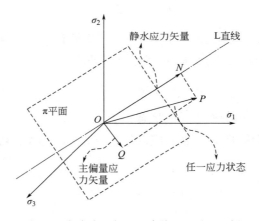

图 4-1 主应力空间、L 直线、π 平面示例

几种特殊的应力状态在主应力空间中的轨迹整理如下：

1. 球应力状态或静水应力状态

应力偏张量为零，即 $s_1 = s_2 = s_3$ 且 $\sigma_1 = \sigma_2 = \sigma_3 = \sigma_m$，为一直线方程。它的轨迹是经过坐标原点并与 σ_1、σ_2、σ_3 坐标轴的夹角相同的等倾斜直线。

2. 平均应力为零的状态

平均应力为零，即 $\sigma_m = 0$，而应力偏张量 s_{ij} 不等于零。在主应力空间中的轨迹是一个平面，且该平面通过坐标原点并与等倾直线相垂直。

3. 应力偏张量为常量的状态

应力偏张量为常量，即 $s_1 = c_1$，$s_2 = c_2$，$s_3 = c_3$，根据式(2-35)等的定义，即可得

$\sigma_1 - c_1 = \sigma_2 - c_2 = \sigma_3 - c_3 = \sigma_m$，其轨迹是与等倾线平行但不经过坐标原点的直线。

4.2.2 屈服曲面

初始屈服函数在应力空间中表示一个曲面，称为初始屈服面。它是初始弹性阶段的界限，应力点落在曲面内的应力状态为初始弹性状态，若应力点落在此曲面上，则为塑性状态。这个曲面就是由达到初始屈服的各种应力状态点集合而成的，它相当于简单拉伸曲线上的初始屈服点。

设主应力空间$(\sigma_1, \sigma_2, \sigma_3)$中一点$P$已达到屈服，其应力矢量为$\overrightarrow{OP}$，如图 4-2 所示。由式(4-6)可知，点$P$的屈服只取决于应力偏张量。如果过点$P$引出一条与$L$直线相平行的直线，则其上的点在$\pi$平面上的投影均为$S$，它们均是屈服面上的点，即直线$\overrightarrow{SP}$为屈服曲面上的一条直线。因此，屈服曲面是以一个平行于L直线的直线($\overrightarrow{SP}$)为母线的柱面，它与π平面的交线，称为屈服曲线，或称为屈服轨迹。

如果 3 个主应力轴在π平面上的投影分别为σ_1'、σ_2'、σ_3'，屈服曲线是其上的一条封闭曲线，如图 4-3 所示，它具有如下特性：

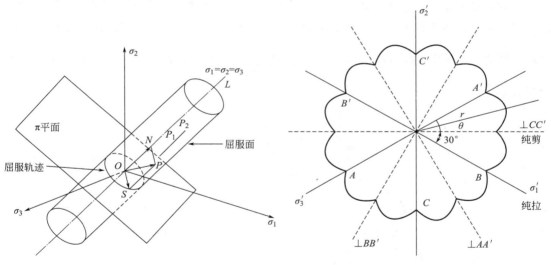

图 4-2 屈服面与屈服轨迹　　　　图 4-3 屈服曲线

1. 屈服轨迹是包围坐标原点的封闭外凸曲线。

因为坐标原点O代表无应力状态，而材料不可能在无应力情况下屈服，所以O点不可能在屈服轨迹上，只能在它的内部。屈服轨迹是弹性状态的界限线，如果它不是封闭曲线，那就表示对于某些应力状态(这里不考虑静水应力状态)不存在这种界限，材料永远处于弹性状态而不屈服，显然这是不可能的，故可以证明屈服曲线对点O而言是外凸的。

2. 从坐标原点作任一径向线必与屈服轨迹相交一次，且只相交一次。

既然屈服轨迹是封闭曲线，就必定与径向线相交，交点相当于 3 个主应力按一定比例增加而达到初始屈服的应力状态。初始屈服只有一次，如果相交后又再次相交，那就表示应力可以继续增加使材料又开始屈服,这是不可能的。

3. 屈服轨迹对于 π 平面上的 3 个坐标轴 σ'_1、σ'_2、σ'_3 及其垂线是对称的。

前面已经根据基本假设说明屈服条件 $f(\sigma_1, \sigma_2, \sigma_3) = 0$ 是主应力的对称偶函数,屈服条件表示为屈服面或屈服轨迹,其几何图形也有同样的对称性。

根据材料各向同性的假设,屈服条件中的变量可以任意调换。相应地,屈服面或屈服轨迹的坐标轴也可以任意调换,而屈服面或屈服轨迹不变。因此,屈服轨迹必须对称于坐标轴 σ'_1、σ'_2、σ'_3。

由于不考虑 Bauschinger 效应,改变应力的正负对屈服条件没有影响。同样,改变坐标轴的正负向对屈服面或屈服轨迹没有影响。所以屈服轨迹在坐标轴 σ'_1、σ'_2、σ'_3 的正、负方向是对称的,或者说屈服轨迹还对称于坐标轴的垂直线。

根据上述特性,屈服轨迹共有 6 个对称轴,可将屈服轨迹分成 12 个相同的弧段,每个弧段所对的中心角是 30°。如果用试验方法确定屈服轨迹,只要根据中心角 0°范围内的主应力比做试验,得出一个弧段就可以了。

屈服轨迹是主应力空间中的曲线,用的是 $\sigma_1\sigma_2\sigma_3$ 直角坐标。为了更好地表示其几何图形,可采用 π 平面上的 xy 直角坐标或 $r\theta$ 极坐标(图 4-4),因此需要找出这些坐标之间的关系,因为 $\sigma_i (i=1, 2, 3)$ 在等倾线的投影为 $\frac{1}{\sqrt{3}}\sigma_i$,所以坐标 σ_1、σ_2、σ_3 在 π 平面上的投影分别为:

$$\sigma'_1 = \sqrt{\frac{2}{3}}\sigma_1, \quad \sigma'_2 = \sqrt{\frac{2}{3}}\sigma_2, \quad \sigma'_3 = \sqrt{\frac{2}{3}}\sigma_3$$

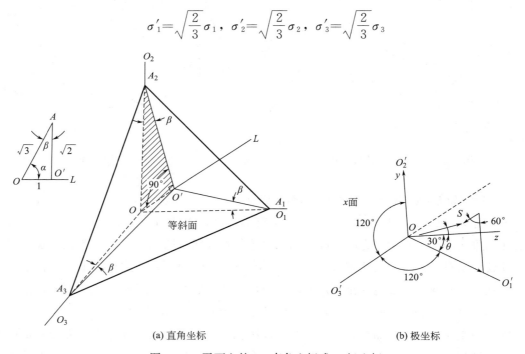

(a) 直角坐标   (b) 极坐标

图 4-4　π 平面上的 xy 直角坐标或 $r\theta$ 极坐标

4.2 屈服曲面

设 y 轴与 σ_2' 轴重合，x 轴垂直于 σ_2' 轴，则：

$$\begin{cases} x = \sigma_1'\cos30° - \sigma_3'\cos30° = \sqrt{\dfrac{2}{3}}(\sigma_1 - \sigma_3)\cos30° = \dfrac{\sqrt{2}}{2}(\sigma_1 - \sigma_3) \\ y = \sigma_2' - \sigma_1'\sin30° - \sigma_3'\sin30° = \sqrt{\dfrac{2}{3}}\left(\sigma_2 - \dfrac{1}{2}\sigma_1 - \dfrac{1}{2}\sigma_3\right) = \dfrac{2\sigma_2 - \sigma_1 - \sigma_3}{\sqrt{6}} \end{cases} \quad (4\text{-}7)$$

极坐标下其可以写成：

$$\begin{cases} r = \sqrt{x^2 + y^2} = \sqrt{\dfrac{1}{2}(\sigma_1 - \sigma_3)^2 + \dfrac{1}{6}(2\sigma_2 - \sigma_1 - \sigma_3)^2} = \sqrt{2J_2} \\ \tan\theta = \dfrac{y}{x} = \dfrac{1}{\sqrt{3}}\dfrac{(2\sigma_2 - \sigma_1 - \sigma_3)}{\sigma_1 - \sigma_3} = \dfrac{1}{\sqrt{3}}\mu_\sigma \end{cases} \quad (4\text{-}8)$$

式中　μ_σ——Lode（罗德）参数，它与主应力的相对比值有关，可用来表示多种应力状态。

利用式(4-8)以及应力 Lode 参数的关系可得下面三种特殊情况下的 θ 角为：

1) 单向拉伸：$\mu_\sigma = -1$，$\theta = -30°$。
2) 纯剪切：$\mu_\sigma = 0$，$\theta = 0°$。
3) 单向压缩：$\mu_\sigma = 1$，$\theta = 30°$。

对于拉压屈服极限相同的材料，在试验中一般取从单向拉伸状态到纯剪切状态的一个过渡，就能得到从单向拉伸状态到纯剪切状态变化范围内的屈服曲线，再根据前面讨论过的对称性就可以得到完整的屈服曲线。

下面介绍一个屈服曲线试验测试的实例。

例 4-1　设薄壁圆管平均半径为 R，壁厚为 h，且有 $\dfrac{h}{R} \ll 1$。薄壁圆管受拉力 F 及扭转力偶矩 M 作用，如图 4-5 所示。

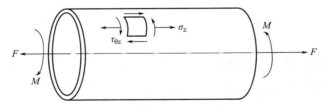

图 4-5　薄壁圆筒拉扭组合

解：管内近似处于均匀应力状态，其应力分量为：

$$\begin{cases} \sigma_z = \dfrac{F}{2\pi R h} \\ \tau_{z\theta} = \tau_{\theta z} = \dfrac{M}{2\pi R^2 h} \end{cases} \quad (4\text{-}9)$$

对应的主应力分别为：

$$\begin{cases} \sigma_1 = \frac{1}{2}\sigma_z + \frac{1}{2}\sqrt{\sigma_z^2 + 4\tau_{\theta z}^2} \\ \sigma_2 = \sigma_r = 0 \\ \sigma_3 = \frac{1}{2}\sigma_z - \frac{1}{2}\sqrt{\sigma_z^2 + 4\tau_{\theta z}^2} \end{cases} \tag{4-10}$$

将式(4-9)和式(4-10)代入应力 Lode 参数公式,则得:

$$\mu_\sigma = \frac{2\sigma_2 - \sigma_1 - \sigma_3}{\sigma_1 - \sigma_3} = \frac{-F}{\sqrt{F^2 + \frac{4M^2}{R^2}}} \tag{4-11}$$

当 $F=0$ 时,纯剪切,$\mu_\sigma=0$,$\theta=0°$;当 $M=0$ 时,单向拉伸,$\mu_\sigma=-1$,$\theta=-30°$;当 F、M 均不等于零时,不断改变 F 和 M 的比例,由式(4-11)可知,将得到 $-1<\mu_\sigma<0$ 的各个应力状态,利用式(4-8)就可以测定出 θ 处于 $-30°\sim0°$ 间的屈服曲线,再利用其对称性确定材料的整个屈服曲线。从理论方面讲,可以通过试验测定材料的屈服曲线,但是,即使在 30°变化范围内,要完全依靠试验得出屈服曲线,还是比较困难的。

4.3 两种常用屈服条件

在多种形式的屈服条件中,工程中应用较多的是 Tresca(特雷斯卡)和 Mises(米赛斯)屈服条件,它们都是在试验的基础上建立起来的。

4.3.1 Tresca 屈服条件

1864 年,法国工程师 Tresca 根据 Coulomb(库仑)对土力学的研究和他在金属挤压试验中得到的结果,提出如下假设:当最大剪应力达到一定的数值时,材料就开始屈服。这个条件可以写为:

$$\tau_{\max} = k \tag{4-12}$$

式中 k——与屈服有关的材料常数。

在知道主应力大小次序 $\sigma_1 \geqslant \sigma_2 \geqslant \sigma_3$ 时,式(4-12)可以改写成:

$$\tau_{\max} = \frac{\sigma_1 - \sigma_3}{2} = k \tag{4-13}$$

在一般情况下,往往无法预先判断物体内各点的 3 个主应力大小的次序,此时 Tresca 屈服条件应表示为:

$$\begin{cases} \sigma_1 - \sigma_2 = \pm 2k \\ \sigma_2 - \sigma_3 = \pm 2k \\ \sigma_3 - \sigma_1 = \pm 2k \end{cases} \tag{4-14}$$

式(4-14)中至少有一个等式成立时，材料才开始塑性变形，否则仍处于弹性阶段。因为 $k>0$，因此 3 个式子不能同时取等号。这个条件说明中间主应力和平均主应力均不影响材料的屈服。

式(4-14)一般表达式又可写为：

$$[(\sigma_1-\sigma_2)^2-4k^2][(\sigma_2-\sigma_3)^2-4k^2][(\sigma_3-\sigma_1)^2-4k^2]=0 \tag{4-15}$$

也可以写成应力偏张量不变量的形式，即：

$$4J_2^3-27J_3^3-36k^2J_2^2+96k^4J_2-64k^6=0 \tag{4-16}$$

在主应力空间中，$\sigma_1-\sigma_2=\pm 2k$ 是一对与 L 直线和 σ_3 轴线平行的平面。因此，式(4-14)对应的屈服曲面是 3 对互相平行的平面构成的垂直于 π 平面的正六边形柱面，如图 4-6 所示。相应的屈服曲线为如图 4-7 所示的正六边形，它的外接圆半径为 $2k\cos\beta=2k\sqrt{\dfrac{2}{3}}$。从图形上显而易见，式(4-14)中只要有 1 个等式成立(对应于六边形的边)或 2 个等式同时成立(对应于六边形的顶点)，材料就屈服；不存在 3 个等式同时成立的情况。

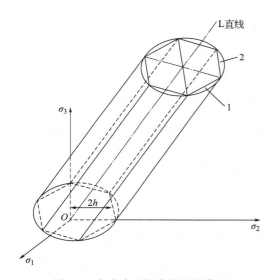

图 4-6　主应力空间中的屈服曲面

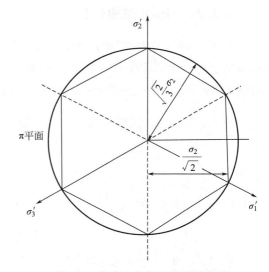

图 4-7　主应力空间中的屈服曲线

在平面应力状态，总有一个主应力为零，设为 $\sigma_3=0$，则式(4-14)变为：

$$\begin{cases}\sigma_1-\sigma_2=\pm 2k\\ \sigma_2=\pm 2k\\ \sigma_1=\pm 2k\end{cases} \tag{4-17}$$

在 σ_1-σ_2 平面上，式(4-17)给出的屈服图线呈斜六边形，如图 4-8 所示。它相当于正六边形柱面被 $\sigma_3=0$ 的平面斜截所得的图线。

以上各式中的 k 是与材料有关的常数。当单向拉伸试验确定时，有 $k=\dfrac{1}{2}\sigma_s$；而当由纯剪切试验确定时，则有 $k=\tau_s$，其中 τ_s 为材料的剪切屈服极限。按照 Tresca 屈服条件，材料的拉伸屈服极限与剪切屈服极限之间存在如下关系，即：

$$\tau_s = \dfrac{\sigma_s}{2} \tag{4-18}$$

Tresca 屈服条件是主应力的线性函数，对于主应力方向已知且不改变的问题，应用它将十分方便，因而该方法被广泛采用。但是它忽略了中间主应力的影响，且屈服曲线

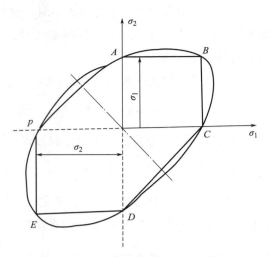

图 4-8 平面应力问题下的屈服曲线

上有角点，给数学处理带来了困难，这是它的不足之处。

4.3.2 Mises 屈服条件

由于 Tresca 条件应用于空间问题时会引起数学上的不方便，因此 Von Mises 于 1913 年提出了另一个屈服条件，认为屈服曲线就是 Tresca 六边形的外接圆，在主应力空间中表现为 Tresca 六棱柱体的外接圆柱体，如图 4-6、图 4-7 所示。

已知，Tresca 六边形外接圆半径为 $2k\sqrt{\dfrac{2}{3}}$。所以，Mises 屈服圆在 π 平面上的方程为：

$$x^2 + y^2 = \left(2k\sqrt{\dfrac{2}{3}}\right)^2 \tag{4-19}$$

式(4-19)又可导出：

$$(\sigma_1-\sigma_2)^2 + (\sigma_2-\sigma_3)^2 + (\sigma_3-\sigma_1)^2 = 2\times(2k)^2 = 2\sigma_s^2 \tag{4-20}$$

式(4-20)即为 Mises 屈服条件。虽然由于它的非线性在许多情况下会带来数学处理的不便，但圆已经是最简单的光滑对称曲线，对于处理问题也比较便利。应当指出，Mises 屈服圆与 Tresca 屈服六边形在六个角点上重合，是以拉伸试验的结果作为标准的，所以式(4-20)中用 $2k=\sigma_s$ 代入。

第 2 章中，已知应力分析中应力偏张量如式(4-21)所示，其中的第二不变量 J_2 与式(4-20)相比较，则可得出式(4-22)。

$$\begin{cases} J_1 = s_1 + s_2 + s_3 \\ J_2 = -s_1 s_2 - s_2 s_3 - s_3 s_1 = \dfrac{1}{6}\left[(\sigma_1-\sigma_2)^2 + (\sigma_2-\sigma_3)^2 + (\sigma_3-\sigma_1)^2\right] \\ J_3 = s_1 s_2 s_3 \end{cases} \tag{4-21}$$

4.3 两种常用屈服条件

$$J_2 = \frac{1}{3}\sigma_s^2 \tag{4-22}$$

因此，只要应力偏张量的第二不变量达到某一定值时，材料就屈服。式(4-22)显然是屈服函数 $f(J_2, J_3) = 0$ 的最简单形式。

由等效应力 $\sigma_i = \sqrt{3J_2}$，可以得到用等效应力表示的 Mises 屈服条件为：

$$\sigma_i = \sigma_s \tag{4-23}$$

在一般应力状态下，有 $J_2 = \frac{1}{6}[(\sigma_x - \sigma_y)^2 + (\sigma_y - \sigma_z)^2 + (\sigma_z - \sigma_x)^2 + 6(\tau_{xy}^2 + \tau_{yz}^2 + \tau_{zx}^2)]$。当纯剪切时，有 $J_2 = \tau_{xy}^2 = \tau_s^2$，与式(4-22)相比较，按 Mises 屈服条件，材料的拉伸屈服极限与剪切屈服极限之间应有如下关系：

$$\tau_s^2 = \frac{1}{3}\sigma_s^2$$

或：

$$\tau_s = \frac{\sigma_s}{\sqrt{3}} \tag{4-24}$$

即拉伸屈服应力为剪切屈服应力的 $\sqrt{3}$ 倍。

4.3.3 Tresca 和 Mises 屈服条件的比较

对于大多数材料，试验证明式(4-24)比式(4-18)更接近试验结果；然而在开始时，Mises 认为 Tresca 屈服条件是个更准确的条件，而他的条件却是近似的。Hencky 在 1924 年提出，Mises 屈服条件相当于一点的畸变能达到某个极限值时，材料发生屈服，因为单位体积的畸变能 $U_{0d} = J_2/2G$，所以 Mises 屈服条件又称为畸变能条件。Nadai 在 1937 年对 Mises 屈服条件进行了另外一个解释，他认为 Mises 屈服条件相当于一点的八面体剪应力 τ_8 达到某个极限值时，材料发生屈服，因为八面体剪应力 $\tau_8 = \sqrt{\frac{2}{3}J_2}$。应当指出，无论是一点的八面体剪应力还是畸变能都可以用来代替最大剪应力，所以，Mises 屈服条件在物理上隐含着剪切应力控制材料屈服的概念。

在 π 平面上，如果规定在简单拉伸时，两种屈服条件重合，则 Tresca 六边形将内接于 Mises 圆(图 4-9)。两种屈服条件都通过六边形的各个顶点，表明在单向应力状态下两者是一致的；然而在纯剪切状态下，两者有最大的差异。由式(4-18)和式(4-24)分别可得，纯剪切状态下按 Tresca 屈服条件确定的剪切屈服应力 $\tau_s^T = \sigma_s/2$，而按 Mises 屈服条件确定的剪切屈服应力 $\tau_s^M = \sigma_s/\sqrt{3}$。比较两个剪切屈服应力，可得：

$$\frac{\tau_s^M}{\tau_s^T} = \frac{2}{\sqrt{3}} \approx 1.155$$

可见，在纯剪切应力状态下，由 Mises 屈服条件计算得到的剪切屈服应力是 Tresca 屈服条件计算结果的 1.155 倍。

如果规定在纯剪切状态时，两种屈服条件重合，则 Tresca 六边形将外切于 Mises 圆（图 4-9）。此时，两者在单向应力状态下有最大的差异，由 Tresca 屈服条件计算得到的拉伸屈服应力是 Mises 屈服条件计算结果的 1.155 倍。

从以上讨论可见，应用两个屈服条件的最大误差不超过 15.5%。由于这两个屈服条件在数学运算上各有其方便的地方，所以这两种屈服条件在实际工程中都得到了应用。

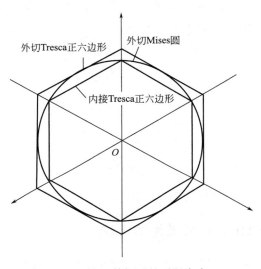

图 4-9 纯剪切下的屈服应力

4.4 屈服条件的试验验证

泰勒-奎乃（Taylor-Quinney）在 1931 年对软钢、铜、铝制成的薄管进行了拉伸与扭转的屈服试验，以验证两种屈服条件与实际情况的符合程度。将式(4-10)代入屈服条件，则有：

Tresca 屈服条件：$\tau_{\max} = \frac{1}{2}(\sigma_1 - \sigma_3) = \frac{1}{2}\sqrt{\sigma_z^2 + 4\tau_{\theta z}^2} = \frac{\sigma_s}{2}$

Mises 屈服条件：$J_2 = \frac{1}{6}(2\sigma_z^2 + 6\tau_{\theta z}^2) = \frac{1}{3}\sigma_s^2$

如令 $\sigma_z = \sigma$，$\tau_{\theta z} = \tau$，上面两式可写成：

Tresca 屈服条件：$\left(\frac{\sigma}{\sigma_s}\right)^2 + 4\left(\frac{\tau}{\sigma_s}\right)^2 = 1$

Mises 屈服条件：$\left(\frac{\sigma}{\sigma_s}\right)^2 + 3\left(\frac{\tau}{\sigma_s}\right)^2 = 1$

两个屈服条件的表达式在 $\dfrac{\sigma}{\sigma_s}$-$\dfrac{\tau}{\sigma_s}$ 关系中均为椭圆曲线。理论曲线和试验结果均表示在图 4-10 中。

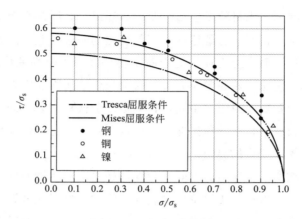

图 4-10　几种材料的屈服曲线

试验时采用了不同的轴向拉力和扭矩的组合来获得表示屈服应力状态的试验点，可以看出，多数金属材料的试验结果和 Mises 屈服条件更为接近。

虽然多数金属材料符合 Mises 屈服条件，但 Tresca 屈服条件可表示为主应力的线性函数，并且在主应力大小次序预先能够判断的情况下，使用是很方便的。实际上，两个屈服条件相差不大，最大也不过是 14% 左右，而且多数试验点是落在误差的合理范围之内，因此，究竟采用哪一个屈服条件，应视情况而定。

例 4-2　薄壁圆筒受拉力 P 和扭矩 M 的作用，写出该情况的 Tresca 和 Mises 屈服条件。若已知 $r=50\text{mm}$，$t=3\text{mm}$，$\sigma_s=400\text{MPa}$，$P=150\text{kN}$，$M=9\text{kN}\cdot\text{m}$，试分别用两种屈服条件判断圆筒是否进入屈服状态。

解：先求应力分量：

$$\sigma_z=\frac{P}{2\pi rt}=\frac{150\times1000}{2\pi\times50\times3}=\frac{500}{\pi},\quad \tau_{\theta z}=\frac{M}{2\pi r^2 t}=\frac{9\times10^6}{2\pi\times50^2\times3}=\frac{600}{\pi}$$

用 Tresca 屈服条件判断：

$$\sigma_z^2+4\tau_{\theta z}^2-\sigma_s^2=\left(\frac{500}{\pi}\right)^2+4\left(\frac{600}{\pi}\right)^2-400^2=1.123\times10^4>0$$

用 Mises 屈服条件判断：

$$\sigma_z^2+3\tau_{\theta z}^2-\sigma_s^2=\left(\frac{500}{\pi}\right)^2+3\left(\frac{600}{\pi}\right)^2-400^2=-2.524\times10^4<0$$

由正负关系可知，Tresca 屈服条件下已发生屈服，而 Mises 屈服条件则判断其未屈服。

4.5 加载条件和加载曲面

在简单拉伸的情况下,当材料发生塑性变形后卸载,此后再重新加载,则应力和应变的变化仍服从弹性关系,直至应力到达卸载前曾经达到的最高应力点时,材料才再次屈服(后继屈服),因而,这个最高应力点的应力就是材料经历了塑性变形后的新的屈服应力。由于材料的强化特性,它比初始屈服应力大。为了与初始屈服应力相区别,称新的屈服应力为后继屈服应力。与初始屈服应力不同,它不是一个材料常数,而是取决于塑性变形的大小和历史。后继屈服应力是在简单拉伸下,材料在经历一定塑性变形后再次加载时,变形是按弹性还是塑性规律变化的界限。

与简单应力状态相似,复杂应力下同样存在初始屈服和后继屈服的问题。前一章节已阐述初始屈服的问题,这里进一步讨论后继屈服的问题。材料在复杂应力状态下,在晶粒初始屈服和发生塑性变形后,此时卸载将再次进入弹性状态(称为后继弹性状态)。但是,当材料处于后继弹性状态而继续加载时,应力(或变形)发展到什么程度材料才再一次屈服呢?把复杂应力状态下,确定材料后继弹性状态的界限的准则称为后继屈服条件,又称为**加载条件**。通常在应力空间中描述加载条件,其一般的函数形式为:

$$f(\sigma_{ij}, \xi_\beta) = 0 \quad (4-25)$$

式中 ξ_β ——一组描述塑性变形历史的内变量,它可以是一个标量或是多个标量。

通常有两种定义内变量 ξ_β 的方法:一是"微细观物理"方法,即将描述材料内部微细结构不可逆改变的微细观变量作为内变量,例如金属材料中的位错密度、晶格取向分布等;二是"宏观唯象"方法,内变量通过宏观变量构造而成,例如累积塑性应变、塑性功等硬化参数,这些参数均随塑性变形的发展而递增,即只要产生新的塑性变形,硬化参数就应增大,否则不改变。

式(4-25)所表示的函数称为后继屈服函数或加载函数。由加载函数在盈利空间中表示的曲面,就称为后继屈服面或**加载曲面**,它是一簇以 ξ_β 为参数的曲面,即 ξ_β 的等值面。显然,材料在初始屈服之前,$\xi_\beta=0$,式(4-25)退化为前述初始屈服函数。随着塑性变形的产生和发展,内变量 ξ_β 不断变化,加载曲面将按照式(4-25)确定的函数关系发生变化,这种变化称为演化。加载曲面随内变量 ξ_β 的演化规律,实质上就是材料的硬化规律。

如果材料是理想塑性材料(假定材料的应力-应变关系服从理想塑性模型),那么,它的加载条件就和屈服条件一样,而且在应力空间中,加载曲面的形状、大小和位置都和屈服面一样。如果材料是强化材料(假定材料的应力-应变关系服从强化模型),则由于强化效应,加载条件与屈服条件不同。在应力空间中,随着塑性变形的不断发展,相应的加载曲面也是不断变化的。由于强化材料的加载曲面的变化很复杂,不容易用试验方法确定加载函数的具体形式,所以常常需要采用一些简化模型。最常见的两个模型分别为等向强化模型和随动强化模型。

1. 等向强化模型

等向强化模型假定加载面在应力空间中的形状和中心位置保持不变,但随着塑性变形的增加而逐渐等向地扩大。在物理上,这个简化模型的实质就是假定材料在硬化后仍保持各向同性的性质,忽略由于塑性变形引起的各向异性的影响。因此,只有在变形不太大以及应力偏张量之间的相互比例改变不大时,利用它求得的结果才比较符合实际。服从等向强化模型的加载函数可以表示为:

$$f(\sigma_{ij},\xi_\beta)=f^*(J_2,J_3)-\kappa(\xi_\beta)=0 \tag{4-26}$$

式中 $\kappa(\xi_\beta)$ ——关于内变量 ξ_β 的硬化函数,其数值总是非负的,当 $\kappa=0$ 时,表示刚开始屈服,这时有 $f^*(J_2,J_3)=0$,所以式(4-26)中的 $f^*(J_2,J_3)$ 就是初始屈服函数;如果初始屈服条件取 Mises 屈服条件,则加载曲面在 π 平面的投影是一簇同心圆,同心圆的半径由硬化函数 κ 的取值确定;如果初始屈服条件取 Tresca 屈服条件,则加载曲面在 π 平面的投影是一连串的同心正六边形,如图 4-11 所示。

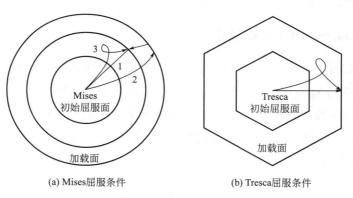

(a) Mises屈服条件　　(b) Tresca屈服条件

图 4-11　等向强化下的屈服面

2. 随动强化模型

当塑性变形较大,特别是有应力反复循环变化时,等向强化模型与试验结果相差较大。随动强化模型假定在塑性变形过程中,加载面的大小和形状都保持不变,只是整体在应力空间中平移,如图 4-12 所示。Prager 等提出的这个简化模型可在一定程度上反映 Bauschinger 效应,可设初始屈服函数为:

$$f^*(\sigma_{ij}-b_{ij})-C=0 \tag{4-27}$$

式中 b_{ij} ——一个表征加载曲面中心移动的二阶对称张量,称为背应力,它取决于塑性变形历史,属于内变量。

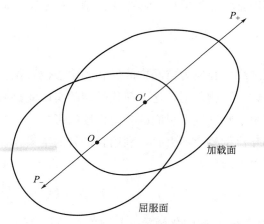

图 4-12 随动强化模型下的屈服面

4.6 Mohr-Coulomb 和 Drucker-Prager 屈服条件

除了上述的 Tresca 屈服条件和 Mises 屈服条件，常用的还有 Mohr-Coulomb 屈服条件和 Drucker-Prager 屈服条件，其中后两者适用于混凝土和岩土材料的准则。

4.6.1 Mohr-Coulomb 屈服条件

Tresca 屈服条件和 Mises 屈服条件主要是对金属材料成立的两个屈服条件，但是这两个屈服条件如果简单地应用于岩土材料，会引起不可忽视的偏差。

针对此，Mohr 提出这样一个假设：当材料某个平面上的剪应力 τ_n 达到某个极限值时，材料发生屈服。这也是一种剪应力屈服条件，但是与 Tresca 屈服条件不同，Mohr 假设的这个极限值不是一个常数值，而是与该平面上的正应力 σ_n 有关，它可以表示为：

$$\tau_n = f(C, \varphi, \sigma_n) \tag{4-28}$$

式中 C——材料黏聚力；
φ——材料的内摩擦角。

这个函数关系式可以通过试验确定。一般情况下，材料的内摩擦角随着静水应力的增加而逐渐减小，因而假定函数对应的曲线在 σ_n-τ_n 平面上呈双曲线或抛物线或摆线。但在静水应力不大的情况下，屈服曲线常用 φ 等于常数的直线来代替(图 4-13)，它可以表示为：

$$\tau_n = C - \sigma_n \tan\varphi \tag{4-29}$$

式(4-29)就称为 Mohr-Coulomb 屈服条件。

设主应力大小次序为 $\sigma_1 \geqslant \sigma_2 \geqslant \sigma_3$，则式(4-29)可以写成用主应力表示的形式：

4.6 Mohr-Coulomb 和 Drucker-Prager 屈服条件

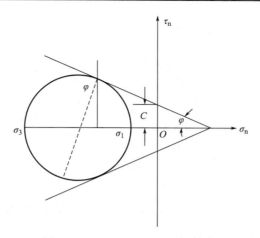

图 4-13 Mohr-Coulomb 屈服条件

$$f(\sigma_1, \sigma_2, \sigma_3) = \frac{1}{2}(\sigma_1 - \sigma_3) + \frac{1}{2}(\sigma_1 + \sigma_3)\sin\varphi - C\cos\varphi = 0 \qquad (4\text{-}30)$$

其中，$\frac{1}{2}(\sigma_1 + \sigma_3)\sin\varphi$ 是静水应力对屈服条件的影响，反映了土的塑性特征。在 π 平面上，$\sigma_m = \frac{(\sigma_1 + \sigma_2 + \sigma_3)}{3} = 0$，$\sigma_{ij} = s_{ij}$，因此式(4-30)可表示为：

$$f(s_1, s_2, s_3) = \frac{1}{2}(s_1 - s_3) + \frac{1}{2}(s_1 + s_3)\sin\varphi - C\cos\varphi = 0 \qquad (4\text{-}31)$$

根据：

$$\begin{cases} x_s = \frac{1}{\sqrt{2}}(\sigma_1 - \sigma_3) \\ y_s = \frac{1}{\sqrt{6}}(2\sigma_2 - \sigma_1 - \sigma_3) \end{cases} \qquad (4\text{-}32)$$

代入式(4-30)得到 Mohr-Coulomb 屈服条件在 π 平面的公式：

$$\frac{x_s}{\sqrt{2}} = C\cos\varphi + \frac{\sin\varphi}{\sqrt{6}} y_s \qquad (4\text{-}33)$$

根据式(4-33)绘出图形，再利用对称开拓可以得到如图 4-14 中虚线所示的等边不等角六边形。它在主应力空间中是六棱锥体。

4.6.2 Drucker-Prager 屈服条件

Mohr-Coulomb 屈服条件体现了岩土材料压剪破坏的实质，所以获得了广泛的应用。但这类准则没有反映中间主应力的影响，不能解释岩土材料在静水压力下也能屈服或破坏的现象。

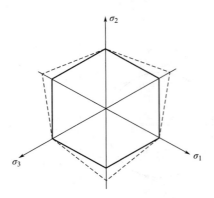

图 4-14 Mohr-Coulomb 屈服条件在 π 平面中的图形

Drucker 和 Prager 于 1952 年提出了考虑静水压力影响的广义 Mises 屈服与破坏准则，常常被称为 Drucker-Prager 屈服条件，即：

$$f = \alpha J_1 + \sqrt{J_2'} - \kappa = 0 \tag{4-34}$$

式中　J_1、J_2'——分别为应力第一不变量和应力偏张量第二不变量；

　　　α、κ——与岩石内摩擦角和黏结力有关的试验常数。

在主应力空间上，Drucker-Prager 屈服条件为一圆锥形（图 4-15），而其在 π 平面上的图形为一个圆（图 4-16）。

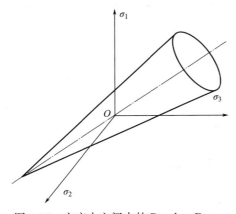

图 4-15 主应力空间中的 Drucker-Prager 屈服条件

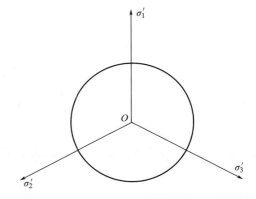

图 4-16 Drucker-Prager 屈服条件在 π 平面上的图形

Mohr-Coulomb 屈服条件可以反映岩土类材料的抗压强度不同的应力-变形效应，对正应力的敏感性和静水应力三向等压的影响，参数简单易测；缺点是未反映第二主应力对屈服和破坏的影响，未考虑单纯静水压力对岩土屈服的特性，屈服曲面有转折点和棱角，不便于塑性应变增量的计算。

Drucker-Prager 屈服条件考虑了第二主应力对屈服和破坏的影响，材料参数少，可以由 Mohr-Coulomb 屈服条件材料常数换算；且屈服曲面光滑，没有棱角，利于塑性应变增量方向的确定和数值计算，考虑了静水压力对屈服的影响，因而更符合实际；缺点则是没有考虑单纯静水压力对岩土类材料屈服的影响及屈服与破坏的非线性特性，没有考虑岩土类材料在偏平面上拉压强度不同的应力-变形效应。

思考及练习题

4-1 已知两端封闭的薄壁圆筒受内压 p 的作用，直径为 40cm，厚度为 4mm，材料的屈服极限为 250N/mm^2，试用 Mises 和 Tresca 屈服条件分别求出圆管的屈服压力，并给出如考虑 σ_r 时，其影响将为多大？

4-2 若 $\sigma_1 \geqslant \sigma_2 \geqslant \sigma_3$ 及 $\mu_\sigma = \dfrac{2\sigma_2 - \sigma_1 - \sigma_3}{\sigma_1 - \sigma_3}$，试证明 $\dfrac{\tau_8}{\tau_{\max}}$ 的值介于 $0.816 \sim 0.943$ 之间。 $\dfrac{\sqrt{2(3+\mu_\sigma^2)}}{3}$

4-3 已知物体中一点的主应力 $\sigma_1 = 200\text{N/mm}^2$、$\sigma_2 = 100\text{N/mm}^2$、$\sigma_3 = -50\text{N/mm}^2$，该物体在单向拉伸时，$\sigma_s = 205\text{N/mm}^2$，试确定该物体的被研究的点是处于弹性状态还是塑性状态（用 Mises 和 Tresca 屈服条件）？如将应力方向做相反方向的改变，则所研究点的应力状态是否改变？

4-4 已知薄壁圆筒受拉力 $\sigma = \sigma_s/3$ 的作用，试用 Mises 屈服条件求出此圆筒受扭屈服时，应力应为多大？求出此时塑性应变增量之比。

4-5 对于各向同性弹性体，主应力方向与主应变方向是一致的。对于各向异性弹性体，是否具有这样的性质？请举例定性说明。

4-6 已知两端封闭的薄壁圆筒的内半径为 r，厚度为 t，受内压 p 及轴向应力 σ 的作用，试分别按 Mises 和 Tresca 屈服条件求出此圆筒的屈服条件的表达式。

4-7 在平面应力问题中，取 $\sigma_z = \tau_{xz} = \tau_{yz} = 0$，试用 σ_x、σ_y、τ_{xy} 表示 Mises 和 Tresca 屈服条件（规定纯拉伸时两种屈服条件重合）。

4-8 在平面应变问题中，取 $\mu = \dfrac{1}{2}$，$\varepsilon_z = \gamma_{xz} = \gamma_{yz} = 0$，试用 σ_x、σ_y、τ_{xy} 表示 Mises 和 Tresca 屈服条件（规定纯拉时两种屈服条件重合）。

第 5 章 塑性本构关系

在加载过程中,如果屈服条件已满足,则材料进入塑性。在塑性变形中,应力不但与应变有关,还与变形历史过程及物质微观结构的变形有关,因此应力-应变关系又称为本构关系或物理方程,这样更能反映物体本性的变化。塑性力学与弹性力学求解方程的区别在于物理方程(应力-应变关系)的不同,所以本构关系是塑性力学的核心问题。

塑性本构关系就其表达形式而言,可以分为两个类型。一类理论认为,在塑性状态下仍是应力和应变全量的关系,称为**全量理论**或**形变理论**;另一类理论则考虑塑性变形的不可恢复性以及与加载过程的依赖关系,认为塑性状态下是塑性应变增量及应力增量之间的关系,称为**增量理论**或**流动理论**,属于这类理论的主要有:Lévy-Mises(莱维-米赛斯)理论和 Prandtl-Reuss(普朗特-罗伊斯)理论。根据连续介质力学的统一定义,这些理论统称为本构关系。

本章基于**塑性势**的概念对塑性本构关系进行讨论。

5.1 弹性本构关系

为研究塑性本构关系,必须先考虑以下三个因素,再建立塑性本构关系:(1)塑性屈服条件,由初始屈服条件可以确定材料何时进入塑性,并进一步确定弹性区和塑性区的边界,在弹性区采用弹性本构关系,在塑性区则采用塑性本构关系;(2)硬化条件,即描述材料硬化特性的关系式,或称加载函数;(3)塑性流动法则,指的是与加载面相关联的应力与应变或其增量之间的定量关系,实质上是应力偏张量与应变偏张量或其增量之间的关系。

弹性状态与塑性状态是加载过程中材料表现出不同的应力-应变关系的两个阶段,弹性本构关系即广义胡克定律。

$$\begin{cases} \varepsilon_x = \frac{1}{E}[\sigma_x - \mu(\sigma_y + \sigma_z)], \ \gamma_{xy} = \frac{1}{G}\tau_{xy} \\ \varepsilon_y = \frac{1}{E}[\sigma_y - \mu(\sigma_x + \sigma_z)], \ \gamma_{yz} = \frac{1}{G}\tau_{yz} \\ \varepsilon_z = \frac{1}{E}[\sigma_z - \mu(\sigma_x + \sigma_y)], \ \gamma_{zx} = \frac{1}{G}\tau_{zx} \end{cases} \quad (5\text{-}1)$$

式中 E——材料弹性模量;

G——材料剪切弹性模量；

μ——泊松比。

式(5-1)中的 3 个参数满足 $G=\dfrac{E}{2(1+\mu)}$。式(5-1)的张量形式为：

$$\varepsilon_{ij}=\frac{1}{2G}\sigma_{ij}-\frac{\mu}{E}\sigma_{\mathrm{m}}\delta_{ij} \tag{5-2}$$

利用应力强度 σ_i 和应变强度 ε_i 的公式及式(5-2)，不难得出以下应力强度与应变强度的关系：

$$\sigma_i=3G\varepsilon_i \tag{5-3}$$

类似也有：

$$\tau_i=G\gamma_i \tag{5-4}$$

式中　τ_i、γ_i——分别为切应力强度和切应变强度。

如将应力张量和应变张量分解成球张量和偏张量两部分，则广义胡克定律可以表示为如下的张量关系：

$$\varepsilon_{ii}=\frac{1-2\mu}{E}\sigma_{ii} \tag{5-5}$$

式(5-5)表示的是应力球张量与应变球张量之间的关系。

由式(5-1)～式(5-5)，可以得出：

$$\begin{cases} e_{\mathrm{x}}=\dfrac{1}{2G}s_{\mathrm{x}},\ \gamma_{\mathrm{xy}}=\dfrac{1}{G}\tau_{\mathrm{xy}} \\ e_{\mathrm{y}}=\dfrac{1}{2G}s_{\mathrm{y}},\ \gamma_{\mathrm{yz}}=\dfrac{1}{G}\tau_{\mathrm{yz}} \\ e_{\mathrm{z}}=\dfrac{1}{2G}s_{\mathrm{z}},\ \gamma_{\mathrm{zx}}=\dfrac{1}{G}\tau_{\mathrm{zx}} \end{cases} \tag{5-6}$$

式(5-6)可统一写为如下张量形式：

$$e_{ij}=\frac{1}{2G}s_{ij} \tag{5-7}$$

这说明应力偏张量分量和应变偏张量分量呈正比，形状改变只是由应力偏张量引起的。

由式(5-3)可得 $2G=\dfrac{2\sigma_i}{3\varepsilon_i}$，代入式(5-7)可得：

$$s_{ij}=\frac{2\sigma_i}{3\varepsilon_i}e_{ij} \tag{5-8}$$

式(5-8)在弹性范围内给出了 s_{ij} 和 e_{ij} 之间的线性关系，同时该方程在形式上便于推广到应力-应变为非线性关系的情况。

为了与塑性本构关系中增量理论的公式相对比和运用，将式(5-7)和式(5-5)写为增量形式，有：

$$\mathrm{d}s_{ij} = 2G\mathrm{d}e_{ij} \tag{5-9}$$

及

$$\mathrm{d}\sigma_{ij} = \frac{E}{1-2\mu}\mathrm{d}\varepsilon_{ij} \tag{5-10}$$

弹性体受外力作用后，不可避免地要产生变形，同时外力的势能也要产生变化。根据热力学的观点，外力所做的功，一部分转化为弹性体的动能，一部分将转化为内能；同时，在物体变形过程中，它的温度也将发生变化，或者从外界吸收热量，或者向外界发散热量。若假设弹性体的变形过程是绝热的，也就是假设在变形过程中系统没有热量的得失；再假设弹性体在外力作用下的变形过程是一个缓慢的过程，在这个过程中，荷载施加得足够慢，弹性体随时处于平衡状态，而且动能变化可以忽略不计(这样的加载过程称为准静态加载过程)，根据热力学第一定律，外力在变形过程中所做的功将全部转化为内能储存在弹性体内部。这种储存在弹性体内部的能量是因形变而获得的，故称为**弹性变形能**或**弹性应变能**。由于弹性变形是一个没有能量耗散的可逆过程，所以，卸载后弹性应变能将全部释放出来。

按材料力学定义，单位体积内的弹性应变比能按张量表示可写成：

$$\omega^{\mathrm{e}} = \frac{1}{2}\sigma_{ij}\varepsilon_{ij} = \frac{1}{2}(s_{ij}+\sigma\delta_{ij})(e_{ij}+\varepsilon\delta_{ij}) = \frac{3}{2}\sigma\varepsilon + \frac{1}{2}s_{ij}e_{ij} = \omega^{\mathrm{e}}_{\mathrm{v}} + \omega^{\mathrm{e}}_{\varphi} \tag{5-11}$$

式(5-11)等号最右边的两项中，$\omega^{\mathrm{e}}_{\mathrm{v}} = \frac{3}{2}\sigma\varepsilon$ 是体积变形比能；$\omega^{\mathrm{e}}_{\varphi} = \frac{1}{2}s_{ij}e_{ij}$ 是形状改变弹性比能。若用等效应力和等效应变表示，形状改变弹性比能可写成：

$$\omega^{\mathrm{e}}_{\varphi} = \frac{1}{2}T\varGamma = \frac{1}{2G}J'_2 = \frac{G}{2}\varGamma^2 = \frac{1}{2}\bar{\sigma}\,\bar{\varepsilon} = \frac{1}{4(1+\mu)G}\bar{\sigma}^2 = (1+\mu)G\bar{\varepsilon}^2 \tag{5-12}$$

式中　J'_2——主偏张量应力不变量之一(参考 2.2.3 章节)；

　　　T——等效切应力张量(式 2-59)；

　　　$\varGamma$——等效切应变张量(参考 2.3.3 章节)；

　　　G——剪切弹性模量；

　　　$\bar{\sigma}$——等效正应力(式 2-58)；

　　　$\bar{\varepsilon}$——等效正应变(参考 2.3.3 章节)。

可见形状改变弹性比能与不变量 J'_2 呈正比例关系，因此，Mises 屈服条件也可称为最大弹性形变能条件。

5.2 塑性全量理论

1. 全量理论本构方程

全量理论是直接用一点的应力分量和应变分量表示的塑性本构关系，以 Ilyushin(伊柳辛)在 1943 年提出的弹塑性小变形理论应用最广，它描述了强化材料在小变形情况下的塑性应力-应变关系，其中应变包括弹性应变部分和塑性应变部分。其理论以下列假设为基础：

（1）应力主方向与应变主方向重合，在整个加载过程中主方向保持不变。摩尔应力圆与摩尔应变圆相似，应力 Lode 参数和应变 Lode 参数相等。

（2）体积变化是弹性的，且与平均应力 σ_m 呈正比（总应变为弹性应变与塑性应变，体积变化始终是弹性的，塑性变形部分的体积变化恒为零）。

（3）应变偏张量与应力偏张量呈正比，即式(5-8)可表达成：

$$e_{ij} = \lambda s_{ij} \tag{5-13}$$

其中，λ 是一个正的比例系数。若 $\lambda = \dfrac{1}{2G}$，则上式即胡克定律。但对全量理论，这里只是形式上和广义胡克定律相似，比例系数 λ 不是一个常数，它与点的位置以及荷载水平有关，即对物体不同的点、不同的荷载水平，λ 一般都不同；但对同一点和同一荷载水平，λ 是常数。所以式(5-13)是一个非线性关系，但其表明应力方向和应变方向一致。

由式(2-42)、式(2-73)及式(5-13)，可推出：

$$\lambda = \frac{3\varepsilon_i}{2\sigma_i} \tag{5-14}$$

应力强度和应变强度间存在单一的函数关系，即 $\sigma_i = \varphi(\varepsilon_i)$，$\varphi(\varepsilon_i)$ 是 ε_i 的单值函数，使用于各种应力状态，但是对不同的材料有不同的形式。在简单拉伸情况下，σ_i-ε_i 曲线就是 σ-ε 曲线，可以由简单拉伸试验确定。

综上所述，全量理论的本构方程为：

$$e_{ij} = \frac{3\varepsilon_i}{2\sigma_i} s_{ij} \tag{5-15}$$

$$\varepsilon_{ii} = \frac{1-2\mu}{E} \sigma_{ii} \tag{5-16}$$

式(5-15)和式(5-16)可综合写成：

$$\varepsilon_{ij} = \frac{1-\mu}{E} \sigma_m \delta_{ij} + \frac{3\varepsilon_i}{2\sigma_i} s_{ij} \tag{5-17}$$

也可以用应变表示应力，即：

$$\sigma_{ij} = \frac{E}{1-2\mu}\varepsilon_m\delta_{ij} + \frac{2\sigma_i}{3\varepsilon_i}e_{ij} \tag{5-18}$$

对于理想弹塑性材料，初始屈服后，$\sigma_i = \sigma_s$ 不再增加，λ 为不定值，式(5-15)仅表示各应变偏张量分量间的比例关系。

(4) 等效正应力是等效正应变的函数，对每个具体材料都应通过试验来确定。等效应力和等效应变之间可用式(5-19)表示，但 E' 与塑性变形程度相关。

$$\bar{\sigma} = E'\bar{\varepsilon} \tag{5-19}$$

同样地，应力偏张量分量和应变偏张量分量也呈正比，满足式(5-20)。

$$\frac{s_{ij}}{e_{ij}} = 2G' \tag{5-20}$$

即：

$$\frac{\sigma_x - \sigma}{\varepsilon_x - \varepsilon} = \frac{\sigma_y - \sigma}{\varepsilon_y - \varepsilon} = \frac{\sigma_z - \sigma}{\varepsilon_z - \varepsilon} = \frac{2\tau_{xy}}{\gamma_{xy}} = \frac{2\tau_{yz}}{\gamma_{yz}} = \frac{2\tau_{zx}}{\gamma_{zx}} = 2G' \tag{5-21}$$

用应力偏张量的分量来表达式(5-21)，则可得：

$$\begin{cases} \sigma_x - \sigma = 2G'(\varepsilon_x - \varepsilon), & \tau_{xy} = 2G'\dfrac{\gamma_{xy}}{2} \\ \sigma_y - \sigma = 2G'(\varepsilon_y - \varepsilon), & \tau_{yz} = 2G'\dfrac{\gamma_{yz}}{2} \\ \sigma_z - \sigma = 2G'(\varepsilon_z - \varepsilon), & \tau_{zx} = 2G'\dfrac{\gamma_{zx}}{2} \end{cases} \tag{5-22}$$

式(5-22)可进一步推广到主应力和主应变，得：

$$\frac{\sigma_1 - \sigma_2}{\varepsilon_1 - \varepsilon_2} = \frac{\sigma_2 - \sigma_3}{\varepsilon_2 - \varepsilon_3} = \frac{\sigma_3 - \sigma_1}{\varepsilon_3 - \varepsilon_1} = 2G' \tag{5-23}$$

若物体的体积是不可压缩的，即 $\mu = 1/2$，则：

$$\varepsilon = 0, \quad G' = \frac{E'}{2(1+\mu)} = \frac{E'}{3} \tag{5-24}$$

从而可推得：

$$2G'\varepsilon_x = \sigma_x - \sigma = \sigma_x - \frac{1}{3}(\sigma_x + \sigma_y + \sigma_z) = \frac{2}{3}\left[\sigma_x - \frac{1}{2}(\sigma_y + \sigma_z)\right] \tag{5-25}$$

由式(5-22)和式(5-25)可推得：

$$\begin{cases} \varepsilon_x = \dfrac{1}{E'}\left[\sigma_x - \dfrac{1}{2}(\sigma_y+\sigma_z)\right], & \gamma_{yz} = \dfrac{1}{G'}\tau_{yz} \\ \varepsilon_y = \dfrac{1}{E'}\left[\sigma_y - \dfrac{1}{2}(\sigma_z+\sigma_x)\right], & \gamma_{zx} = \dfrac{1}{G'}\tau_{zx} \\ \varepsilon_z = \dfrac{1}{E'}\left[\sigma_z - \dfrac{1}{2}(\sigma_x+\sigma_y)\right], & \gamma_{xy} = \dfrac{1}{G'}\tau_{xy} \end{cases} \tag{5-26}$$

虽然式(5-26)在形式上与广义胡克定律非常相似,但因其非线性使得解决塑性变形问题时会比弹性力学复杂很多。

对于强化材料,全量理论的应力-应变之间存在一一对应关系,最终的应变取决于最终的应力,与加载的历史无关。实际情况一般不是如此,达到最终的应力可以通过不同的加载路径(中间可有强化后的卸载),而最终的应变由于不同加载历史的影响,一般不相同。若为简单加载,则应变状态与加载历史无关,仅由最终的应力状态决定。所以,简单加载情况下,应用全量理论是正确的。

2. 全量理论的基本方程及边值问题

式(5-17)共有6个独立方程,这6个方程与平衡方程及几何方程联合,就有完整的方程组,根据适当的边界条件可以解出全部位置的应力、应变和位移等。

假定物体受到体力 F_i 及面力 f_i 作用,并在边界上受到位移约束 $\overline{u}_i$,要求确定物体内处于塑性变形状态各点的应力 σ_{ij}、应变 ε_{ij} 和位移 u_i。按照全量理论,确定这些未知量的基本方程为:

平衡方程:
$$\sigma_{ij,j} + F_i = 0 \tag{5-27}$$

几何方程:
$$\varepsilon_{ij} = \dfrac{1}{2}(u_{i,j} + u_{j,i}) \tag{5-28}$$

本构方程:
$$\begin{cases} \varepsilon_{ij} = \dfrac{1-2\mu}{E}\sigma_{ij} \\ e_{ij} = \dfrac{3\varepsilon_i}{2\sigma_i}s_{ij} \\ \sigma_i = \varphi(\varepsilon_i) \end{cases} \tag{5-29}$$

应力边界条件:
$$\sigma_{ij}n_j = f_i \tag{5-30}$$

位移边界条件:
$$u_i = \overline{u}_i \tag{5-31}$$

这样,具体的弹塑性力学问题可归结为在适当的边界条件下求解各基本方程,确定各未知物理量。求解方法和弹性力学相似,可以分别按位移求解或按应力求解。而对弹塑性过程中的弹性区或卸载区,应按弹性力学求解,且在弹、塑性区交界面上还应满足连续条件。

5.3 Drucker 公设

前面在讨论屈服曲线的几何特征时，提到屈服曲线对坐标原点为外凸曲线，屈服面为外凸曲面。这个性质的证明，需要利用应力空间中的 Drucker 公设。Drucker 公设是关于材料强化的一个重要假定。在这个公设的基础上，不但可以导出屈服面是外凸的性质，而且根据这个公设，可以建立材料在塑性状态下的变形规律即塑性本构关系。在介绍 Drucker 公设之前，首先介绍稳定材料（或强化材料）和不稳定材料（或软化材料）的概念。

稳定材料（或强化材料）和不稳定材料（或软化材料）定义为：对于某一种材料，当应力的单调变化会引起应变同号的单调变化时，或者当应变的单调变化会引起应力同号的单调变化时，就称这种材料为**稳定材料**或**强化材料**；否则称为**不稳定材料**或**软化材料**。图 5-1 所示为材料在简单拉伸下的应力-应变曲线的几种可能形式，其中应力增加而应变减少与能量守恒定理相矛盾，所以不可能存在如图 5-1(c)所示的情况。

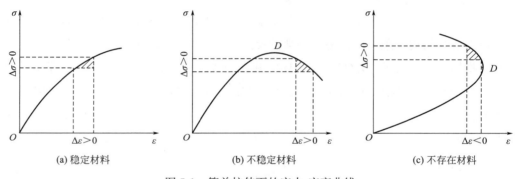

图 5-1 简单拉伸下的应力-应变曲线

以上关于稳定材料和不稳定材料的认识，是在单向应力状态下得到的。在复杂应力状态下，强化现象该如何描述呢？Drucker 公设提供了一个判别准则。设在外力作用下，处于平衡状态的材料单元体上，施加某种附加外力，使单元体的应力加载，然后移去附加外力，使单元体的应力卸载到原来的应力状态。如果材料满足下面两个条件，则称这种材料为强化材料。

1) 在加载过程中，附加应力所做的功恒为正。
2) 在整个加载和卸载的循环过程中，附加应力所做的功不小于零。

设附加应力为应力增量 $d\sigma_{ij}$，由此产生的相应的应变增量为 $d\varepsilon_{ij}$，则根据 Drucker 公设的第一个条件，应有：

$$d\sigma_{ij} d\varepsilon_{ij} > 0 \tag{5-32}$$

这就是复杂应力状态下稳定材料的定义式。

下面利用 Drucker 公设来考察这样的一个应力循环过程（图 5-2）：设固体内某一点 A

5.3 Drucker公设

经历任意应力历史后,在加载面 Σ 内某一应力状态 σ_{ij}^0 下处于平衡,然后施加某一附加荷载,使该点进入屈服应力状态 σ_{ij} 的 B 点,若此时再继续施加一个微小荷载,使该点的应力状态进入虚线表示的另一个加载面 Σ' 上的 C 点,再将应力卸载回到初始应力状态 σ_{ij}^0。若在上述整个应力循环过程中,附加应力所做的塑性功不小于零,则这种材料就是稳定的,即要求:

$$\oint_{\sigma_{ij}^0} (\sigma_{ij} - \sigma_{ij}^0) \, d\varepsilon_{ij} \geqslant 0 \tag{5-33}$$

由于弹性变形是可逆的,所以在整个应力循环过程中,附加应力在弹性应变上所做的功等于零,因而式(5-33)可以改写为:

$$\oint_{\sigma_{ij}^0} (\sigma_{ij} - \sigma_{ij}^0) \, d\varepsilon_{ij} = 0 \tag{5-34}$$

注意到塑性应变只在 BC 阶段产生,故式(5-34)实际上应为:

$$\int_B^C (\sigma_{ij} - \sigma_{ij}^0) \, d\varepsilon_{ij}^p \geqslant 0 \tag{5-35}$$

式(5-35)即表示在 BC 阶段中附加应力所做的功。由于这个过程施加的荷载是任意的和微小的,相应产生的附加应力和塑性应变增量也是一个微小量,所以式(5-35)可进一步化为:

$$(\sigma_{ij} + d\sigma_{ij} - \sigma_{ij}^0) \, d\varepsilon_{ij}^p \geqslant 0 \tag{5-36}$$

在一维的应力循环中(图5-3),式(5-36)可改写成:

$$(\sigma + d\sigma - \sigma) \, d\varepsilon^p \geqslant 0 \tag{5-37}$$

对于稳定材料,图5-3中的阴影面积一定不会小于零。

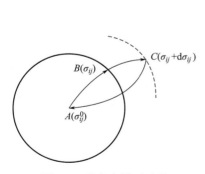

图5-2 某应力循环过程

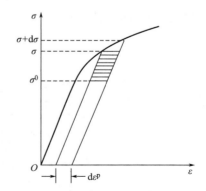

图5-3 应力-应变曲线过屈服点后的某应力循环

假定初始应力点 A 位于加载面 Σ 内,即 $\sigma_{ij} \neq \sigma_{ij}^0$,由于 $d\sigma_{ij}$ 是一个任意无穷小量,与 σ_{ij} 相比可以忽略不计,所以由式(5-36)可得:

$$(\sigma_{ij} - \sigma_{ij}^0) d\varepsilon_{ij}^P \geqslant 0 \tag{5-38}$$

假设初始应力点 A 位于加载面 Σ 上，即 $\sigma_{ij} = \sigma_{ij}^0$，则由式(5-36)可得：

$$d\sigma_{ij} d\varepsilon_{ij}^P \geqslant 0 \tag{5-39}$$

式(5-39)表明，只有当应力增量指向加载面外部时才能产生塑性变形。

上述各不等式中的等号，实际上是考虑了理想塑性材料在单向应力状态或强化材料在中性变载时的情形。

从 Drucker 公设出发，可以推出加载面(屈服曲面)有关的两个重要性质：一是加载面的外凸性，二是加载面与塑性应变增量的正交性。

Drucker 公设是在应力空间中进行讨论的，只适用于稳定材料，对具有应变软化的非稳定材料，如岩石、土、混凝土等，并不完全适用。Ilyushin 在应变空间中提出的塑性公式可同时适用于稳定材料和非稳定材料。

将式(4-25)表示的加载面函数中应力采用应变表示，得到在应变空间中描述的加载面为：

$$f(\varepsilon_{ij}, \xi_\beta) = 0 \tag{5-40}$$

参考 Drucker 公设，同样可以在应变空间中构造一个应变循环，相应的公设表述为：在应变空间的任意一个应变循环中，外力在材料单元体上所做的功不为负，这就是 Ilyushin 公设。对应变空间的任意一个应变循环，外力在材料单元体上所做的功为：

$$\overline{W} = \oint_{\varepsilon_{ij}} \sigma_{ij} d\varepsilon_{ij} \geqslant 0 \tag{5-41}$$

式(5-41)在只有弹性应变时才等于零，只要产生塑性应变，外力所做的功应大于零。对于单轴受力情况，如图 5-4 所示，$ABCC'D$ 构成一个应变循环，式(5-41)给出的功就是图 5-4 中阴影部分的面积。

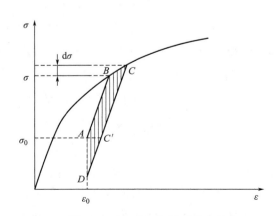

图 5-4　Ilyushin 公设下的功

5.4 加载和卸载准则

前面已经提到，材料在发生塑性变形后，加载和卸载所服从的变形规律是不一样的。因此，需要有一个是加载或是卸载的判断，即加载和卸载准则。在单向应力状态下，由于应力分量只有一个，所以，由这个分量大小的增减就可以判断是加载还是卸载。然而，对于复杂应力状态，由于 6 个独立的应力分量都可增可减，可以通过下述准则进行初步判断。

1. 理想塑性材料的加载和卸载准则

由于理想塑性材料的加载面和屈服面总是保持一致，所以，加载函数和屈服函数可以统一表示为：

$$f(\sigma_x, \sigma_y, \sigma_z, \tau_{xy}, \tau_{yz}, \tau_{zx}) = 0$$

或者：

$$f(\sigma_{ij}) = 0 \tag{5-42}$$

它们均与塑性变形的大小和加载历史无关。在荷载改变的过程中，如果应力点保持在屈服面上，即 $df = 0$，此时塑性变形可以任意增长，就称为加载。当应力点从屈服面上退回屈服面内，即 $df < 0$ 时，就表示变形状态从塑性变为弹性，此时不产生新的塑性变形，称为卸载。理想塑性材料的上述加载和卸载准则，可以用数学形式表示为：

$$\begin{cases} f(\sigma_{ij}) = 0, \ df = f(\sigma_{ij} + d\sigma_{ij}) - f(\sigma_{ij}) = \dfrac{\partial f}{\partial \sigma_{ij}} = 0 \text{(加载)} \\ f(\sigma_{ij}) = 0, \ df = f(\sigma_{ij} + d\sigma_{ij}) - f(\sigma_{ij}) = \dfrac{\partial f}{\partial \sigma_{ij}} < 0 \text{(卸载)} \end{cases} \tag{5-43}$$

式(5-43)表示的加载与卸载准则，还可以用几何关系表示。在应力空间中，可以用矢量 $d\sigma$ 表示 $d\sigma_{ij}$；而以 $\dfrac{\partial f}{\partial \sigma_{ij}}$ 为分量的矢量就是屈服函数 $f = 0$ 的梯度，此矢量的方向与屈服面的外法线方向一致，若设 n 为屈服面外法线方向的单位矢量，则式(5-43)表示的加载与卸载准则可以改写为：

$$\begin{cases} f(\sigma_{ij}) = 0, \ d\sigma \cdot n = 0 \text{(加载)} \\ f(\sigma_{ij}) = 0, \ d\sigma \cdot n < 0 \text{(卸载)} \end{cases} \tag{5-44}$$

前者表示两矢量正交，也即矢量 $d\sigma$ 沿屈服面的切线方向变化；后者表示两矢量之间的夹角大于 90°，也即矢量 $d\sigma$ 和 n 分别处于屈服面的两侧，$d\sigma$ 指向屈服面内，对于理想塑性材料如图 5-5 所示。

以上讨论的屈服面是正则的，即假定屈服面处处是光滑的。如果屈服面是非正则的，如像 Tresca 屈服面的情形,可把屈服面分为若干段光滑面和"交线",当应力点位于光滑面上时,其加载和卸载准则与式(5-43)一致;当应力点处于"交线"上时,认为应力点保持在"交线"或光滑面上即为加载,退回到屈服面内即为卸载。

2. 强化材料的加载和卸载准则

对于强化材料,加载面将随着塑性变形的发展而不断变化。它的加载与卸载准则与理想塑性材料的不同之处在于,只有 dσ 指向屈服面之外时才是加载;而当 dσ 正好沿着加载面变化时,加载面不会变化。试验表明,此过程不会产生新的塑性变形,它对应于应力状态从一个塑性状态过渡到另一个塑性状态,所以,这种变化过程称为**中性变载**。在单向应力状态下或材料为理想塑性时,不存在这个过程;当 dσ 指向加载面内部变化时,则是卸载过程,如图 5-6 所示。上述加载和卸载准则,可以用数学形式表示为:

$$f(\sigma_{ij}, \xi_\beta) < 0 (弹性状态) \tag{5-45}$$

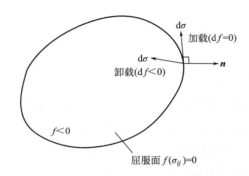

图 5-5 理想塑性材料的加载与卸载

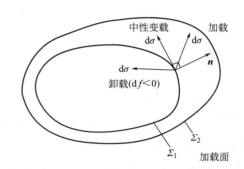

图 5-6 强化材料的加载和卸载

当 $f(\sigma_{ij}, \xi_\beta) = 0$,且:

$$\begin{cases} \dfrac{\partial f}{\partial \sigma_{ij}} > 0,即 d\sigma \cdot n > 0 (加载) \\ \dfrac{\partial f}{\partial \sigma_{ij}} = 0,即 d\sigma \cdot n = 0 (中性变载) \\ \dfrac{\partial f}{\partial \sigma_{ij}} < 0,即 d\sigma \cdot n < 0 (卸载) \end{cases} \tag{5-46}$$

其中,$f(\sigma_{ij}, \xi_\beta) = 0$ 为加载函数。

5.5 塑性增量理论

塑性增量理论又称流动理论,是描述材料在塑性状态时应力与应变速度或增量之间关系的理论。在塑性变形阶段,由于塑性变形的不可逆性,使塑性区的变形不仅取决于其最终状态的应力,而且与加载路径(即变形路径)有关。描述塑性变形规律的塑性本构关系,应该是它们增量之间的关系,所以,只有按增量形式建立起来的理论,才能追踪整个加载路径来求解。由于增量理论不受加载条件的限制，在理论上比全量理论应用更广，在实际应用时需要按加载过程中的变形路径进行积分，所以在计算方面比较复杂。

1. Lévy-Mises 流动法则

在对理想塑性材料的塑性变形规律研究的基础上，Lévy 和 Mises 等人先后于 1871 年和 1913 年做出应变增量主轴与应力主轴重合的假设。他们认为理想塑性材料到达塑性状态后，由于塑性变形较大，总应变即等于塑性应变，并进一步指出，应变增量各分量与相应的应力偏张量各分量呈比例，即存在下面关系式：

$$d\varepsilon_{ij} = d\lambda s_{ij} \quad (d\lambda \geqslant 0) \tag{5-47}$$

式中 $d\lambda$——比例系数，它与点的位置及荷载水平有关。

研究表明，该关系式不包括弹性变形部分，即适用于刚塑性体，称为 Lévy-Mises 流动法则，该流动法则是塑性力学的基本规律之一。

2. Prandtl-Reuss 流动法则

当塑性变形较大时，可以忽略弹性应变，但当弹性应变与塑性应变相比量级相近时，显然略去弹性应变会带来较大误差。Prandtl-Reuss 流动法则是在 Lévy-Mises 关系式的基础上发展的，该法则考虑了材料在弹塑性变形中的弹性变形部分，认为其弹性变形服从广义胡克定律；而对于塑性变形部分，则假定塑性应变增量偏张量与对应的应力偏张量呈比例，该塑性关系可以表示为：

$$d\varepsilon_{ij}^p = d\lambda s_{ij} \quad (d\lambda \geqslant 0) \tag{5-48}$$

式(5-48)即 Prandtl-Reuss 流动法则的关系式，其中比例系数 $d\lambda$ 与点位置及荷载水平有关。

由于塑性具有不可压缩性，则有 $d\varepsilon_{ij}^p = d\varepsilon_{ij}^p \delta_{ij} + de_{ij}^p = de_{ij}^p$，因此 Prandtl-Reuss 流动法则又可表示成：

$$de_{ij}^p = d\lambda s_{ij} \tag{5-49}$$

即塑性应变增量偏张量和应力偏张量呈比例。

而弹性变形部分由广义胡克定律确定，有：

$$de_{ij}^e = \frac{1}{2G} ds_{ij} \tag{5-50}$$

总应变增量由弹性应变增量和塑性应变增量这两部分组成，即：

$$de_{ij} = de_{ij}^e + de_{ij}^p \tag{5-51}$$

将式(5-49)和式(5-50)代入式(5-51)，得：

$$de_{ij} = \frac{1}{2G} ds_{ij} + d\lambda s_{ij} \tag{5-52}$$

由于弹塑性变形过程中的体积变化是弹性的,有:

$$d\varepsilon_{ii} = \frac{1-2\mu}{E} d\sigma_{ii} \tag{5-53}$$

式(5-52)和式(5-53)是由 Prandtl-Reuss 流动法则导出的增量型的本构关系式,适用于弹塑性材料。

以上两个塑性流动法则着重指出了塑性应变增量的偏张量与应力偏张量的关系,可理解为它是建立各瞬时应力(或应力增量)与应变的变化关系的基础。需要指出的是,两个流动法则在加载的情况下才能使用,卸载时要按广义胡克定律进行计算。

5.5.1 理想塑性材料的增量理论

1. 理想刚塑性材料的增量理论

这是增量理论中较简单的一种,所考虑的是理想刚塑性材料,适用于塑性变形远大于弹性变形,弹性变形可忽略不计的情况。理想刚塑性材料的变形规律符合 Lévy-Mises 流动法则,材料在塑性状态下的应力和应变增量遵守以下基本规律:

(1) 材料是不可压缩的,即 $3\varepsilon_m = 0$,因而有 $3d\varepsilon_m = 0$ 或:

$$d\varepsilon_m = 0 \tag{5-54}$$

(2) 应力偏张量与应变偏张量呈比例,即:

$$de_{ij} = d\lambda s_{ij} \tag{5-55}$$

由于有 $de_{ij} = d\varepsilon_{ij}^p - \delta_{ij} d\varepsilon_m = d\varepsilon_{ij}$,且是刚塑性材料,弹性应变增量忽略不计,所以又有 $d\varepsilon_{ij} = d\varepsilon_{ij}^p$,$d\varepsilon_{ij}^p$ 表示塑性应变增量。这样,式(5-55)可以写成:

$$d\varepsilon_{ij} = d\lambda s_{ij} \tag{5-56}$$

或:

$$d\varepsilon_{ij}^p = d\lambda s_{ij} \tag{5-57}$$

即应力偏张量与塑性应变增量呈比例。

(3) 应力分量(或应力偏张量)应该满足屈服条件,这是因为材料处于塑性状态,屈服条件用的 Mises 屈服条件 $\sigma_i = \sigma_s$,以式(5-57)的应力偏张量代入后得:

$$d\lambda = \frac{3}{2} \frac{d\varepsilon_i^p}{\sigma_i} = \frac{3}{2} \frac{d\varepsilon_i^p}{\sigma_s} \tag{5-58}$$

其中:

$$d\varepsilon_i^p = \frac{\sqrt{2}}{3} \left[(d\varepsilon_x^p - d\varepsilon_y^p)^2 + (d\varepsilon_y^p - d\varepsilon_z^p)^2 + (d\varepsilon_z^p - d\varepsilon_x^p)^2 + \frac{3}{2}(d\gamma_{xy}^p)^2 + \frac{3}{2}(d\gamma_{yz}^p)^2 + \frac{3}{2}(d\gamma_{zx}^p)^2 \right]^{1/2}$$

即在前面提过的塑性应变增量强度。

在式(5-58)中，$d\varepsilon_i^p$ 不是常量，在加载过程中的不同瞬时，或虽在同一瞬时但在物体内不同点处，$d\varepsilon_i^p$ 都不相同。因此，比例系数 $d\lambda$ 与 $d\varepsilon_i^p$ 性质相同，也不是常量。另外，$d\lambda$ 与 $d\varepsilon_i^p$、σ_i 一样非负。以式(5-58)代入式(5-56)，并考虑刚塑性情况下，$d\varepsilon_{ij}^p = d\varepsilon_{ij}$，$d\varepsilon_i^p = d\varepsilon_i$，就得到刚塑性增量理论的基本方程：

$$d\varepsilon_{ij}^p = d\lambda s_{ij} = \frac{3}{2} \frac{d\varepsilon_i^p}{\sigma_i} s_{ij} \tag{5-59}$$

这称为 Lévy-Mises 方程。

根据式(5-56)，如果已知应力偏张量 s_{ij}，则只能求得应变增量 $d\varepsilon_{ij}$ 各分量之间的比例关系，这符合理想塑性材料的特性，在一定的应力下，塑性变形可以任意增长。反之，如果已知应变增量 $d\varepsilon_{ij}$，则可以确定应力偏张量 s_{ij}。

2. 理想弹塑性材料的增量理论

理想弹塑性增量理论是在理想刚塑性增量理论的基础上发展起来的，其中应变增量包括塑性部分和弹性部分，引入弹性应变增量后，理想弹塑性材料增量理论的本构关系如下：

(1) 体积应变是弹性的，即：

$$d\varepsilon_m = \frac{1}{3K} d\sigma_m \tag{5-60}$$

(2) 应力偏张量与塑性应变增量偏张量呈比例，而弹性应变增量偏张量服从广义胡克定律，即：

$$\begin{cases} de_{ij}^p = d\lambda s_{ij} \\ de_{ij}^e = \frac{1}{2G} ds_{ij} \end{cases} \tag{5-61}$$

又可得应变增量偏张量与应力偏张量的关系：

$$de_{ij} = d\lambda s_{ij} + \frac{1}{2G} ds_{ij} \tag{5-62}$$

(3) 应力分量(或应力偏张量)满足 Mises 屈服条件或加载条件，因此仍有 $d\lambda = \frac{3}{2} \frac{d\varepsilon_i^p}{\sigma_i}$，根据 Mises 屈服条件，有 $\sigma_i = \sigma_s$，由此可以得出 $d\lambda = \frac{3}{2} \frac{d\varepsilon_i^p}{\sigma_s}$，则理想弹塑性材料的塑性本构方程可以写成：

$$d\varepsilon_{ij} = \frac{1-2\mu}{E} d\sigma_m \delta_{ij} + \frac{1}{2G} ds_{ij} + \frac{3 d\varepsilon_i^p}{2\sigma_i} s_{ij} \tag{5-63}$$

理想弹塑性材料的初始屈服面与加载曲面相重合。加载时，应力点位于屈服面上，有新的塑性变形产生，所以 $d\lambda > 0$；卸载时，应力点由屈服面上退回到屈服面内，$d\lambda = 0$；当应力点位于屈服面内，即处于弹性状态，$d\lambda = 0$。

如果应力和应变增量已知，即可求出应力增量偏张量的各个分量和平均应力增量 $d\sigma_m$，最后求得各个应力增量，将它们叠加到原有应力上去，即得到新的应力水平，它们就是产生新的塑性应变以后的各个应力分量。另外，在已知应力及应力增量时，无法确定应变增量，而只能确定其各个分量间的比值。只有当变形受到适当的制约时，才有可能确定其应变的大小。这是因为对理想弹塑性材料，在一定应力下，应变可以取无数个值。

5.5.2 强化材料的增量理论

对于弹塑性强化材料，在复杂加载情况下，通常采用等向强化模型，Mises 加载条件为：

$$\sigma_i = H\left(\int_L d\varepsilon_i^p\right) \tag{5-64}$$

函数 H 可通过单向拉伸时拉应力 σ 与总塑性应变 ε^p 之间的关系来确定。一般地，等效塑性应变总量 $\int_L d\varepsilon_i^p$ 与塑性应变强度 ε_i^p 是不等的，等效塑性应变总量是为复杂加载而引入的更为广泛的概念，它自然也包括简单加载情况。可以证明，在简单加载条件下两者才是相等的。

对式(5-64)求导数可得：

$$H' = \frac{d\sigma_i}{d\varepsilon_i^p} \tag{5-65}$$

H' 表示 σ_{ij}-$\int d\varepsilon_i^p$ 曲线的斜率。如图 5-7 所示，在应力点 M 处有斜率 $H' = \tan\theta$。

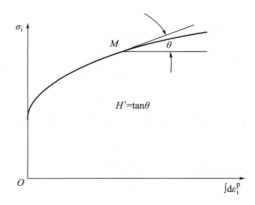

图 5-7 等向强化材料拉应力与总塑性应变关系曲线

根据 $d\varepsilon_{ij}^p = d\lambda s_{ij}$ 关系式推导出的 $d\lambda$ 表达式(式 5-58)这里依然使用，即 $d\lambda = \dfrac{3}{2}\dfrac{d\varepsilon_i^p}{\sigma_i}$，将

式(5-65)代入 dλ 表达式可得：

$$d\lambda = \frac{3d\sigma_i}{2\sigma_i H'} \tag{5-66}$$

这样，对于弹塑性强化材料，Prandtl-Reuss 增量理论本构方程可以写为：

$$\begin{cases} d\varepsilon_{ij} = \frac{1}{2G}s_{ij} + \frac{3d\sigma_i}{2\sigma_i H'}s_{ij} \\ d\varepsilon_{ii} = \frac{1-2\mu}{E}d\sigma_{ii} \end{cases} \tag{5-67}$$

或者写成：

$$d\varepsilon_{ij} = \frac{1-2\mu}{E}d\sigma_{kk}\delta_{ij} + \frac{1}{2G}ds_{ij} + \frac{3d\sigma_i}{2\sigma_i H'}s_{ij} \tag{5-68}$$

若给定某一瞬间的应力和应力增量，则由式(5-67)和式(5-68)可以确定应变增量。沿应变路径依次叠加这些应变增量，即得总的应变。

5.6　简单加载定律

塑性本构关系从本质上讲，应是增量之间的关系(增量理论)。按增量理论，物体内某个点在加载过程中任意瞬时的应变增量是由该瞬时的应力与应力增量唯一确定的，沿应变路径依次积分这个微小的应变增量，就可以得到总的应变，因而最后的应变状态不仅取决于最终的应力状态，而且与应变路径有关。然而，按照全量理论，总应变由最终的应力就可确定，而与应变路径无关。因此，一般情况下，由两个理论得到的解是不一样的；特别是中性变载的情况，两者相差最明显。因为，根据试验观察，对于中性变载，不产生新的塑性应变，增量理论反映了这一特点；而按全量理论，只要应力分量改变，塑性应变也要发生改变。可见，全量理论试图直接建立用全量形式表示的、与加载历史或变形历史无关的塑性本构关系，这在一般情况下是无法做到的，只有在某种特殊加载条件下才有可能。这种特殊的加载方式，就是所谓的**简单加载**或**比例加载**。

简单加载(或比例加载)定义为：在加载过程中，固体内任一点的应力张量各分量都按比例增长。按照这个定义，在简单加载时，固体内同一点的各应力分量之间的比值保持不变，按同一参数单调增长，用数学形式可表示为：

$$\sigma_{ij} = \alpha\sigma_{ij}^0 \tag{5-69}$$

式中　α ——一个单调增加的参数；

σ_{ij}^0 ——固体内任一点的某个非零的参考应力状态。

在简单加载条件下，应力和应变之间的对应关系符合弹塑性小变形理论的关系式，这已为试验所证实，还可以用增量应力-应变关系积分得到证明，这说明全量性的弹塑性小变形理论在简单加载的条件下是成立的，因此也是适用的。

上述简单加载是根据应力来定义的，而物体内某个点的应力变化一般都不是预先走到底的。Ilyushin假设物体具有下列条件：

1) 小变形。

2) 材料是不可压缩的，即泊松比 $\mu = \dfrac{1}{2}$。

3) 材料具有幂函数 $\sigma_i = A\varepsilon_i^m$ 形式的 σ_i-ε_i 关系，式中 A、m 为材料常数。

4) 外荷载按比例单调增长，若有位移边界条件，则只能是零位移边界条件。

并证明了以上条件是保证物体内各点都处于简单加载的充分条件，这称之为简单加载定理。简单加载定理是应用弹塑性小变形理论时应遵守的。

在简单加载定理中，条件4)是主要的，是应力分量按比例增长的主要保证；条件2)、3)是为了使问题的证明简化而设定的。因此，在实际问题中，只要加载方式接近比例加载，用弹塑性小变形理论解题即可得到满意的结果。

5.7 有限元常用塑性本构关系

5.7.1 双线性各向同性硬化模型

双线性各向同性硬化模型由双线性有效应力-有效应变曲线描述（图 5-8）。曲线的初始斜率是材料的弹性模量。超过用户规定的初始屈服应力 σ_0 时，塑性应变会产生，应力-应变-总应变沿着由用户指定的剪切模量 E_T 定义的斜率的线继续。剪切模量不能小于零或大于弹性模量。

5.7.2 多线性各向同性硬化模型

多线性各向同性硬化的行为类似于双线性各向同性硬化，除了使用的是多线性应力与总应变或塑性应变曲线而不是双线性曲线。

多线性硬化行为由分段线性应力-总应变曲线描述，从原点开始，由一组正应力和应变值定义，如图 5-9 所示。

第一个应力-应变拐点对应屈服应力，随后的点定义了材料的弹塑性响应。

5.7.3 双线性随动硬化模型

塑性变形过程中，运动硬化导致应力空间屈服面发生位移。在单轴拉伸时，塑性变形使拉屈服应力增大，压屈服应力减小。这种类型的硬化可以模拟材料在单调或循环加载下的行为，并可用于模拟诸如 Bauschinger 效应和塑性棘轮效应等现象。

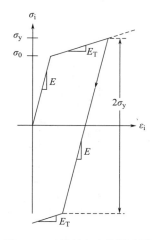

图 5-8 双线性各向同性硬化

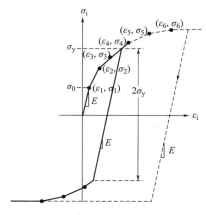

图 5-9 多线性各向同性硬化

屈服准则表达式为 $F(\bar{\sigma})-\sigma_s=0$，这里 $F(\bar{\sigma})$ 是相当应力 $\bar{\sigma}$ 的函数；σ_s 是屈服应力。相当应力根据 $\bar{\sigma}=\sigma-\alpha$ 来计算，反应力 σ 是屈服面在应力空间中位置的移动，并在塑性变形过程中演化。

双线性随动硬化的背应力张量演化，使得有效应力与有效应变曲线为双线性。曲线的初始斜率是材料的弹性模量，在用户指定的初始屈服应力 σ_0 之外，塑性应变变化时，反应力也会变化，因此应力与总应变的关系会沿着用户指定的切线模量定义的斜率 E_T 继续发展。切线模量不能小于零或大于弹性模量。当先单轴拉伸，而后单轴压缩时，压缩屈服应力的大小随着拉伸屈服应力的增大而减小，弹性范围的大小一直为 $2\sigma_0$，如图 5-10 所示。

背应力与位移应变呈正比，即 $\alpha=2G\varepsilon^{sh}$，这里 G 是剪切弹性模量；ε^{sh} 是位移应变，是从位移应变增量数值积分而来的，位移应变增量与塑性应变增量呈正比，即 $d\varepsilon^{sh}=\frac{C}{2G}d\varepsilon^{pl}$；系数 C 是关于弹性模量的计算结果，$C=\frac{2}{3}\frac{EE_T}{E-E_T}$。塑性应变增量由 Mises 流动规则中相当应力的相关计算得出。

5.7.4 多线性随动硬化模型

多线性随动硬化的反应力张量的演变使得有效应力与有效应变曲线是由用户输入应力-应变点定义的每一个线性段组成的多线性曲线，如图 5-11 所示。

模型公式是根据 Besseling-Owen、Prakash-Zienkiewicz 等子层或叠加模型而来，其中材料假设由许多子层或子体积组成，所有子层或子体积得到最终的总应变。子体积的数量与输入应力-应变点的数量相同，并且对每个子体积的总体行为进行加权，其中权重由式(5-70)计算：

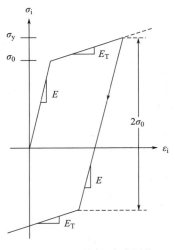

图 5-10 双线性随动硬化

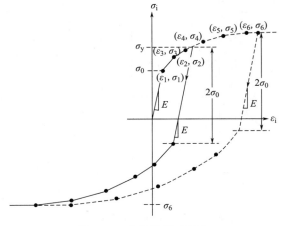

图 5-11 多线性随动硬化

$$w_k = \frac{E - E_{Tk}}{E - \frac{1-2\mu}{3}E_{Tk}} - \sum_{i=1}^{k-1} w_i \tag{5-70}$$

式中　E_{Tk}——应力-应变曲线段的剪切模量。

每个子体的行为为弹塑性,每个子体的单轴屈服应力为 $\sigma_{yk} = \frac{1}{2(1+\mu)}[3E\varepsilon_k - (1-2\mu)\sigma_k]$,$\sigma_k$ 和 ε_k 是第 k 层对应的应力和应变。

约定屈服面为 Von Mises 曲面,每个子体屈服的等效应力等于子体单轴屈服应力。每个子体符合 Hill 屈服条件,以子体单轴屈服为各向同性屈服应力,以 Hill 屈服面确定子体各向异性屈服条件。每个子层或子体的随动硬化遵循相应的流动规律,每个子体的塑性应变增量与双线性运动硬化相同,总塑性应变为:

$$d\varepsilon^{pl} = \sum_{i=1}^{N_{SV}} w_i d\varepsilon_i^{pl} \tag{5-71}$$

式中　N_{SV}——子层或子体的数目;

　　　$d\varepsilon_i^{pl}$——子层体积塑性应变增量。

思考及练习题

5-1　对于各向同性材料,为什么体积不可压缩时,泊松比 $\mu = \frac{1}{2}$?

5-2　塑性应变增量 $d\varepsilon_{ij}^p$ 的方向沿着屈服曲面的外法线方向的适用条件是什么?

5-3　已知单向拉伸时的应力-应变曲线 $\sigma = f_1(\varepsilon)$,如图 5-12 所示。可用下式表示:

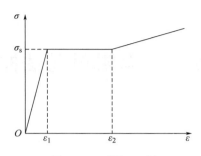

图 5-12 习题 5-3 图

$$f_1(\varepsilon) = \begin{cases} E\varepsilon & (0 \leqslant \varepsilon \leqslant \varepsilon_s) \\ \sigma_s & (\varepsilon_s \leqslant \varepsilon \leqslant \varepsilon_t) \\ \sigma_s + E_1(\varepsilon - \varepsilon_t) & (\varepsilon \geqslant \varepsilon_t) \end{cases}$$

现在考虑横向应变 ε_2、ε_3 与轴向拉伸应变 $\varepsilon_1 = \varepsilon$ 的比值，用 $\mu(\varepsilon) = -\dfrac{\varepsilon_2}{\varepsilon_1} = -\dfrac{\varepsilon_3}{\varepsilon_1}$ 表示。在弹性阶段，$\mu(\varepsilon) = \mu$ 为泊松比，进入塑性后由于塑性体积变形为零，将有：

$$-\frac{d\varepsilon_2^p}{d\varepsilon_1^p} = -\frac{d\varepsilon_3^p}{d\varepsilon_1^p} = 0.5$$

因此，$\mu(\varepsilon)$ 将从 μ 逐渐变成 0.5，试给出 $\mu(\varepsilon)$ 的变化规律。

5-4 在塑性本构关系的理论中，如何建立与 Tresca 屈服条件相关联的流动法则？

5-5 试证明下列两个等式成立：

(1) $\sigma_{ij} d\varepsilon_{ij} = s_{ij} d\varepsilon_{ij} + \dfrac{1}{3}\sigma_{kk} d\varepsilon_{jj}$；　(2) $\dfrac{\partial J_2}{\partial \sigma_{ij}} = \dfrac{\partial J_2}{\partial s_{ij}} = s_{ij}$

5-6 在如下三种情况下，试求塑性应变增量的比值：

(1) 单向拉伸应力状态：$\sigma_1 = \sigma_s$。

(2) 纯剪切应力状态：$\tau = \sigma_s/\sqrt{3}$。

(3) 二维应力状态：$\sigma_1 = \dfrac{\sigma_s}{\sqrt{3}}$，$\sigma_2 = -\dfrac{\sigma_s}{\sqrt{3}}$。

第 6 章 有限单元法概论

6.1 有限单元法基本概念

理论分析、科学试验和科学计算是公认的人类认识世界的三大科学研究方法。对于某些新的研究领域，由于科学理论和科学试验的局限，科学计算不得不成为唯一的科学研究方法。经过多年的发展，有限单元法已成为应用最为广泛的科学计算方法。

有限单元法最初是作为结构力学中矩阵位移法的拓展，其基本思路是将复杂的整体结构看成是由有限个单元组成的整体系统，而单元之间通过结点相连接。首先对单元特性进行分析，建立单元结点力和结点位移之间的相互关系；然后根据单元之间的连接，将所有单元组装成整体，从而得到整体结点力与结点位移之间关系的特性方程；接着再应用方程组相应解法，完成整体结构的分析。有限单元法这种典型的分析过程可以概括为"化整为零"及"化零为整"。

虽然有限单元法开始是作为结构数值分析方法中的一种，但后来逐渐演化为应用最为广泛的结构数值分析方法。有限单元法主要利用矩阵这种数学工具来实现其分析过程，其分析过程是一致和统一的，具有极强的规律性，因此特别适合编制成计算机程序，在电子计算机上进行计算。因此随着计算机技术的飞速发展和个人计算机的普及，有限单元法得到了充分的发展和广泛的应用。

6.2 有限单元法基本步骤

有限单元法从正式提出，到现在已经经过了近 80 年的发展，有限单元法理论已经基本成熟。无论对于简单的杆系结构(土木工程中的刚架、桁架结构)、边界不规则并承受复杂荷载的二维平面问题(土木工程中的涵洞、隧道)、轴对称问题(旋转机械问题)，还是三维空间问题(水利工程中的水坝、土木工程中的板壳、交通工程中的挡土墙等)；无论构成这些结构的材料是线性还是非线性；无论是结构静力学问题、动力学问题还是稳定性问题，利用有限单元法都能得到满意的解决，而且其基本思路和分析过程是基本相同的。

1. 单元离散化

利用有限单元法进行工程结构分析的第一步是将结构离散化，即"化整为零"。将要分析的结构对象分割成有限个单元体，这些单元体之间通过结点相互连接。这样把原来要分析的结构看成是这些单元体集合的替代。

一般结构离散化的具体内容是，根据要分析的结构对象的特点，适当分割成有限个单元体，建立单元坐标系和结构整体坐标系，对单元和结点进行编号，得到所有结点的坐标信息。

2. 确定单元位移模式

有限单元法分析的核心内容之一是对任一典型单元进行单元特性分析，即确定单元结点力和结点位移之间的关系。首先对单元内任意一点的位移分布模式进行假设，即将单元内任意一点的位移近似表示为该单元所有结点的函数，该函数称为单元的位移模式或位移函数。位移函数的假设是否合理，直接影响有限元分析的可靠性、计算精度和效率。

有限单元法发展的初期常用多项式函数作为位移模式，这主要是由于多项式函数的微积分运算比较简单。当单元尺寸缩小趋于微量时，多项式的位移函数趋于真实位移。位移模式的合理选择，是有限单元法最重要的内容之一。所谓创建一种新的单元，就是确定一种新的位移模式。单元的位移模式是区分不同单元的直接标志。不同的单元位移模式也是构成现有大型商业有限元软件单元库中所有单元的依据。

一般以矩阵符号来表示有限元方程。单元内任一点的位移 $\{f\}$ 可用该单元结点位移向量 $\{\delta\}^e$ 表示为：

$$\{f\} = [N]\{\delta\}^e \tag{6-1}$$

式中　$[N]$——形函数矩阵，其矩阵元素是坐标的函数。

3. 单元特性分析

单元的位移模式确定后，可以对单元内任一点的应变、应力进行分析，并确定单元结点力与单元结点位移之间的关系。

利用应变和位移之间的关系（如弹性力学几何关系），得到用结点位移向量 $\{\delta\}^e$ 表示的单元内任一点的应变为：

$$\{\varepsilon\} = [B]\{\delta\}^e \tag{6-2}$$

式中　$[B]$——应变矩阵，其元素一般也是坐标的函数。

利用应力和应变之间的关系（如弹性力学物理方程或材料本构关系），得到单元内任一点的应力为：

$$\{\sigma\} = [D]\{\varepsilon\} = [D][B]\{\delta\}^e = [S]\{\delta\}^e \tag{6-3}$$

式中　$[D]$——由弹性常数构成的弹性矩阵。

$[S] = [D][B]$，称为应力矩阵，其元素一般也是坐标的函数。

利用虚功原理或最小势能原理，建立单元刚度方程：

$$[K]^e \{\delta\}^e = \{F\}^e \tag{6-4}$$

式中　$[K]^e$——单元刚度矩阵；

　　　$\{F\}^e$——单元结点力向量。

4. 建立结构整体刚度方程

在单元刚度方程的基础上，和结构力学中矩阵位移法一样，将所有单元刚度方程组装成一个整体刚度方程：

$$[K]\{\delta\} = \{F\} \tag{6-5}$$

式中　$[K]$——整体刚度矩阵；

　　　$\{\delta\}$——整体结点位移向量；

　　　$\{F\}$——整体结点荷载向量。

5. 解方程组和输出计算结果

把结构的约束条件（方程）代入上述结构整体刚度方程，求解出全部结点位移。在此基础上，可以进一步计算各个单元的应力和应变，并用图形或数表的方式表示出来。

6.3 有限单元法及有限元软件发展历程

6.3.1 有限单元法发展历程简介

20 世纪 40 年代，航空工业的高速发展对飞机结构提出了越来越高的要求，即强度高、刚度好、重量轻，这就迫使飞机设计人员必须进行精确的飞机结构分析和设计。1943 年，Courant 尝试应用在一系列三角形区域上定义的分片连续函数和最小位能原理相结合来求解 St. Venant 扭转问题。此后许多应用数学家、物理学家和工程技术人员分别从不同角度对有限单元法的离散理论、方法和应用进行了研究。在当时电子计算机出现及发展的时代背景下，有限单元法应运而生。Turner、Clough 等人于 1956 年将刚架分析中的位移法推广到弹性力学平面问题，并用于飞机结构的分析，他们首次给出了用三角形单元求解平面应力问题的正确解答。他们的研究工作开始了利用电子计算机求解复杂弹性力学问题的新阶段。1960 年，Clough 进一步求解了平面弹性问题，并第一次提出了有限单元法的名称，标志着有限单元法作为一个高效的科学研究方法已正式产生，也使人们更清楚地认识到有限单元法的特性和效能。随后大量的工程师开始使用这一全新的分析方法来处理结构分析、流体、热传导等复杂问题。1955 年，Argyris 出版了第一本关于结构分析中的能量原理和矩阵方法的专著，为后续的有限单元法研究奠定了重要的理论基础。1965 年，我国科学家冯康独立于西方创立有限元方法，并先于西方建立了有限单元法严密的理论基础，为有限单元法的创立和发展做出了历史贡献。1967 年，Zienkiewicz 和 Cheung 出版了第一本有关有限元分析的专著。1972 年，Oden 出版了第一本关于非线性连续体分析的有限单元法专著，标志着有限单元法开始应用于材料非线性和大变形问题。以后的岁月里，众多研究人员进一步深入研究了有限单元法的理论基础并拓展了应用范围。在当今学术刊物中，刊名中直接包含有限单元法这一专业名称的著名学术刊物多达 10 多种，涉及有限单元法的杂志有几十种之多。

随着有限单元法理论的逐渐成熟和应用领域的发展，它在科学研究和工程分析中的重要性和地位得到公认，其商业价值逐渐显现。从 20 世纪 70 年代开始，基于有限单元法在结构线性分析方面的成熟应用，工程界广泛采用这一全新高效的分析方法。一批由专业软件公司研制的大型通用商业软件，如 Nastran、ADINA、SAP、Marc、Algor、Ansys、Abaqus 等公开发行并被广泛应用。这些大型通用商业有限元软件包含更多的单元形式、材料模型及分析功能，并具有有限元建模和网格自动划分(前处理)、结果显示(后处理)等功能。它们的应用领域已从线性问题扩展到非线性问题，由结构扩展到非结构(流体、热、光、电磁等)，而且计算机技术的最新成果，如并行计算、可视化技术等也在软件中得到充分利用。现在大型通用商业有限元软件已在工业界和科学技术研究领域得到广泛应用，并成为当代先进制造业 CAD/CAE/CAM 系统中不可缺少的重要一环。

6.3.2 Ansys 有限元软件简介

Ansys 软件是美国 Ansys 公司研制的大型通用有限元分析(FEA)软件，是世界范围内增长最快的计算机辅助工程(CAE)软件，能与多数计算机辅助设计(CAD)软件接口，实现数据的共享和交换，如 CREO、SolidWorks、CATIA、Unigraphics、I-DEAS、Inventor、AutoCAD 等，是融结构、流体、电场、磁场、声场分析于一体的大型通用有限元分析软件。在核工业、铁路机车、石油化工、航空航天、机械制造、能源、汽车工业、交通运输、国防军工、电子、土木工程、造船、生物医学、轻工、地矿、水利、日用家电、微机电系统、运动器械等众多领域有着广泛的应用。Ansys 功能强大，操作简单方便，已成为国际最流行的有限元分析软件，在历年的 FEA 评比中都名列第一。在中国有 100 多所理工院校购置了 Ansys 软件进行有限元分析或者作为标准教学软件。

Ansys 有限元软件是一个多用途的有限单元法计算机设计程序，可以用来求解结构、流体、电力、电磁场及碰撞等问题。

软件主要包括三个部分：前处理模块、分析计算模块和后处理模块。

前处理模块提供了一个强大的实体建模及网格划分工具，用户可以方便地构造有限元模型。

分析计算模块包括结构分析(可进行线性分析、材料非线性分析和几何非线性分析)、流体动力学分析、电磁场分析、声场分析、压电分析以及多物理场的耦合分析，可模拟多种物理介质的相互作用，具有灵敏度分析及优化分析能力。

后处理模块可将计算结果以彩色等值线显示、梯度显示、矢量显示、粒子流迹显示、立体切片显示、透明及半透明显示(可看到结构内部)等图形方式显示出来，也可将计算结果以图表、曲线形式显示或输出。

软件提供了 100 种以上的单元类型，用来模拟工程中的各种结构和材料。该软件有多种不同版本，可以运行在从个人机到大型机的多种计算机设备上，如 PC、SGI、HP、SUN、DEC、IBM、CRAY 等。

6.3.3 Abaqus 有限元软件简介

Abaqus 是一套功能强大的工程模拟的商业有限元软件,其解决问题的范围从相对简单的线性分析到许多复杂的非线性问题。Abaqus 包括一个丰富的、可模拟任意几何形状的单元库,并拥有各种类型的材料模型库,可以模拟典型工程材料的性能,其中包括金属、橡胶、高分子材料、复合材料、钢筋混凝土、可压缩超弹性泡沫材料以及土壤和岩石等地质材料,作为通用的模拟工具,Abaqus 除了能解决大量结构(应力/位移)问题,还可以模拟其他工程领域的许多问题,例如热传导、质量扩散、热电耦合分析、声学分析、岩土力学分析(流体渗透/应力耦合分析)及压电介质分析。

Abaqus 有两个主求解器模块——Abaqus/Standard 和 Abaqus/Explicit。Abaqus 还包含一个全面支持求解器的图形用户界面,即人机交互前后处理模块——Abaqus/CAE。Abaqus 对某些特殊问题还提供了专用模块来加以解决。

Abaqus 被广泛地认为是功能最强的有限元软件,可以分析复杂的固体力学、结构力学系统,特别是能够驾驭非常庞大复杂的问题和模拟高度非线性问题。Abaqus 不但可以做单一零件的力学和多物理场的分析,同时还可以做系统级的分析和研究。Abaqus 的系统级分析的特点相对于其他的分析软件来说是独一无二的。由于 Abaqus 优秀的分析能力和模拟复杂系统的可靠性,使得 Abaqus 被各国的工业和研究广泛采用。Abaqus 产品在大量的高科技产品研究中都发挥着巨大的作用。

6.3.4 Nastran 有限元软件简介

为了满足当时航空航天工业对结构分析的迫切需求,MSC 公司承担了 1966 年美国国家航空航天局(NASA)主持开发的大型应用有限元程序 Nastran。1971 年 MSC 推出专利版 MSC/Nastran。1973 年起,MSC 被 NASA 并指定为 Nastran 的一系列后续版本特邀维护商。作为 MSC 公司出品的大型通用有限元分析软件,Nastran 也在随后的岁月里不断更新升级。在 20 世纪 90 年代,MSC 引入 CAD 技术并将 Nastran 应用于 Windows 桌面系统。1994 年 MSC 和 PDAE 公司合并,形成了以 MSC/Nastran 为核心的系列产品,如 MSC/Mvision、MSC/Patran、MSC/Thermal、MSC/FEA、MSC/Dytran、MSC/Fatigue、MSC/AFEA 等。MSC/Nastran 是一个多学科结构分析应用程序,主要功能有:

1. 静力分析

1) 线性静力分析。

2) 屈曲分析(包括弹性屈曲、弹性非线性屈曲、弹塑性屈曲)。

3) 静力几何和材料非线性分析(包括大变形、大转动、非线性弹性、弹塑性、蠕变、黏弹性及接触问题)。

2. 动力分析

1）模态分析（固有频率和振动模态）。

2）瞬态响应分析。

3）响应谱分析。

4）随机动力分析。

3. 热传导分析

1）线性稳态热传导分析。

2）非线性稳态热传导分析。

3）瞬态热传导分析。

4）非线性瞬态热传导分析。

4. 气动弹性分析

1）静态气动弹性分析。

2）动态气动弹性分析（包括颤振分析、频率响应分析、瞬态响应分析、随机响应分析及气动伺服弹性分析）。

6.3.5 HyperWorks 有限元仿真软件简介

HyperWorks 软件由美国 Altair Engineering Inc 开发。Altair Engineering Inc 公司成立于 1985 年，位于美国密歇根州底特律，它是世界领先的工程设计技术的开发方之一。

HyperWorks 提供了广泛的工具和技术，包括结构仿真、流体动力学、热仿真、电磁场仿真、优化和多学科仿真等，涵盖了多个领域的仿真需求。此外，它还具有可扩展的、开放的平台，支持多种数据格式的导入和导出，可以与其他工具和解决方案进行协同工作，更好地满足了用户的需求。HyperWorks 还提供了全新的模型建立方式，包括拖放式的图形用户界面、直观的导入工具和快速的后处理功能等，可以让工程师更加快捷地创建和分析模型，同时提高了其工作效率。此外，HyperWorks 还加强了其可靠性和用户体验，包括更快的仿真求解速度、更加灵活的求解控制和更加直观的结果展示等。

目前 HyperWorks 的全球用户超过 3000 家，在美国以外的 13 个国家设有分支机构。HyperWorks 的模块包含建模及后处理、优化分析、虚拟制造和流程自动化及数据管理四大模块，其中建模及后处理模块包含 HyperMesh、MotionView、HyperGraph、HyperView、HyperGraph 3D 等软件；优化分析模块包含 OptiStruct/Analysis、MotionSolve、HyperCrash、HyperStudy、HyperStudyDSS 等软件；虚拟制造模块包含 HyperForm、HyperXtrude、Forging、Molding、Friction Stir Welding、Process Manager 等软件；流程自动化及数据管理模块包含 Data Manager 4 Stacked（ADM）Client 软件；还有 Process Studio、Batch Mesher 等实现特定功能的软件。

前后处理模块：

1）HyperMesh：高性能、开放式有限单元前后处理器，主要用于模型处理；相比其他软件，具有更为强大的网格划分能力；提供几乎所有主流商业 CAD 系统和 CAE 求解器接口，CAD 接口如 CREO(Pro/E)、CATIA、IGES、NX 等；CAE 接口如 Ansys、Optistruct、Abaqus、Nastran、DYNA、I-DEAS 等。

2）MotionView：通用多体动力学仿真及工程数据前后处理器，拥有丰富的车身模型库并支持二次开发。

3）HyperGraph：仿真和试验结果的后处理绘图工具，拥有丰富的求解器、试验数据接口和数学函数库并支持后处理模块定制，实现数据处理自动化。

4）HyperView：完整的结果后处理工具，可处理有限元分析、多提系统仿真、视频和工程数据。

结构优化设计工具，提供拓扑、形貌、形状、尺寸等优化解决方案的求解器：

1）OptiStruct/Analysis：有限元分析求解器，具有快速而精确的特点；用于线性静态和频率响应分析的求解。

2）MotionSolve：多体动力学分析求解器，用于刚体和柔体耦合分析求解。

3）Radioss：安全技术、生物仿真技术和车辆安全评价技术。

4）HyperCrash：主要用于碰撞仿真。

5）HyperStudy：为健壮性设计开发的参数化研究和多学科优化工具，用于试验设计（DOE）、随机仿真和优化技术。

制造工艺仿真：

1）HyperForm：钣金冲压成形仿真工具，兼模具设计、管料弯曲成形和液压成形仿真模块。

2）HyperXtrude：合金材料挤压成形仿真工具。

3）Forging：锻压仿真。

4）Molding：注塑成形仿真。

5）Friction Stir Welding：模拟摩擦激光焊接。

第 7 章 变形体虚功原理

结构力学中曾介绍过变形体虚功原理，并在此基础上推导出了位移计算普遍公式——单位荷载法，及线弹性体的各种互等定理。变形体虚功原理是有限单元法的基本原理，因为本书重点讨论线弹性结构（杆系、平面、空间）的有限元分析问题，故本章只讨论线弹性变形体的虚功原理、最小势能原理，其他结构非线性问题（材料非线性、几何非线性等）也可以基于虚功原理推导出相应的有限单元法。

7.1 弹性力学基本方程

弹性力学是研究弹性体受力变形的力学学科，和材料力学相似，仍然采用连续性、均匀性、各向同性、小变形假设，但通过考察单元体的平衡状态来建立平衡微分方法，利用线段长度变化及相互垂直线段间夹角的改变来建立应变和位移之间的关系（几何方程），利用广义胡克定律来建立应力和应变之间的关系（本构方程）。

7.1.1 平衡微分方程

平面单元体应力分量如图 7-1 所示，由其平衡，可得：

$$\begin{cases} \dfrac{\partial \sigma_x}{\partial x} + \dfrac{\partial \tau_{yx}}{\partial y} + f_x = 0 \\ \dfrac{\partial \sigma_y}{\partial y} + \dfrac{\partial \tau_{xy}}{\partial x} + f_y = 0 \end{cases} \quad (7\text{-}1)$$

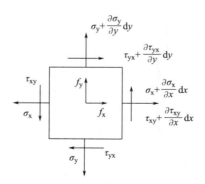

图 7-1 平面单元体应力分量

其中 f_x、f_y 为体积力分量。由于剪应力互等，故 $\tau_{xy}=\tau_{yx}$。如果弹性体处于运动状态，根据达朗贝尔原理，有：

$$\begin{cases}\dfrac{\partial \sigma_x}{\partial x}+\dfrac{\partial \tau_{yx}}{\partial y}+f_x=\rho\dfrac{\partial^2 u}{\partial t^2}\\ \dfrac{\partial \sigma_y}{\partial y}+\dfrac{\partial \tau_{xy}}{\partial x}+f_y=\rho\dfrac{\partial^2 v}{\partial t^2}\end{cases} \quad (7\text{-}2)$$

其中 ρ 为材料密度；u、v 为位移分量。

对于三维空间问题，运动微分方程为：

$$\begin{cases}\dfrac{\partial \sigma_x}{\partial x}+\dfrac{\partial \tau_{yx}}{\partial y}+\dfrac{\partial \tau_{zx}}{\partial z}+f_x=\rho\dfrac{\partial^2 u}{\partial t^2}\\ \dfrac{\partial \sigma_y}{\partial y}+\dfrac{\partial \tau_{zy}}{\partial z}+\dfrac{\partial \tau_{xy}}{\partial x}+f_y=\rho\dfrac{\partial^2 v}{\partial t^2}\\ \dfrac{\partial \sigma_z}{\partial z}+\dfrac{\partial \tau_{xz}}{\partial x}+\dfrac{\partial \tau_{yz}}{\partial y}+f_z=\rho\dfrac{\partial^2 w}{\partial t^2}\end{cases} \quad (7\text{-}3)$$

7.1.2 几何方程

在小变形前提下，线应变定义为线段单位长度的变化率，切应变（角应变）定义为正交直线微段直角的改变量，由图 7-2，可得：

$$\begin{cases}\varepsilon_x=\dfrac{\partial u}{\partial x}\\ \varepsilon_y=\dfrac{\partial v}{\partial y}\\ \gamma_{xy}=\dfrac{\partial v}{\partial x}+\dfrac{\partial u}{\partial y}\end{cases} \quad (7\text{-}4)$$

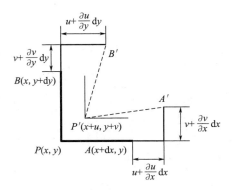

图 7-2 正交直线微段位移

上述定义的应变称为工程应变，是基于小变形假设推导出的，式(7-4)称为平面问题的几何方程。对于三维空间问题，几何方程为：

$$\begin{cases} \varepsilon_x = \dfrac{\partial u}{\partial x}, \varepsilon_y = \dfrac{\partial v}{\partial y}, \varepsilon_z = \dfrac{\partial w}{\partial z} \\ \gamma_{xy} = \dfrac{\partial v}{\partial x} + \dfrac{\partial u}{\partial y}, \gamma_{yz} = \dfrac{\partial w}{\partial y} + \dfrac{\partial v}{\partial z}, \gamma_{zx} = \dfrac{\partial u}{\partial z} + \dfrac{\partial w}{\partial x} \end{cases} \tag{7-5}$$

7.1.3 边界条件

边界物理量给定的条件称为边界条件。物体的边界一般有如下情况：仅给定位移的表面 S_u，称为位移边界条件；仅给定应力的表面 S_σ，称为应力边界条件；某些方向给定应力、另一些方向给定位移的表面 S_{mix}，称为混合边界条件。

1. 位移边界条件

当边界 S_u 上位移为给定值 $\bar{u}$、$\bar{v}$ 时，由于变形协调，位移边界条件为：

$$\text{表面 } S_u \text{ 上}: u = \bar{u}, v = \bar{v} \tag{7-6}$$

2. 应力边界条件

从边界部分取单元体如图 7-3 所示，其中 F_{Sx}、F_{Sy} 分别为边界上表面力在 x、y 方向的分量。与材料力学中应力状态分析过程相似，通过沿边界切向和法向合力的平衡，可以容易推导出：

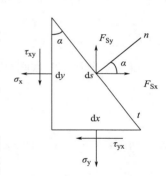

图 7-3 边界单元体受力图

$$\text{表面 } S_\sigma \text{ 上}: \begin{cases} F_{Sx} = \sigma_x l + \tau_{xy} m \\ F_{Sy} = \sigma_y m + \tau_{yx} l \end{cases} \tag{7-7}$$

其中 $l = \cos\alpha$；$m = \sin\alpha$。

对于三维问题，应力边界条件为：

$$\text{表面 } S_\sigma \text{ 上}: \begin{cases} F_{Sx} = \sigma_x l + \tau_{xy} m + \tau_{xz} n \\ F_{Sy} = \tau_{yx} l + \sigma_y m + \tau_{yz} n \\ F_{Sz} = \tau_{zx} l + \tau_{zy} m + \sigma_z n \end{cases} \tag{7-8}$$

式中　l、m、n——边界外法线的方向余弦。

7.1.4 本构关系

三维问题的各向同性线弹性体本构关系就是材料力学中的广义胡克定律，即：

$$\begin{cases} \varepsilon_x = \dfrac{1}{E}[\sigma_x - \nu(\sigma_y + \sigma_z)] \\ \varepsilon_y = \dfrac{1}{E}[\sigma_y - \nu(\sigma_z + \sigma_x)] \\ \varepsilon_z = \dfrac{1}{E}[\sigma_z - \nu(\sigma_x + \sigma_y)] \\ \gamma_{xy} = \dfrac{\tau_{xy}}{G} \\ \gamma_{yz} = \dfrac{\tau_{yz}}{G} \\ \gamma_{zx} = \dfrac{\tau_{zx}}{G} \end{cases} \quad (7\text{-}9)$$

式中 E——材料弹性模量；

ν——泊松系数；

G——切变模量。

以上三个弹性常数间存在如下关系：

$$G = \dfrac{E}{2(1+\nu)}$$

同样，可以导出用形变分量表示的应力分量，即：

$$\begin{cases} \sigma_x = \dfrac{E}{1+\nu}\left[\dfrac{\nu}{1-2\nu}\theta + \varepsilon_x\right] \\ \sigma_y = \dfrac{E}{1+\nu}\left[\dfrac{\nu}{1-2\nu}\theta + \varepsilon_y\right] \\ \sigma_z = \dfrac{E}{1+\nu}\left[\dfrac{\nu}{1-2\nu}\theta + \varepsilon_z\right] \\ \tau_{xy} = \dfrac{E}{2(1+\nu)}\gamma_{xy} \\ \tau_{yz} = \dfrac{E}{2(1+\nu)}\gamma_{yz} \\ \tau_{zx} = \dfrac{E}{2(1+\nu)}\gamma_{zx} \end{cases} \quad (7\text{-}10)$$

式中 θ——体积应变，$\theta = \varepsilon_x + \varepsilon_y + \varepsilon_z$。

对于各向同性二维弹性体，其平面问题有两种情况。第一种情况如图 7-4 所示，等厚度薄板，荷载平行于板中面且沿板厚度均匀分布，板厚远小于平面内两方向的尺寸，这类问题称为平面应力问题，此时 $\sigma_z = \tau_{yz} = \tau_{zx} = 0$。应力未知量只剩下平行 xy 面（中面）的 σ_x、σ_y、$\tau_{xy} = \tau_{yx}$，而且这些未知量只是 x 和 y 的函数。第二种情况如图 7-5 所示，很长的柱形体，横截面不沿长度变化，而且沿长度方向上荷载作用相同，这时可以取单位长度柱体进行分析，这类问题称为平面应变问题，此时 $\varepsilon_z=\gamma_{yz}=\gamma_{zx}=0$。形变未知量只剩下平行 xy 面(中面)的 ε_x、ε_y、γ_{xy}。由于 z 方向的伸缩被阻止，σ_z 一般并不等于0。

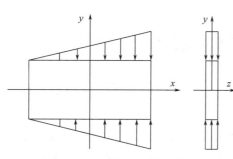

图 7-4　平面应力问题示意图

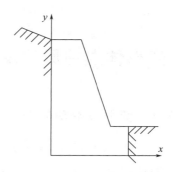

图 7-5　平面应变问题示意图

对于平面应力问题，线弹性本构方程为：

$$\begin{cases} \varepsilon_x = \dfrac{1}{E}(\sigma_x - \nu\sigma_y),\ \varepsilon_y = \dfrac{1}{E}(\sigma_y - \nu\sigma_x) \\ \varepsilon_z = -\dfrac{\nu}{E}(\sigma_x + \sigma_y),\ \gamma_{xy} = \dfrac{\tau_{xy}}{G} \end{cases} \tag{7-11}$$

对于平面应变问题，线弹性本构方程为：

$$\begin{cases} \varepsilon_x = \dfrac{1+\nu}{E}[(1-\nu)\sigma_x - \nu\sigma_y] \\ \varepsilon_y = \dfrac{1+\nu}{E}[(1-\nu)\sigma_y - \nu\sigma_x] \\ \gamma_{xy} = \dfrac{\tau_{xy}}{G} \end{cases} \tag{7-12}$$

7.1.5　弹性力学变量的矩阵表示

在以后的有限单元法公式推导过程中，一般把同类物理量用矩阵(向量)表示，这样能大大简化推导过程。以二维问题为例，应力向量 $[\sigma]=[\sigma_x\ \ \sigma_y\ \ \tau_{xy}]^T$，应变向量 $[\varepsilon]=[\varepsilon_x\ \ \varepsilon_y\ \ \gamma_{xy}]^T$，位移向量 $[u]=[u\ \ v]^T$，表面力向量 $\{q\}=[q_x\ \ q_y]^T$，体积力向量 $\{p\}=[p_x\ \ p_y]^T$，弹性矩阵 $[D]=\begin{bmatrix} D_{11} & D_{12} & 0 \\ D_{21} & D_{22} & 0 \\ 0 & 0 & D_{33} \end{bmatrix}$，方向余弦矩阵 $[L]=\begin{bmatrix} l & 0 & m \\ 0 & m & l \end{bmatrix}$，微分算子矩阵 $[d]=\begin{bmatrix} \dfrac{\partial}{\partial x} & 0 & \dfrac{\partial}{\partial y} \\ 0 & \dfrac{\partial}{\partial y} & \dfrac{\partial}{\partial x} \end{bmatrix}$。

利用矩阵(向量)符号，弹性力学基本方程可以简洁地表示为矩阵方程，如平衡方程：$[d]\{\sigma\}+\{p\}=0$；几何方程：$\{\varepsilon\}=[d]^T\{u\}$；本构方程为$\{\sigma\}=[D]\{\varepsilon\}$；应力边界条件：$[L]\{\sigma\}-\{q\}=0$；位移边界条件：$\{u\}=\{\overline{u}\}$。

7.2　变形体虚功原理及最小势能原理

7.2.1　变形体虚功原理

结构力学曾介绍过变形体虚功原理(虚位移原理)，给出杆系结构的虚功方程，并据此推导出了单位荷载法位移计算公式，证明了线弹性体的互等定理。事实上变形体虚功原理适用于一切结构(一维杆系结构到三维实体结构)，适用于任何力学行为的材料(线性和非线性)，是变形体力学的普遍原理。

变形体虚功原理：任何一个处于平衡状态的变形体，当发生约束允许的任何一个虚位移时，变形体所受外力所做虚功(外力虚功)δW_e等于变形体内应力在虚应变上所做虚功(内力虚功)δW_i，即$\delta W_e \equiv \delta W_i$。

对于二维问题，虚功原理的矩阵表达式为：

$$\iint_A \{p\}^T\{\delta u\}dxdy + \int_{S_\sigma} \{q\}^T\{\delta u\}ds = \iint_A \{\sigma\}^T\{\delta\varepsilon\}dxdy \tag{7-13}$$

对于三维问题，虚功原理的矩阵表达式为：

$$\iiint_V \{p\}^T\{\delta u\}dV + \iint_{S_\sigma} \{q\}^T\{\delta u\}dS = \iiint_V \{\sigma\}^T\{\delta\varepsilon\}dV \tag{7-14}$$

变形体虚功原理的必要性和充分性的证明，读者可以查阅有限单元法有关书籍。

7.2.2　变形体最小势能原理

对于虚功方程(式 7-13)，如果以位移为自变函数，则由几何方程得$\{\varepsilon\}=[d]^T\{u\}$，由本构方程得$\{\sigma\}=[D]\{\varepsilon\}$，最终应力可以表示为位移的函数，$\{\sigma\}=\{\sigma(u)\}$。另外虚应变和虚位移也要满足几何方程，即$\{\delta\varepsilon\}=[d]^T\{\delta u\}$，则虚功方程(式 7-13)可以改写为：

$$\iint_A \{p\}^T\{\delta u\}dxdy + \int_{S_\sigma} \{q\}^T\{\delta u\}ds = \iint_A \{\sigma\}^T[d]^T\{\delta u\}dxdy$$

对于线弹性体，$\{\sigma(u)\}=[D][d]^T\{u\}$，因此：

$$\iint_A \{p\}^T\{\delta u\}dxdy + \int_{S_\sigma} \{q\}^T\{\delta u\}ds = \iint_A ([D][d]^T\{u\})^T[d]^T\{\delta u\}dxdy$$

由于外力和虚位移无关，可以将虚位移看成是位移的变分，上述方程改写为：

$$\delta\left(\frac{1}{2}\iint_A \{\sigma\}^T\{\varepsilon\}\mathrm{d}x\mathrm{d}y\right) - \delta\left(\iint_A \{p\}^T\{u\}\mathrm{d}x\mathrm{d}y + \int_{S_\sigma} \{q\}^T\{u\}\mathrm{d}s\right) = 0 \qquad (7\text{-}15)$$

上式第一项为应变能 U 的变分，第二项为从位移状态 u 退回到无位移的初始状态时所做的功，定义为外力势能，即：

$$W = -\left(\iint_A \{p\}^T\{u\}\mathrm{d}x\mathrm{d}y + \int_{S_\sigma} \{q\}^T\{u\}\mathrm{d}s\right) \qquad (7\text{-}16)$$

应变能 U 和外力势能 W 的和称为总势能，即：

$$\Pi = U + W = \frac{1}{2}\iint_A \{\sigma\}^T\{\varepsilon\}\mathrm{d}x\mathrm{d}y - \left(\iint_A \{p\}^T\{u\}\mathrm{d}x\mathrm{d}y + \int_{S_\sigma} \{q\}^T\{u\}\mathrm{d}s\right) \qquad (7\text{-}17)$$

式(7-15)可以表示为：

$$\delta\Pi = \delta(U + W) = 0 \qquad (7\text{-}18)$$

式(7-18)表明位移状态 $\{u\}$ 为真实位移状态的充分、必要条件是对应位移 u 的总势能的一阶变分为零，即对应位移 $\{u\}$ 的总势能取驻值。进一步可以证明，对于线弹性问题，总势能为最小值，这就是最小势能原理。

第8章 杆系结构有限单元法

在现代工程结构中,由金属构件组成的钢结构占了相当大比例,如钢结构的桥梁、高层建筑、体育馆、高压输电塔等,如图 8-1～图 8-4 所示。这些金属构件都是杆件,由杆件系统构成的结构称为杆系结构。由于杆系结构往往超静定次数高,受力情况复杂,进行精确分析将十分困难甚至不可能,但利用有限单元法求解杆系结构将是一件相对容易的事。

结构力学中的矩阵位移法可以看作杆系结构的有限单元法,或者初级的有限单元法。本章将从平面杆系结构开始,推导出单元刚度矩阵,再推广到空间杆系结构。由于单元刚度方程是在单元的局部坐标系下推导出的,因此在组装整体刚度方程时,必须进行坐标变换,把单元刚度方程表达为在整体坐标下的形式。

图 8-1 南京长江大桥

图 8-2 上海陆家嘴高层建筑群

图 8-3 北京鸟巢国家体育馆

图 8-4 高压输电塔

8.1 杆系结构的离散化及单元类型

由于杆系结构是由真实杆件联结而成的，故离散化比较简单，一般将整个杆件或杆件的一段作为一个单元，杆件与杆件连接的交点称为结点。杆系结构离散化的原则为：1)凡是杆系的交叉点、边界点、集中力作用点、支撑点及杆件截面突变处都应列为结点；2)结点之间的杆件都应作为单元；3)变截面杆件可以分段处理成多个单元，取各段中点处截面作为各段单元的截面，各单元仍按等截面单元处理；4)有限单元法计算时，荷载作用在结点上。当结构有非结点荷载作用时，应该按照静力等效原则，将其变换为作用在结点上的等效荷载。

8.1.1 杆单元及桁架结构的离散化

图 8-5 是一典型的平面桁架结构，对结点编号，把每两个结点之间的每个杆件作为杆单元并编号，完成结构的离散化，如图 8-6 所示。

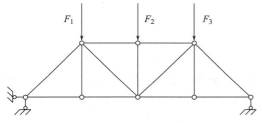

图 8-5 受载的平面桁架

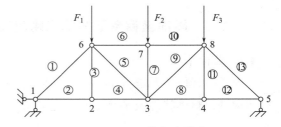

图 8-6 平面桁架离散化

8.1.2 梁单元及刚架结构的离散化

图 8-7 是一典型的平面刚架结构，对结点编号，其中左侧立柱的集中力作用点(中点)也作为一个结点。对杆单元编号，完成结构的离散化，如图 8-8 所示；也可以把刚架左侧立柱作为一个杆单元，作用在立柱中点的集中力按照静力等效的原则，转换为作用在杆件两端结点的集中力和力偶，如图 8-9 所示。

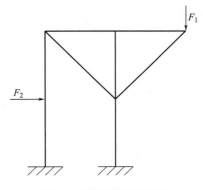

图 8-7 受载的平面刚架

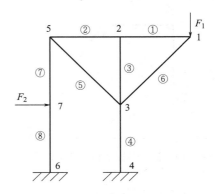

图 8-8 平面刚架常规离散化

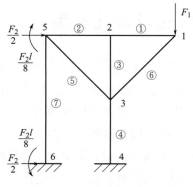

图 8-9 平面刚架离散化

8.2 单元刚度矩阵

8.2.1 局部坐标系下的单元刚度矩阵

1. 坐标系

为了对杆件单元进行单元特性分析,需要对每个杆件单元设置局部坐标系;另外为了对结构进行整体特性及平衡分析,还需要设置整体坐标系。两种坐标系的设置如图 8-10 所示。

2. 向量表示

在有限单元法中,力学量均表示为向量,规则是:当线位移与相应结点力与坐标正向一致时为正,否则为负;角位移和相应结点力矩按照右手螺旋法则定义为矢量后,与坐标正向一致时为正,否则为负;梁单元的结点力和结点位移如图 8-11 所示。

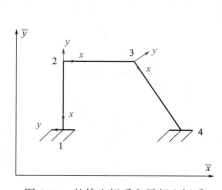

图 8-10 整体坐标系和局部坐标系

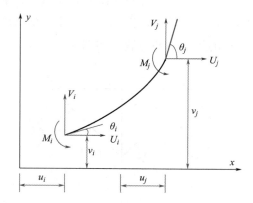

图 8-11 平面梁单元的结点力和位移

梁单元结点 i、j 的结点位移向量分别为 $\{\delta_i\} = \begin{bmatrix} u_i & v_i & \theta_i \end{bmatrix}^T$,$\{\delta_j\} = \begin{bmatrix} u_j & v_j & \theta_j \end{bmatrix}^T$。

第 e 个单元的结点位移向量为 $\{\delta\}^e = \begin{bmatrix} u_i & v_i & \theta_i & u_j & v_j & \theta_j \end{bmatrix}^T$。

结点 i、j 的结点力向量分别为 $\{F_i\} = \begin{bmatrix} U_i & V_i & M_i \end{bmatrix}^T$，$\{F_j\} = \begin{bmatrix} U_j & V_j & M_j \end{bmatrix}^T$。第 e 个单元的结点力向量为 $\{F\}^e = \begin{bmatrix} U_i & V_i & M_i & U_j & V_j & M_j \end{bmatrix}^T$。

3. 位移函数

有限单元法中位移模式或位移函数需要如实反映真实结构的位移分布规律，因此位移函数的构成具有非常重要的意义。它直接影响计算结果的真实性、精度和收敛性。为了保证计算结果的收敛性，选取的位移函数一般要满足下列条件：

1) 位移函数必须包含单元的刚体位移，即当结点位移是由某个刚体位移所引起时，单元内不会有应变。这样位移函数不但要具有描述单元本身应变的能力，而且要具有描述由于其他单元形变而通过结点位移引起的刚体位移的能力。

2) 位移函数必须能包含单元的常应变。一般单元的应变包含两个部分：一部分与单元内各点的位置坐标有关，即变应变；另一部分与单元内各点的位置坐标无关，即常应变。从有限单元法的理论看，当单元尺寸无限缩小时，单元应变应趋于常量。除非位移模式中包含这些常应变，否则无法收敛于正确解。

3) 位移函数在单元内必须连续，并使相邻单元的位移必须协调，即单元间既不开裂也不重叠。

在有限单元法中，满足条件 1)和 2)的单元称为完备单元，满足条件 3)的单元称为协调单元。现在使用的大部分单元是完备协调单元，也有少部分单元（如一些板壳单元）只是完备单元，放松条件 3)，其收敛性也是令人满意的。

一般位移函数可以采用多项式函数，以满足上述位移函数的三个条件，由单元结点位移确定多项式函数的参数。

在局部坐标系中，当 $x=0$ 时，$u=u_i$，$v=v_i$，$\dfrac{\partial v}{\partial x}=\theta_i$；当 $x=l$ 时，$u=u_j$，$v=v_j$，$\dfrac{\partial v}{\partial x}=\theta_j$，其中 l 是杆件长度。梁单元内任一点位移可表示为：

$$\begin{Bmatrix} u \\ v \end{Bmatrix} = \begin{bmatrix} N_{iu} & 0 & 0 & N_{ju} & 0 & 0 \\ 0 & N_{iv} & N_{i\theta} & 0 & N_{jv} & N_{j\theta} \end{bmatrix} \{u_i \quad v_i \quad \theta_i \quad u_j \quad v_j \quad \theta_j\}^T \qquad (8\text{-}1)$$

或者：
$$\{f\} = [N]\{\delta\}^e \qquad (8\text{-}2)$$

其中位移向量 $\{f\} = \{u \quad v\}^T$，形函数矩阵 $[N] = \begin{bmatrix} N_{iu} & 0 & 0 & N_{ju} & 0 & 0 \\ 0 & N_{iv} & N_{i\theta} & 0 & N_{jv} & N_{j\theta} \end{bmatrix}$

$$\begin{cases} N_{iu} = 1 - \dfrac{x}{l}, & N_{i\theta} = x - \dfrac{2}{l}x^2 + \dfrac{1}{l^2}x^3 \\ N_{ju} = \dfrac{x}{l}, & N_{jv} = \dfrac{3}{l^2}x^2 - \dfrac{2}{l^3}x^3 \\ N_{iv} = 1 - \dfrac{3}{l^2}x^2 + \dfrac{2}{l^3}x^3, & N_{j\theta} = -\dfrac{1}{l}x^2 + \dfrac{1}{l^2}x^3 \end{cases} \qquad (8\text{-}3)$$

形函数矩阵中各元素称为形函数，它们沿杆件长度的分布如图 8-12 所示。

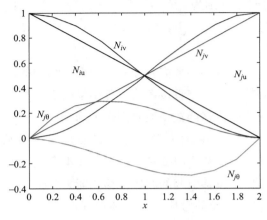

图 8-12 梁单元形函数分布

4. 单元应力应变

在弹性范围内，不考虑剪力的影响，平面刚架单元内任一点的轴向线应变等于轴向拉伸（压缩）应变和弯曲应变之和，$\varepsilon_x = \varepsilon_x^l + \varepsilon_x^b = \dfrac{\partial u}{\partial x} - y\dfrac{\partial^2 v}{\partial x^2}$，其中 y 为梁单元任意截面上任意点到中心轴（x 轴）的距离。将式(8-1)代入，得到单元应变：

$$\varepsilon_x = [B]\{\delta\}^e \tag{8-4}$$

其中，$[B] = \left[-\dfrac{1}{l} \quad -y\left(\dfrac{-6}{l^2} + \dfrac{12x}{l^3}\right) \quad -y\left(\dfrac{-4}{l} + \dfrac{6x}{l^2}\right) \quad \dfrac{1}{l} \quad -y\left(\dfrac{6}{l^2} - \dfrac{12x}{l^3}\right) \quad -y\left(\dfrac{-2}{l} + \dfrac{6x}{l^2}\right) \right]$，

称为梁单元应变矩阵，单元应力为：

$$\sigma_x = E\varepsilon_x = E[B]\{\delta\}^e \tag{8-5}$$

5. 平面刚架单元的刚度矩阵

设梁单元的 i、j 两个结点发生虚位移：

$$\{\delta^*\}^e = \begin{bmatrix} u_i^* & v_i^* & \theta_i^* & u_j^* & v_j^* & \theta_j^* \end{bmatrix}^T$$

则单元内相应的虚应变为：

$$\varepsilon_x^* = [B]\{\delta^*\}^e$$

由虚功原理，在外力作用下处于平衡状态的弹性体，当发生约束所允许的任意微小虚位移时，外力在虚位移上所做的功（外力虚功），等于弹性体内的应力在虚应变上所做的功（内力虚功），有：

$$(\{\delta^*\}^e)^T\{F\}^e = \iiint_V \{\varepsilon_x^*\}^T\{\sigma_x\}\mathrm{d}x\mathrm{d}y\mathrm{d}z = (\{\delta^*\}^e)^T \iiint_V [B]^T E[B]\mathrm{d}x\mathrm{d}y\mathrm{d}z\{\delta\}^e$$

由于结点虚位移 $\{\delta^*\}^e$ 的任意性，所以：

$$\{F\}^e = [K]^e\{\delta\}^e \tag{8-6}$$

其中：

$$[K]^e = \iiint_V [B]^T E [B] \mathrm{d}x\mathrm{d}y\mathrm{d}z \tag{8-7}$$

式(8-6)称为局部坐标下的平面刚架单元刚度方程，式(8-7)称为单元刚度矩阵。由截面的几何性质，截面积 $A = \iint_A \mathrm{d}y\mathrm{d}z$，截面对形心轴 z 的静矩 $S = \iint_A y\mathrm{d}y\mathrm{d}z = 0$，截面对主惯性轴 z 的惯性矩 $I = \iint_A y^2 \mathrm{d}y\mathrm{d}z$，得到用子块表示的单元刚度矩阵：

$$[K]^e = \begin{bmatrix} k_{ii}^e & k_{ij}^e \\ k_{ji}^e & k_{jj}^e \end{bmatrix} = \begin{bmatrix} \dfrac{EA}{l} & 0 & 0 & -\dfrac{EA}{l} & 0 & 0 \\ 0 & \dfrac{12EI}{l^3} & \dfrac{6EI}{l^2} & 0 & -\dfrac{12EI}{l^3} & \dfrac{6EI}{l^2} \\ 0 & \dfrac{6EI}{l^2} & \dfrac{4EI}{l} & 0 & -\dfrac{6EI}{l^2} & \dfrac{2EI}{l} \\ -\dfrac{EA}{l} & 0 & 0 & \dfrac{EA}{l} & 0 & 0 \\ 0 & -\dfrac{12EI}{l^3} & -\dfrac{6EI}{l^2} & 0 & \dfrac{12EI}{l^3} & -\dfrac{6EI}{l^2} \\ 0 & \dfrac{6EI}{l^2} & \dfrac{2EI}{l} & 0 & -\dfrac{6EI}{l^2} & \dfrac{4EI}{l} \end{bmatrix} \tag{8-8}$$

6. 空间刚架（梁）单元的刚度矩阵

空间刚架单元的每个结点有 6 个位移分量，如图 8-13 所示，其单元结点位移向量为：
$$\{\delta\}^e = \begin{bmatrix} \delta_i^T & \delta_j^T \end{bmatrix}^T = \begin{bmatrix} u_i & v_i & w_i & \theta_{ix} & \theta_{iy} & \theta_{iz} & u_j & v_j & w_j & \theta_{jx} & \theta_{jy} & \theta_{jz} \end{bmatrix}^T$$

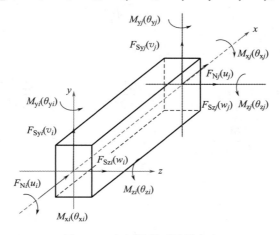

图 8-13 空间梁单元及结点力

按照和平面梁单元一样的推导过程，可得到空间梁单元的刚度矩阵为：

$$[K]^e = \begin{bmatrix} k_{ii}^e & k_{ij}^e \\ k_{ji}^e & k_{jj}^e \end{bmatrix} \tag{8-9}$$

其中，各子矩阵分别为：

$$[k_{ii}^e] = \begin{bmatrix} \dfrac{EA}{l} & 0 & 0 & 0 & 0 & 0 \\ 0 & \dfrac{12EI_z}{l^3(1+\Phi_y)} & 0 & 0 & 0 & \dfrac{6EI_z}{l^2(1+\Phi_y)} \\ 0 & 0 & \dfrac{12EI_y}{l^3(1+\Phi_z)} & 0 & \dfrac{-6EI_y}{l^2(1+\Phi_z)} & 0 \\ 0 & 0 & 0 & \dfrac{GI_P}{l} & 0 & 0 \\ 0 & 0 & \dfrac{-6EI_y}{l^2(1+\Phi_z)} & 0 & \dfrac{(4+\Phi_z)EI_y}{l(1+\Phi_z)} & 0 \\ 0 & \dfrac{6EI_z}{l^2(1+\Phi_y)} & 0 & 0 & 0 & \dfrac{(4+\Phi_y)EI_z}{l(1+\Phi_y)} \end{bmatrix}$$

$$\tag{8-10a}$$

$$[k_{ji}^e] = [k_{ij}^e]^T = \begin{bmatrix} -\dfrac{EA}{l} & 0 & 0 & 0 & 0 & 0 \\ 0 & -\dfrac{12EI_z}{l^3(1+\Phi_y)} & 0 & 0 & \dfrac{-6EI_y}{l^2(1+\Phi_z)} & 0 \\ 0 & 0 & -\dfrac{12EI_y}{l^3(1+\Phi_z)} & 0 & \dfrac{6EI_y}{l^2(1+\Phi_z)} & 0 \\ 0 & 0 & 0 & -\dfrac{GI_P}{l} & 0 & 0 \\ 0 & 0 & \dfrac{-6EI_y}{l^2(1+\Phi_z)} & 0 & \dfrac{(2-\Phi_{iz})EI_y}{l(1+\Phi_z)} & 0 \\ 0 & \dfrac{6EI_z}{l^2(1+\Phi_y)} & 0 & 0 & 0 & \dfrac{(2-\Phi_y)EI_z}{l(1+\Phi_y)} \end{bmatrix}$$

$$\tag{8-10b}$$

8.2 单元刚度矩阵

$$[k_{jj}^e] = \begin{bmatrix} \dfrac{EA}{l} & 0 & 0 & 0 & 0 & 0 \\ 0 & \dfrac{12EI_z}{l^3(1+\Phi_y)} & 0 & 0 & 0 & \dfrac{-6EI_z}{l^2(1+\Phi_y)} \\ 0 & 0 & \dfrac{12EI_y}{l^3(1+\Phi_z)} & 0 & \dfrac{6EI_y}{l^2(1+\Phi_z)} & 0 \\ 0 & 0 & 0 & \dfrac{GI_P}{l} & 0 & 0 \\ 0 & 0 & \dfrac{6EI_y}{l^2(1+\Phi_z)} & 0 & \dfrac{(4+\Phi_z)EI_y}{l(1+\Phi_z)} & 0 \\ 0 & \dfrac{-6EI_z}{l^2(1+\Phi_y)} & 0 & 0 & 0 & \dfrac{(4+\Phi_y)EI_z}{l(1+\Phi_y)} \end{bmatrix} \quad \text{(8-10c)}$$

式中 I_y、I_z——截面对主惯性轴 y 和 z 的惯性矩；

Φ_y、Φ_z——对 y 和 z 轴方向的剪切影响系数，$\Phi_y = \dfrac{12EI_z}{GA_y l^2}$，$\Phi_z = \dfrac{12EI_y}{GA_z l^2}$。

A_y、A_z——杆截面沿 y 和 z 轴方向的有效抗剪面积。

7. 桁架杆单元刚度矩阵

桁架结构可以看成是刚架结构在刚结点处放松角位移约束而成的。平面桁架杆单元结点只有两个线位移 $[u_i \ v_i]^T$，对应单元刚度矩阵为

$$[K]^e = \begin{bmatrix} k_{ii}^e & k_{ij}^e \\ k_{ji}^e & k_{jj}^e \end{bmatrix} = \begin{bmatrix} \dfrac{EA}{l} & -\dfrac{EA}{l} \\ -\dfrac{EA}{l} & \dfrac{EA}{l} \end{bmatrix} \quad \text{(8-11)}$$

空间桁架结构杆单元结点有 3 个位移分量，单元位移向量为 $\{\delta\}^e = [\delta_i^T \ \delta_j^T]^T = [u_i \ v_i \ w_i \ u_j \ v_j \ w_j]^T$，对应的单元刚度矩阵为：

$$[K]^e = \begin{bmatrix} k_{ii}^e & k_{ij}^e \\ k_{ji}^e & k_{jj}^e \end{bmatrix} = \begin{bmatrix} \dfrac{EA}{l} & 0 & 0 & -\dfrac{EA}{l} & 0 & 0 \\ 0 & 0 & 0 & 0 & 0 & 0 \\ 0 & 0 & 0 & 0 & 0 & 0 \\ -\dfrac{EA}{l} & 0 & 0 & \dfrac{EA}{l} & 0 & 0 \\ 0 & 0 & 0 & 0 & 0 & 0 \\ 0 & 0 & 0 & 0 & 0 & 0 \end{bmatrix} \quad \text{(8-12)}$$

单元刚度矩阵的物理意义是，单元刚度矩阵中任一列的元素分别等于该单元的某个结点沿坐标方向发生单位位移时，在各结点上引起的结点力。因此它仅与单元的几何特征和材料性质有关。单元刚度矩阵具有以下重要性质：

1) 单元刚度矩阵是一个对称矩阵。

根据反力互等定理可以得出，单元刚度矩阵对角线两侧对称位置的元素相等。

2) 单元刚度矩阵的主元素总是正数。

3) 单元刚度矩阵是一个奇异矩阵。

这是由于单元刚度方程存在刚体位移,排除刚体位移后,它将缩减为正定矩阵。

4) 单元刚度矩阵可以表示为分块矩阵,且具有明确的物理意义。

8.2.2 坐标变换

以平面梁单元为例,如图 8-14 所示,在整体坐标系中单元结点力向量为 $\{\bar{\delta}\}^e = \left\{\begin{array}{c}\bar{\delta}_i^e \\ \bar{\delta}_j^e\end{array}\right\} = [\bar{u}_i \quad \bar{v}_i \quad \bar{\theta}_i \quad \bar{u}_j \quad \bar{v}_j \quad \bar{\theta}_j]^T$,单元结点位移向量为

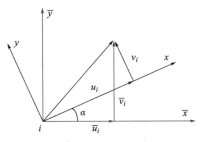

图 8-14 局部坐标系和整体坐标系下的向量变换

$\{\bar{F}\}^e = \left\{\begin{array}{c}\bar{F}_i^e \\ \bar{F}_j^e\end{array}\right\} = [\bar{U}_i \quad \bar{V}_i \quad \bar{M}_i \quad \bar{U}_j \quad \bar{V}_j \quad \bar{M}_j]^T$,结点坐标在整体坐标系和局部坐标系中的关系为:

$$\begin{cases}\bar{u}_i = u_i\cos\alpha - v_i\sin\alpha \\ \bar{v}_i = u_i\sin\alpha + v_i\cos\alpha \\ \bar{\theta}_i = \theta_i\end{cases} \quad (8\text{-}13a)$$

或者:

$$\begin{Bmatrix}\bar{u}_i \\ \bar{v}_i \\ \bar{\theta}_i\end{Bmatrix} = \begin{bmatrix}\cos\alpha & -\sin\alpha & 0 \\ \sin\alpha & \cos\alpha & 0 \\ 0 & 0 & 1\end{bmatrix}\begin{Bmatrix}u_i \\ v_i \\ \theta_i\end{Bmatrix} \quad (8\text{-}13b)$$

对于平面梁单元,有:

$$\begin{Bmatrix}\bar{u}_i \\ \bar{v}_i \\ \bar{\theta}_i \\ \bar{u}_j \\ \bar{v}_j \\ \bar{\theta}_j\end{Bmatrix} = \begin{bmatrix}\cos\alpha & -\sin\alpha & 0 & 0 & 0 & 0 \\ \sin\alpha & \cos\alpha & 0 & 0 & 0 & 0 \\ 0 & 0 & 1 & 0 & 0 & 0 \\ 0 & 0 & 0 & \cos\alpha & -\sin\alpha & 0 \\ 0 & 0 & 0 & \sin\alpha & \cos\alpha & 0 \\ 0 & 0 & 0 & 0 & 0 & 1\end{bmatrix}\begin{Bmatrix}u_i \\ v_i \\ \theta_i \\ u_j \\ v_j \\ \theta_j\end{Bmatrix} \quad (8\text{-}14a)$$

或者简写为:

$$\{\bar{\delta}\}^e = [T]\{\delta\}^e \quad (8\text{-}14b)$$

同理,单元结点力向量也有同样的关系:

8.3 整体刚度矩阵

$$\{\overline{F}\}^e = [T]\{F\}^e \tag{8-15}$$

其中：

$$[T] = \begin{bmatrix} \cos\alpha & -\sin\alpha & 0 & 0 & 0 & 0 \\ \sin\alpha & \cos\alpha & 0 & 0 & 0 & 0 \\ 0 & 0 & 1 & 0 & 0 & 0 \\ 0 & 0 & 0 & \cos\alpha & -\sin\alpha & 0 \\ 0 & 0 & 0 & \sin\alpha & \cos\alpha & 0 \\ 0 & 0 & 0 & 0 & 0 & 1 \end{bmatrix} \tag{8-16}$$

称为平面刚架梁单元的坐标转换矩阵。

平面桁架单元的坐标转换矩阵为：

$$[T] = \begin{bmatrix} \cos\alpha & -\sin\alpha & 0 & 0 \\ \sin\alpha & \cos\alpha & 0 & 0 \\ 0 & 0 & \cos\alpha & -\sin\alpha \\ 0 & 0 & \sin\alpha & \cos\alpha \end{bmatrix} \tag{8-17}$$

坐标转换矩阵的特性：

1) $|T| = 1$。
2) $[T]^{-1} = [T]^{\mathrm{T}}$。

8.2.3 总体坐标系下的单元刚度矩阵

将式(8-6)代入式(8-15)，得到：

$$\{\overline{F}\}^e = [T][K]^e\{\delta\}^e = [T][K]^e[T]^{-1}\{\overline{\delta}\}^e = [T][K]^e[T]^{\mathrm{T}}\{\overline{\delta}\}^e$$

或者：

$$\{\overline{F}\}^e = [\overline{K}]^e\{\overline{\delta}\}^e \tag{8-18}$$

其中：

$$[\overline{K}]^e = [T][K]^e[T]^{\mathrm{T}} \tag{8-19}$$

$[\overline{K}]^e$ 称为整体坐标下的单元刚度矩阵。与局部坐标下的单元刚度矩阵 $[K]^e$ 一样，$[\overline{K}]^e$ 也是对称/奇异矩阵。

8.3 整体刚度矩阵

8.3.1 原始整体刚度方程

以图 8-15 所示平面刚架为例，此平面刚架离散为 3 单元和 4 个结点，得到每一个单元在整体坐标下的单元刚度方程和单元刚度矩阵。把这些方程集合起来，则得到表征整个刚架结构平衡的表达式。具体步骤如下：

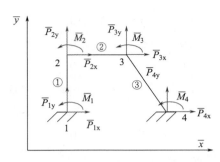

图 8-15 平面刚架结点荷载

第 1 个单元在整体坐标下的单元刚度方程为 $\left\{\begin{matrix}\overline{F}_1^1\\\overline{F}_2^1\end{matrix}\right\}=\begin{bmatrix}\overline{K}_{11}^1 & \overline{K}_{12}^1\\\overline{K}_{21}^1 & \overline{K}_{22}^1\end{bmatrix}\left\{\begin{matrix}\overline{\delta}_1\\\overline{\delta}_2\end{matrix}\right\}$。

第 2 个单元在整体坐标下的单元刚度方程为 $\left\{\begin{matrix}\overline{F}_2^2\\\overline{F}_3^2\end{matrix}\right\}=\begin{bmatrix}\overline{K}_{22}^2 & \overline{K}_{23}^2\\\overline{K}_{32}^2 & \overline{K}_{33}^2\end{bmatrix}\left\{\begin{matrix}\overline{\delta}_2\\\overline{\delta}_3\end{matrix}\right\}$。

第 3 个单元在整体坐标下的单元刚度方程为 $\left\{\begin{matrix}\overline{F}_3^3\\\overline{F}_4^3\end{matrix}\right\}=\begin{bmatrix}\overline{K}_{33}^3 & \overline{K}_{34}^3\\\overline{K}_{43}^3 & \overline{K}_{44}^4\end{bmatrix}\left\{\begin{matrix}\overline{\delta}_3\\\overline{\delta}_4\end{matrix}\right\}$。

上述单元刚度矩阵由 2×2 的子矩阵组成，每个子矩阵是 3×3 的方阵。$\overline{K}_{ij}^e$ 表示第 e 个单元的 j 端单位位移产生的 i 端杆端力（在整体坐标下）。

结构结点位移向量为 $\{\overline{\delta}\}=[\overline{\delta}_1^T\ \overline{\delta}_2^T\ \overline{\delta}_3^T\ \overline{\delta}_4^T]^T=[\overline{u}_1\ \overline{v}_1\ \overline{\theta}_1\ \overline{u}_2\ \overline{v}_2\ \overline{\theta}_2\ \overline{u}_3\ \overline{v}_3\ \overline{\theta}_3\ \overline{u}_4\ \overline{v}_4\ \overline{\theta}_4]^T$。

结构结点荷载向量为 $\{\overline{P}\}=[\overline{P}_1^T\ \overline{P}_2^T\ \overline{P}_3^T\ \overline{P}_4^T]^T=[\overline{P}_{1x}\ \overline{P}_{1y}\ \overline{M}_1\ \overline{P}_{2x}\ \overline{P}_{2y}\ \overline{M}_2\ \overline{P}_{3x}\ \overline{P}_{3y}\ \overline{M}_3\ \overline{P}_{4x}\ \overline{P}_{4y}\ \overline{M}_4]^T$。

对于刚架结构，整体平衡，局部也平衡。因此所有单元和结点都必须平衡。以图 8-16 所示平面刚架结构的结点 3 为例，结点 3 在结点荷载 $\{\overline{P}_3\}$ 和单元 2、3 在结点 3 的杆端力 $\{\overline{F}_3^2\}$ 和 $\{\overline{F}_3^3\}$ 的共同作用下处于平衡状态，即 $\{\overline{P}_3\}=\{\overline{F}_3^2\}+\{\overline{F}_3^3\}$。同理对于结点 1，有 $\{\overline{P}_1\}=\{\overline{F}_1^1\}$；对于结点 2，$\{\overline{P}_2\}=\{\overline{F}_2^1\}+\{\overline{F}_2^2\}$；对于结点 4，有 $\{\overline{P}_4\}=\{\overline{F}_4^3\}$。很明显某个结点的结点荷载等于围绕这个结点的各个杆件单元在此结点的杆端力的总和。将各单元的单元刚度方程分别代入各结点的平衡条件，得到：

$$\begin{bmatrix}\overline{K}_{11}^1 & \overline{K}_{12}^1 & 0 & 0\\\overline{K}_{21}^1 & \overline{K}_{22}^1+\overline{K}_{22}^2 & \overline{K}_{23}^2 & 0\\0 & \overline{K}_{32}^2 & \overline{K}_{33}^2+\overline{K}_{33}^3 & \overline{K}_{34}^3\\0 & 0 & \overline{K}_{43}^3 & \overline{K}_{44}^3\end{bmatrix}\left\{\begin{matrix}\overline{\delta}_1\\\overline{\delta}_2\\\overline{\delta}_3\\\overline{\delta}_4\end{matrix}\right\}=\left\{\begin{matrix}\overline{P}_1\\\overline{P}_2\\\overline{P}_3\\\overline{P}_4\end{matrix}\right\}$$

8.3 整体刚度矩阵

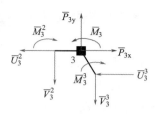

图 8-16 结点荷载和结点力

简写为：

$$[\overline{K}]\{\overline{\delta}\} = \{\overline{P}\}$$

称为结构原始平衡方程。

$$[\overline{K}] = \begin{array}{c} \text{结点编号} \\ 1 \\ 2 \\ 3 \\ 4 \end{array} \begin{array}{cccc} 1 & 2 & 3 & 4 \\ \left[\begin{array}{cccc} \overline{K}_{11}^1 & \overline{K}_{12}^1 & 0 & 0 \\ \overline{K}_{21}^1 & \overline{K}_{22}^1 + \overline{K}_{22}^2 & \overline{K}_{23}^2 & 0 \\ 0 & \overline{K}_{32}^2 & \overline{K}_{33}^2 + \overline{K}_{33}^3 & \overline{K}_{34}^3 \\ 0 & 0 & \overline{K}_{43}^3 & \overline{K}_{44}^3 \end{array}\right] \end{array}$$

称为结构原始整体刚度矩阵。结构原始整体刚度矩阵是按照结点编号的顺序，形成行和列，把各个单元的刚度矩阵的子矩阵，遵照"对号入座"的原则，放入对应的行列位置。

整体刚度矩阵的性质：

整体刚度矩阵 $[\overline{K}]$ 主对角线上的子块 $\overline{K}_{ii}$ 称为主子块，其余子块 $\overline{K}_{ij}(i \neq j)$ 称为副子块。

1) 整体刚度矩阵 $[\overline{K}]$ 中的主子块 $\overline{K}_{ii}$ 由汇集在 i 结点的各相关单元的主子块叠加而成，即 $\overline{K}_{ii} = \sum_e \overline{K}_{ii}^e$。

2) 当结点 i、j 是第 e 个单元的两个结点时，$[\overline{K}]$ 中的副子块由此单元 e 的副子块构成，即 $\overline{K}_{ij} = \overline{K}_{ij}^e$。

3) 当结点 i、j 不是任一单元的两个结点时，此副子块为零子块，即 $\overline{K}_{ij} = 0$。

4) 整体刚度矩阵 $[\overline{K}]$ 仅与构成结构的单元的几何特性、材料特性有关。

5) 整体刚度矩阵 $[\overline{K}]$ 为对称方阵，即 $\overline{K}_{ij} = \overline{K}_{ji}$。

6) 整体刚度矩阵 $[\overline{K}]$ 为奇异矩阵，这是因为还没有施加边界条件，结构存在刚体位移。

7) 整体刚度矩阵 $[\overline{K}]$ 为稀疏矩阵，由于副子块中零子块的存在，$[\overline{K}]$ 中的非零元素分布在以主对角线为中心线的带状区域内，称为带状分布规律，如图 8-17 所示。这个带状分布区域的宽度与结点编号有关，一般来说，结构越复杂，结点越多，整体刚度矩阵稀疏程度越严重。

整体刚度矩阵中某行从左至右最后一个非零元素到主对角线的距离，即对角元素至右侧最后一个非零元素之间的元素个数，称为此行半带宽。一般来说，每行的半带宽是变化的。计算机利用带状分布规律进行存储，可以有效节省存储空间，提高运行效率，对于大型复杂结构尤其明显。

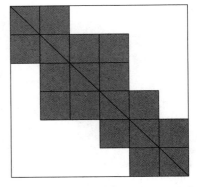

图 8-17 刚度矩阵非零元素带状分布

8.3.2 修正整体刚度方程

1. 约束条件的引入

建立结构整体刚度方程 $[\overline{K}]\{\overline{\delta}\}=\{\overline{P}\}$ 时，并未考虑约束（支承、边界）条件，这样原始结构是一个可自由运动、存在刚体位移的体系。因此整体刚度矩阵 $[\overline{K}]$ 为奇异矩阵，无法求解。要顺利对结构进行分析，必须引入约束条件。常用的约束处理方法有两种：1) 填 0 置 1 方法；2) 置大数法。以图 8-15 所示结构为例，分别介绍。

1) 填 0 置 1 方法

1、4 结点是固定端，有 $\{\delta_1\}=\{\delta_4\}=0$，相应结点力 $\{P_1\}$、$\{P_4\}$ 为待求未知量。结构整体刚度方程 $[\overline{K}]\{\overline{\delta}\}=\{\overline{P}\}$ 按照结构结点位移向量展开为：

$$\begin{bmatrix} \overline{k}_{11} & \overline{k}_{12} & \overline{k}_{13} & \overline{k}_{14} & \overline{k}_{15} & \overline{k}_{16} & 0 & 0 & 0 & 0 & 0 & 0 \\ \overline{k}_{21} & \overline{k}_{22} & \overline{k}_{23} & \overline{k}_{24} & \overline{k}_{25} & \overline{k}_{26} & 0 & 0 & 0 & 0 & 0 & 0 \\ \overline{k}_{31} & \overline{k}_{32} & \overline{k}_{33} & \overline{k}_{34} & \overline{k}_{35} & \overline{k}_{36} & 0 & 0 & 0 & 0 & 0 & 0 \\ \overline{k}_{41} & \overline{k}_{42} & \overline{k}_{43} & \overline{k}_{44} & \overline{k}_{45} & \overline{k}_{46} & \overline{k}_{47} & \overline{k}_{48} & \overline{k}_{49} & 0 & 0 & 0 \\ \overline{k}_{51} & \overline{k}_{52} & \overline{k}_{53} & \overline{k}_{54} & \overline{k}_{55} & \overline{k}_{56} & \overline{k}_{57} & \overline{k}_{58} & \overline{k}_{59} & 0 & 0 & 0 \\ \overline{k}_{61} & \overline{k}_{62} & \overline{k}_{63} & \overline{k}_{64} & \overline{k}_{65} & \overline{k}_{66} & \overline{k}_{67} & \overline{k}_{68} & \overline{k}_{69} & 0 & 0 & 0 \\ 0 & 0 & 0 & \overline{k}_{74} & \overline{k}_{75} & \overline{k}_{76} & \overline{k}_{77} & \overline{k}_{78} & \overline{k}_{79} & \overline{k}_{710} & \overline{k}_{711} & \overline{k}_{712} \\ 0 & 0 & 0 & \overline{k}_{84} & \overline{k}_{85} & \overline{k}_{86} & \overline{k}_{87} & \overline{k}_{88} & \overline{k}_{89} & \overline{k}_{810} & \overline{k}_{811} & \overline{k}_{812} \\ 0 & 0 & 0 & \overline{k}_{94} & \overline{k}_{95} & \overline{k}_{96} & \overline{k}_{97} & \overline{k}_{98} & \overline{k}_{99} & \overline{k}_{910} & \overline{k}_{911} & \overline{k}_{912} \\ 0 & 0 & 0 & 0 & 0 & 0 & \overline{k}_{107} & \overline{k}_{108} & \overline{k}_{109} & \overline{k}_{1010} & \overline{k}_{1011} & \overline{k}_{1012} \\ 0 & 0 & 0 & 0 & 0 & 0 & \overline{k}_{117} & \overline{k}_{118} & \overline{k}_{119} & \overline{k}_{1110} & \overline{k}_{1111} & \overline{k}_{1112} \\ 0 & 0 & 0 & 0 & 0 & 0 & \overline{k}_{127} & \overline{k}_{128} & \overline{k}_{129} & \overline{k}_{1210} & \overline{k}_{1211} & \overline{k}_{1212} \end{bmatrix} \begin{Bmatrix} \overline{u}_1 \\ \overline{v}_1 \\ \overline{\theta}_1 \\ \overline{u}_2 \\ \overline{v}_2 \\ \overline{\theta}_2 \\ \overline{u}_3 \\ \overline{v}_3 \\ \overline{\theta}_3 \\ \overline{u}_4 \\ \overline{v}_4 \\ \overline{\theta}_4 \end{Bmatrix} = \begin{Bmatrix} \overline{P}_{1x} \\ \overline{P}_{1y} \\ \overline{M}_1 \\ \overline{P}_{2x} \\ \overline{P}_{2y} \\ \overline{M}_2 \\ \overline{P}_{3x} \\ \overline{P}_{3y} \\ \overline{M}_3 \\ \overline{P}_{4x} \\ \overline{P}_{4y} \\ \overline{M}_4 \end{Bmatrix}$$

$\overline{u}_1=\overline{v}_1=\overline{\theta}_1=\overline{u}_4=\overline{v}_4=\overline{\theta}_4=0$，将整体刚度矩阵中与之对应的主对角元素全部置换为

1，相应行列的元素全部置换为 0，对应荷载向量的同行元素全部置换为 0，即：

$$\begin{bmatrix} 1 & 0 & 0 & 0 & 0 & 0 & 0 & 0 & 0 & 0 & 0 & 0 \\ 0 & 1 & 0 & 0 & 0 & 0 & 0 & 0 & 0 & 0 & 0 & 0 \\ 0 & 0 & 1 & 0 & 0 & 0 & 0 & 0 & 0 & 0 & 0 & 0 \\ 0 & 0 & 0 & \bar{k}_{44} & \bar{k}_{45} & \bar{k}_{46} & \bar{k}_{47} & \bar{k}_{48} & \bar{k}_{49} & 0 & 0 & 0 \\ 0 & 0 & 0 & \bar{k}_{54} & \bar{k}_{55} & \bar{k}_{56} & \bar{k}_{57} & \bar{k}_{58} & \bar{k}_{59} & 0 & 0 & 0 \\ 0 & 0 & 0 & \bar{k}_{64} & \bar{k}_{65} & \bar{k}_{66} & \bar{k}_{67} & \bar{k}_{68} & \bar{k}_{69} & 0 & 0 & 0 \\ 0 & 0 & 0 & \bar{k}_{74} & \bar{k}_{75} & \bar{k}_{76} & \bar{k}_{77} & \bar{k}_{78} & \bar{k}_{79} & 0 & 0 & 0 \\ 0 & 0 & 0 & \bar{k}_{84} & \bar{k}_{85} & \bar{k}_{86} & \bar{k}_{87} & \bar{k}_{88} & \bar{k}_{89} & 0 & 0 & 0 \\ 0 & 0 & 0 & \bar{k}_{94} & \bar{k}_{95} & \bar{k}_{96} & \bar{k}_{97} & \bar{k}_{98} & \bar{k}_{99} & 0 & 0 & 0 \\ 0 & 0 & 0 & 0 & 0 & 0 & 0 & 0 & 0 & 1 & 0 & 0 \\ 0 & 0 & 0 & 0 & 0 & 0 & 0 & 0 & 0 & 0 & 1 & 0 \\ 0 & 0 & 0 & 0 & 0 & 0 & 0 & 0 & 0 & 0 & 0 & 1 \end{bmatrix} \begin{Bmatrix} \bar{u}_1 \\ \bar{v}_1 \\ \bar{\theta}_1 \\ \bar{u}_2 \\ \bar{v}_2 \\ \bar{\theta}_2 \\ \bar{u}_3 \\ \bar{v}_3 \\ \bar{\theta}_3 \\ \bar{u}_4 \\ \bar{v}_4 \\ \bar{\theta}_4 \end{Bmatrix} = \begin{Bmatrix} 0 \\ 0 \\ 0 \\ \bar{P}_{2x} \\ \bar{P}_{2y} \\ \bar{M}_2 \\ \bar{P}_{3x} \\ \bar{P}_{3y} \\ \bar{M}_3 \\ 0 \\ 0 \\ 0 \end{Bmatrix}$$

可以对上述方程进行简化，去掉刚度矩阵中约束为 0 对应的行列，得到简化的基本结构平衡方程：

$$\begin{bmatrix} \bar{k}_{44} & \bar{k}_{45} & \bar{k}_{46} & \bar{k}_{47} & \bar{k}_{48} & \bar{k}_{49} \\ \bar{k}_{54} & \bar{k}_{55} & \bar{k}_{56} & \bar{k}_{57} & \bar{k}_{58} & \bar{k}_{59} \\ \bar{k}_{64} & \bar{k}_{65} & \bar{k}_{66} & \bar{k}_{67} & \bar{k}_{68} & \bar{k}_{69} \\ \bar{k}_{74} & \bar{k}_{75} & \bar{k}_{76} & \bar{k}_{77} & \bar{k}_{78} & \bar{k}_{79} \\ \bar{k}_{84} & \bar{k}_{85} & \bar{k}_{86} & \bar{k}_{87} & \bar{k}_{88} & \bar{k}_{89} \\ \bar{k}_{94} & \bar{k}_{95} & \bar{k}_{96} & \bar{k}_{97} & \bar{k}_{98} & \bar{k}_{98} \end{bmatrix} \begin{Bmatrix} \bar{u}_2 \\ \bar{v}_2 \\ \bar{\theta}_2 \\ \bar{u}_3 \\ \bar{v}_3 \\ \bar{\theta}_3 \end{Bmatrix} = \begin{Bmatrix} \bar{P}_{2x} \\ \bar{P}_{2y} \\ \bar{M}_2 \\ \bar{P}_{3x} \\ \bar{P}_{3y} \\ \bar{M}_3 \end{Bmatrix}$$

解这个方程，可以得到 $\{\bar{\delta}_2\}$、$\{\bar{\delta}_3\}$，进而求得各单元的杆端力。填 0 置 1 方法的优点是处理结构所受的约束条件后，结构刚度矩阵规模得到缩减，所用计算机存储得到减小；缺点是编程复杂程度增加。

2）置大数法

$\bar{u}_1 = \bar{v}_1 = \bar{\theta}_1 = \bar{u}_4 = \bar{v}_4 = \bar{\theta}_4 = 0$，将整体刚度矩阵与之对应的主对角元素全部乘以一个大数 N（如 $N = 1.0 \times 10^{15}$），相应的荷载向量元素替换为此大数 N 乘以主对角元素再乘以给定的位移，得到：

$$\begin{bmatrix} N\bar{k}_{11} & \bar{k}_{12} & \bar{k}_{13} & \bar{k}_{14} & \bar{k}_{15} & \bar{k}_{16} & 0 & 0 & 0 & 0 & 0 & 0 \\ \bar{k}_{21} & N\bar{k}_{22} & \bar{k}_{23} & \bar{k}_{24} & \bar{k}_{25} & \bar{k}_{26} & 0 & 0 & 0 & 0 & 0 & 0 \\ \bar{k}_{31} & \bar{k}_{32} & N\bar{k}_{33} & \bar{k}_{34} & \bar{k}_{35} & \bar{k}_{36} & 0 & 0 & 0 & 0 & 0 & 0 \\ \bar{k}_{41} & \bar{k}_{42} & \bar{k}_{43} & \bar{k}_{44} & \bar{k}_{45} & \bar{k}_{46} & \bar{k}_{47} & \bar{k}_{48} & \bar{k}_{49} & 0 & 0 & 0 \\ \bar{k}_{51} & \bar{k}_{52} & \bar{k}_{53} & \bar{k}_{54} & \bar{k}_{55} & \bar{k}_{56} & \bar{k}_{57} & \bar{k}_{58} & \bar{k}_{59} & 0 & 0 & 0 \\ \bar{k}_{61} & \bar{k}_{62} & \bar{k}_{63} & \bar{k}_{64} & \bar{k}_{65} & \bar{k}_{66} & \bar{k}_{67} & \bar{k}_{68} & \bar{k}_{69} & 0 & 0 & 0 \\ 0 & 0 & 0 & \bar{k}_{74} & \bar{k}_{75} & \bar{k}_{76} & \bar{k}_{77} & \bar{k}_{78} & \bar{k}_{79} & \bar{k}_{710} & \bar{k}_{711} & \bar{k}_{712} \\ 0 & 0 & 0 & \bar{k}_{84} & \bar{k}_{85} & \bar{k}_{86} & \bar{k}_{87} & \bar{k}_{88} & \bar{k}_{89} & \bar{k}_{810} & \bar{k}_{811} & \bar{k}_{812} \\ 0 & 0 & 0 & \bar{k}_{94} & \bar{k}_{95} & \bar{k}_{96} & \bar{k}_{97} & \bar{k}_{98} & \bar{k}_{99} & \bar{k}_{910} & \bar{k}_{911} & \bar{k}_{912} \\ 0 & 0 & 0 & 0 & 0 & 0 & \bar{k}_{107} & \bar{k}_{108} & \bar{k}_{109} & N\bar{k}_{1010} & \bar{k}_{1011} & \bar{k}_{1012} \\ 0 & 0 & 0 & 0 & 0 & 0 & \bar{k}_{117} & \bar{k}_{118} & \bar{k}_{119} & \bar{k}_{1110} & N\bar{k}_{1111} & \bar{k}_{1112} \\ 0 & 0 & 0 & 0 & 0 & 0 & \bar{k}_{127} & \bar{k}_{128} & \bar{k}_{129} & \bar{k}_{1210} & \bar{k}_{1211} & N\bar{k}_{1212} \end{bmatrix} \begin{Bmatrix} \bar{u}_1 \\ \bar{v}_1 \\ \bar{\theta}_1 \\ \bar{u}_2 \\ \bar{v}_2 \\ \bar{\theta}_2 \\ \bar{u}_3 \\ \bar{v}_3 \\ \bar{\theta}_3 \\ \bar{u}_4 \\ \bar{v}_4 \\ \bar{\theta}_4 \end{Bmatrix} = \begin{Bmatrix} 0 \\ 0 \\ 0 \\ \bar{P}_{2x} \\ \bar{P}_{2y} \\ \bar{M}_2 \\ \bar{P}_{3x} \\ \bar{P}_{3y} \\ \bar{M}_3 \\ 0 \\ 0 \\ 0 \end{Bmatrix}$$

由此方程，明显有 $N\bar{k}_{11}\bar{u}_1+\bar{k}_{12}\bar{v}_1+\bar{k}_{13}\bar{\theta}_1+\cdots=0$，由于 N 足够大，$N\bar{k}_{11}\bar{u}_1 \gg \bar{k}_{12}\bar{v}_1+\bar{k}_{13}\bar{\theta}_1+\cdots$，得到 $N\bar{k}_{11}\bar{u}_1=0$，$\bar{u}_1=0$。同理有 $\bar{v}_1=\bar{\theta}_1=\bar{u}_4=\bar{v}_4=\bar{\theta}_4=0$，解这个方程，可以得到 $\{\bar{\delta}\}$，进而求得各单元的杆端力。

置大数的优点是原来结构刚度矩阵的规模和计算机存储不变，编程的难度较小。

2. 单元分析实例

例 8-1 如图 8-18 所示平面桁架，$l=2\text{m}$，各杆抗拉刚度 $EA=8.4\times10^6\text{kN}$，试求单元①、②、③的整体单元刚度矩阵。

解： 对于单元①，$\alpha=0$；对于单元②，$\alpha=90°$；对于单元③，$\alpha=45°$。

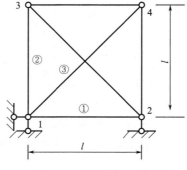

图 8-18 平面桁架示意图

由式(8-11)，单元①的整体(局部)单元刚度矩阵为：

$$\bar{K}^{(1)} = \frac{EA}{l}\begin{bmatrix} 1 & -1 \\ -1 & 1 \end{bmatrix} = 4.2\times10^6 \begin{bmatrix} 1 & -1 \\ -1 & 1 \end{bmatrix} (\text{kN/m})$$

单元②的局部单元刚度矩阵为 $[K]^{(2)} = \dfrac{EA}{l}\begin{bmatrix} 1 & -1 \\ -1 & 1 \end{bmatrix} = 4.2 \times 10^6 \begin{bmatrix} 1 & -1 \\ -1 & 1 \end{bmatrix}$ (kN/m)，坐标转换矩阵为 $[T] = \begin{bmatrix} \cos 90° & -\sin 90° \\ \sin 90° & \cos 90° \end{bmatrix} = \begin{bmatrix} 0 & -1 \\ 1 & 0 \end{bmatrix}$，由式(8-11)、式(8-17)、式(8-19)，整体单元刚度矩阵为：

$$[\overline{K}]^{(2)} = [T][K]^{(2)}[T]^{\mathrm{T}} = \dfrac{EA}{l}\begin{bmatrix} 1 & 1 \\ 1 & 1 \end{bmatrix} = 4.2 \times 10^6 \begin{bmatrix} 1 & 1 \\ 1 & 1 \end{bmatrix} \text{(kN/m)}$$

单元③的局部单元刚度矩阵为 $[K]^{(3)} = \dfrac{EA}{\sqrt{2}l}\begin{bmatrix} 1 & -1 \\ -1 & 1 \end{bmatrix} = 2.97 \times 10^6 \begin{bmatrix} 1 & -1 \\ -1 & 1 \end{bmatrix}$ (kN/m)，坐标转换矩阵为 $[T] = \begin{bmatrix} \cos 45° & -\sin 45° \\ \sin 45° & \cos 45° \end{bmatrix} = \dfrac{\sqrt{2}}{2}\begin{bmatrix} 1 & -1 \\ 1 & 1 \end{bmatrix}$，由式(8-11)、式(8-17)、式(8-19)，整体单元刚度矩阵为：

$$[\overline{K}]^{(3)} = [T][K]^{(3)}[T]^{\mathrm{T}} = 5.94 \times 10^6 \begin{bmatrix} 1 & 0 \\ 0 & 0 \end{bmatrix} \text{(kN/m)}$$

例 8-2 如图 8-19 所示平面刚架，各杆的抗弯刚度 $EI = 6.92 \times 10^5 \mathrm{N \cdot m^2}$，抗拉刚度 $EA = 5.88 \times 10^8 \mathrm{N}$，试求单元①、②、③的整体单元刚度矩阵。

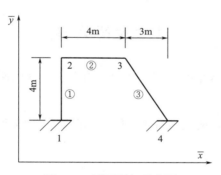

图 8-19 平面刚架示意图

解：对于单元①，$\alpha = 90°$；对于单元②，$\alpha = 0°$；对于单元③，$\alpha = -45°$。
由式(8-8)，单元①局部单元刚度矩阵为：

$$[K]^{(1)} = \left[\begin{array}{ccc:ccc} 1.47 \times 10^8 & 0 & 0 & -1.47 \times 10^8 & 0 & 0 \\ 0 & 1.298 \times 10^5 & 2.595 \times 10^5 & 0 & -1.298 \times 10^5 & 2.595 \times 10^5 \\ 0 & 2.595 \times 10^5 & 6.92 \times 10^5 & 0 & -2.595 \times 10^5 & 3.46 \times 10^5 \\ \hdashline -1.47 \times 10^8 & 0 & 0 & 1.47 \times 10^8 & 0 & 0 \\ 0 & -1.298 \times 10^5 & -2.595 \times 10^5 & 0 & 1.298 \times 10^5 & -2.595 \times 10^5 \\ 0 & 2.595 \times 10^5 & 3.46 \times 10^5 & 0 & -2.595 \times 10^5 & 6.92 \times 10^5 \end{array}\right]$$

坐标转换矩阵为：

$$[T] = \left[\begin{array}{ccc:ccc} \cos\alpha & -\sin\alpha & 0 & 0 & 0 & 0 \\ \sin\alpha & \cos\alpha & 0 & 0 & 0 & 0 \\ 0 & 0 & 1 & 0 & 0 & 0 \\ \hdashline 0 & 0 & 0 & \cos\alpha & -\sin\alpha & 0 \\ 0 & 0 & 0 & \sin\alpha & \cos\alpha & 0 \\ 0 & 0 & 0 & 0 & 0 & 1 \end{array}\right] = \left[\begin{array}{ccc:ccc} 0 & -1 & 0 & 0 & 0 & 0 \\ 1 & 0 & 0 & 0 & 0 & 0 \\ 0 & 0 & 1 & 0 & 0 & 0 \\ \hdashline 0 & 0 & 0 & 0 & -1 & 0 \\ 0 & 0 & 0 & 1 & 0 & 0 \\ 0 & 0 & 0 & 0 & 0 & 1 \end{array}\right]$$

$$[\overline{K}]^{(1)} = \left[\begin{array}{cccccc} 1.298\times10^5 & 0 & -2.595\times10^5 & -1.298\times10^5 & 0 & -2.595\times10^5 \\ 0 & 1.47\times10^8 & 0 & 0 & -1.47\times10^8 & 0 \\ -2.595\times10^5 & 0 & 6.92\times10^5 & 2.595\times10^5 & 0 & 3.46\times10^5 \\ -1.298\times10^5 & 0 & 2.595\times10^5 & 1.298\times10^5 & 0 & 2.595\times10^5 \\ 0 & -1.47\times10^8 & 0 & 0 & 1.47\times10^8 & 0 \\ -2.595\times10^5 & 0 & 3.46\times10^5 & 2.595\times10^5 & 0 & 6.92\times10^5 \end{array}\right]$$

思考及练习题

8-1 列出如图 8-20 所示超静定刚架的 AB 杆和 BC 杆的刚度矩阵，并计算此刚架的结点位移和结点力。

8-2 建立如图 8-21 所示刚架的各单元刚度矩阵和结构刚度矩阵，E、I、A 已知。

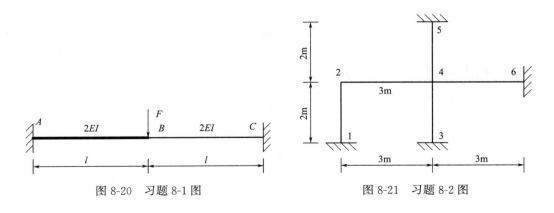

图 8-20 习题 8-1 图   图 8-21 习题 8-2 图

8-3 计算如图 8-22 所示桁架的内力和反力，各杆 $EA=$ 常数。

8-4 计算如图 8-23 所示刚架，E、I、A 均为常数。

思考及练习题

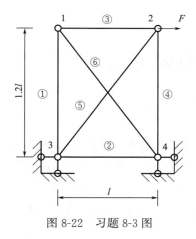

图 8-22 习题 8-3 图

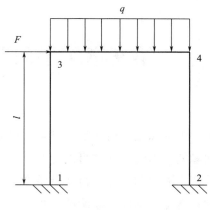

图 8-23 习题 8-4 图

第9章 平面问题有限元分析

实际工程中的深梁、剪力墙、墙梁、隧道、水坝、涵洞等，都是处于空间受力状态。但由于其问题的特殊性，往往可以近似地按平面问题来处理。深梁、剪力墙、墙梁的厚度远小于另外两个方向的尺寸，荷载沿厚度均匀分布且作用于结构平面内，因此它们属于平面应力问题；隧道、水坝、涵洞的长度远大于另外两个方向的尺寸，荷载沿厚度均匀分布，因此它们属于平面应变问题。

对于弹性力学平面问题，将平面应力问题的本构关系中的弹性模量和泊松比进行变换就可以得到平面应变问题的本构关系，所以本章只讨论平面应力问题。

应用弹性力学理论，可以对少数简单规整的平面应力问题求出精确的解析解；但对于大量的工程实际问题，由于其几何边界形状和荷载的复杂性，不可能得到精确的解析解，因此平面问题有限单元法在工程实际中得到广泛应用。

9.1 结构离散化

连续体问题在进行结构离散、单元划分时，和杆系结构有很大不同。杆系结构由杆件间交汇点直接作为结点，截面突变点也可以直接作为结点，但连续体必须用假想的线或面将其分割成有限个部分，每一部分即为单元。这些单元之间用有限个点相连接，这些连接点即为结点。如图9-1所示是一坝体截面及单元划分示意图。这样做的结果是，用有限个

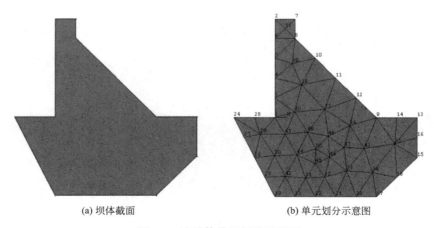

(a) 坝体截面　　　　　　　　(b) 单元划分示意图

图 9-1　连续体单元划分示意图

单元的组合体来代替原结构的连续体,得到的解也是近似解;但随着网格划分的加密、单元的缩小,近似解越来越趋向于精确解。对于平面问题,常用的单元分为三角形和四边形两大类。

单元划分须注意的问题:
1) 相邻单元的尺寸应尽可能相近。
2) 同一单元的最大和最小边长之比不宜过大。
3) 为使整体刚度矩阵的带宽最小,减少计算机存储,应使全部单元中相关结点的结点编码差值为最小。

9.2 三角形常应变单元

三角形常应变单元是最早提出、最简单的一种平面单元,可以用来拟合复杂边界形状,当单元划分比较精细时,计算精度也比较理想,因此直到现在也是应用较为广泛的一种平面单元。

9.2.1 位移模式及形函数

1. 位移

如图 9-2 所示一个典型三角形平面单元的结点位移和结点力。每个结点在单元平面内有两个位移分量,即:

$$\{\delta_i\} = \begin{bmatrix} u_i & v_i \end{bmatrix}^T \quad (i,j,m) \tag{9-1a}$$

结点位移向量为:

$$\{\delta\}^e = \begin{bmatrix} \delta_i^T & \delta_j^T & \delta_m^T \end{bmatrix}^T = \begin{bmatrix} u_i & v_i & u_j & v_j & u_m & v_m \end{bmatrix}^T \tag{9-1b}$$

由于单元体也是一个二维的弹性体,单元内各点的位移分量是坐标 x、y 的函数,在进行有限元分析时,需要假定一个位移模式。按照此位移模式,单元内各点的位移可以由单元结点位移通过插值来获得。三角形常应变单元的位移模式选择最为简单的线性函数,即:

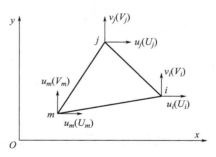

图 9-2 三角形常应变单元

$$u = \alpha_1 + \alpha_2 x + \alpha_3 y, \quad v = \alpha_4 + \alpha_5 x + \alpha_6 y \tag{9-2a}$$

式中 α_1、α_2、$\cdots$、α_6——待定常数,按如下方法确定:

设结点 i、j、m 的坐标分别为 (x_i, y_i)、(x_j, y_j)、(x_m, y_m),将它们代入式 (9-2a),得:

$$u_i = \alpha_1 + \alpha_2 x_i + \alpha_3 y_i, \quad v_i = \alpha_4 + \alpha_5 x_i + \alpha_6 y_i$$
$$u_j = \alpha_1 + \alpha_2 x_j + \alpha_3 y_j, \quad v_j = \alpha_4 + \alpha_5 x_j + \alpha_6 y_j \quad \text{(9-2b)}$$
$$u_m = \alpha_1 + \alpha_2 x_m + \alpha_3 y_m, \quad v_m = \alpha_4 + \alpha_5 x_m + \alpha_6 y_m$$

联立求解式(9-2b)左边的三个方程,得到:

$$\alpha_1 = \frac{1}{2\Delta} \begin{vmatrix} u_i & x_i & y_i \\ u_j & x_j & y_j \\ u_m & x_m & y_m \end{vmatrix}, \quad \alpha_2 = \frac{1}{2\Delta} \begin{vmatrix} 1 & u_i & y_i \\ 1 & u_j & y_j \\ 1 & u_m & y_m \end{vmatrix}, \quad \alpha_3 = \frac{1}{2\Delta} \begin{vmatrix} 1 & x_i & v_i \\ 1 & x_j & v_j \\ 1 & x_m & v_m \end{vmatrix} \quad \text{(9-2c)}$$

其中:

$$\Delta = \frac{1}{2} \begin{vmatrix} 1 & x_i & y_i \\ 1 & x_j & y_j \\ 1 & x_m & y_m \end{vmatrix} \quad \text{(9-3)}$$

Δ 为单元三角形的面积。为使求得的面积值不为负值,结点 i、j、m 的次序必须是逆时针转向,如图 9-2 所示。将式(9-2c)代入式(9-2a),得到单元内任一点的位移为:

$$u = N_i u_i + N_j u_j + N_m u_m$$
$$v = N_i v_i + N_j v_j + N_m v_m \quad \text{(9-4)}$$

形函数:

$$N_i = \frac{1}{2\Delta}(a_i + b_i x + c_i y) \quad (i, j, m) \quad \text{(9-5)}$$

其中:

$$a_i = x_j y_m - x_m y_j$$
$$b_i = y_j - y_m \quad (i, j, m) \quad \text{(9-6)}$$
$$c_i = -x_j + x_m$$

单元内任一点位移(式 9-4)也可以表示为矩阵形式:

$$\{u\} = \begin{bmatrix} u & v \end{bmatrix}^T = \begin{bmatrix} N_i I & N_j I & N_m I \end{bmatrix} \{\delta\}^e = [N]\{\delta\}^e \quad \text{(9-7)}$$

式中 I ——二阶单位矩阵;

$[N]$ ——形函数矩阵,其中元素是坐标点函数,反映单元的位移状态。

2. 应变

有了单元的位移模式,可以利用平面问题的几何方程求得应变分量:

9.2 三角形常应变单元

$$\{\varepsilon\} = \begin{Bmatrix} \varepsilon_x \\ \varepsilon_y \\ \gamma_{xy} \end{Bmatrix} = \begin{Bmatrix} \dfrac{\partial u}{\partial x} \\ \dfrac{\partial v}{\partial y} \\ \dfrac{\partial u}{\partial y} + \dfrac{\partial v}{\partial x} \end{Bmatrix}$$

将式(9-4)代入上式，得到：

$$\{\varepsilon\} = \frac{1}{2\Delta} \begin{bmatrix} b_i & 0 & b_j & 0 & b_m & 0 \\ 0 & c_i & 0 & c_j & 0 & c_m \\ c_i & b_i & c_j & b_j & c_m & b_m \end{bmatrix} \{\delta\}^e \quad (9\text{-}8a)$$

或者简写为：

$$\{\varepsilon\} = [B]\{\delta\}^e \quad (9\text{-}8b)$$

其中[B]可写成分块形式：

$$[B] = [B_i \quad B_j \quad B_m] \quad (9\text{-}9)$$

式中子矩阵：

$$[B_i] = \frac{1}{2\Delta} \begin{bmatrix} b_i & 0 \\ 0 & c_i \\ c_i & b_i \end{bmatrix} \quad (i,j,m) \quad (9\text{-}10)$$

式(9-8)是用结点位移表示单元应变的矩阵方程。[B]矩阵称为单元应变矩阵。由于单元三角形面积Δ和矩阵元素b_i、$c_i(i,j,m)$都是常数，因而单元内各点的应变$\{\varepsilon\}$都是常量，所以称这种单元为常应变单元。

3. 应力

获得应变后，利用本构关系：

$$\{\sigma\} = \begin{Bmatrix} \sigma_x \\ \sigma_y \\ \tau_{xy} \end{Bmatrix} = [D] \begin{Bmatrix} \varepsilon_x \\ \varepsilon_y \\ \gamma_{xy} \end{Bmatrix} = [D]\{\varepsilon\}$$

可导出用单元结点位移表示的单元应力方程。把式(9-8b)代入上式，得到：

$$\{\sigma\} = [D][B]\{\delta\}^e \quad (9\text{-}11a)$$

令：

$$[S] = [D][B]$$

则式(9-11a)可改写为：

$$\{\sigma\} = [S]\{\delta\}^e \tag{9-11b}$$

矩阵 $[S]$ 称为应力矩阵,也是分块矩阵,即:

$$[S] = [S_i \quad S_j \quad S_m] \tag{9-12}$$

对于平面应力问题,矩阵 $[S]$ 的子矩阵为:

$$[S_i] = \frac{E}{2(1-\nu^2)\Delta} \begin{bmatrix} b_i & \nu c_i \\ \nu b_i & c_i \\ \frac{1-\nu}{2}c_i & \frac{1-\nu}{2}b_i \end{bmatrix} (i,j,m) \tag{9-13}$$

对于平面应变问题,将上式的 E 换为 $E/(1-\nu^2)$, ν 换为 $\nu/(1-\nu)$,得到:

$$[S_i] = \frac{E(1-\nu)}{2(1+\nu)(1-2\nu)\Delta} \begin{bmatrix} b_i & \frac{\nu}{1-\nu}c_i \\ \frac{\nu}{1-\nu}b_i & c_i \\ \frac{1-2\nu}{2(1-\nu)}c_i & \frac{1-2\nu}{2(1-\nu)}b_i \end{bmatrix} (i,j,m) \tag{9-14}$$

由式(9-13)和式(9-14)可以看出,应力矩阵中的元素都是常量,每个单元内的应力分量也都是常量,因此相邻单元将具有不同的应力和应变。也就是说,公共边界两侧的单元的应力和应变将发生突变,但是位移在边界上是连续的,产生这种现象的原因是位移模式选用线性函数。

9.2.2 形函数的性质

对照形函数定义(式 9-5)和单元三角形面积公式(式 9-3)可知,常数 a_i、b_i、c_i(i,j,m) 依次是行列式 2Δ 的第一行、第二行和第三行各元素的代数余子式,根据行列式的性质:行列式的任一行(列)的元素,与其相应的代数余子式乘积之和等于行列式的值;而任一行(列)的元素与其他行(列)的元素的代数余子式乘积之和则等于零,从而可以推导出形函数的许多性质。

1. 形函数 N 在各个结点上的值

$$N_i(x_i,y_i) = 1, N_i(x_j,y_j) = 0, N_i(x_m,y_m) = 0$$
$$N_j(x_i,y_i) = 0, N_j(x_j,y_j) = 1, N_j(x_m,y_m) = 0$$
$$N_m(x_i,y_i) = 0, N_m(x_j,y_j) = 0, N_m(x_m,y_m) = 1$$

形函数 N_i 在结点 i 上的值为1,在其余结点上的值为0。

2. 在单元的任一点上三个形函数之和为 1

$$N_i(x,y) + N_j(x,y) + N_m(x,y)$$
$$= \frac{1}{2\Delta}(a_i + b_i x + c_i y + a_j + b_j x + c_j y + a_m + b_m x + c_m y)$$
$$= \frac{1}{2\Delta}[(a_i + a_j + a_m) + (b_i + b_j + b_m)x + (c_i + c_j + c_m)y]$$

由前述行列式的性质，第一圆括号等于 2Δ，第二、第三个圆括号为零，因此：

$$N_i(x,y) + N_j(x,y) + N_m(x,y) = 1$$

9.2.3 单元的刚度矩阵

对图 9-2 所示的典型单元应用变形体虚功原理。第 e 个单元在等效结点力的作用下处于平衡，结点力向量为：

$$\{R\}^e = [R_i^T \quad R_j^T \quad R_m^T]^T = [U_i \quad V_i \quad U_j \quad V_j \quad U_m \quad V_m]^T \tag{9-15a}$$

假定弹性体的所有结点都产生约束所允许的虚位移，第 e 个单元的三个结点的虚位移向量为：

$$\{\delta^*\}^e = [\delta u_i \quad \delta v_i \quad \delta u_j \quad \delta v_j \quad \delta u_m \quad \delta v_m]^T \tag{9-15b}$$

单元内各点的虚位移 $\{u^*\}$ 具有与式(9-7)相同的位移模式，因而有：

$$\{u^*\} = [N]\{\delta^*\}^e \tag{9-15c}$$

由式(9-8b)，单元的虚应变：

$$\{\varepsilon^*\} = [B]\{\delta^*\}^e \tag{9-15d}$$

作用在弹性体上的外力在虚位移上所做的虚功，即外力虚功为：

$$(\{\delta^*\}^e)^T \{R\}^e \tag{9-15e}$$

单元内的应力在虚应变上所做的虚功，即内力虚功为：

$$\iint \{\varepsilon^*\}^T \{\sigma\} t \, dx \, dy \tag{9-15f}$$

这里 t 是单元的厚度，为常量。把式(9-15d)和式(9-11a)代入式(9-15f)，由于单元结点虚位移 $(\{\delta^*\}^e)^T$ 是任意指定的，与 x、y 没有关系，可以提到积分号的前面，故上式化为：

$$(\{\delta^*\}^e)^T \iint [B]^T [D][B]\{\delta\}^e t \, dx \, dy \tag{9-15g}$$

根据虚功原理，在外力作用下处于平衡状态的弹性体，当约束引起了任意微小虚位移时，外力在虚位移上所做的虚功等于弹性体内的应力在虚应变上所做的虚功，得到单元的虚功方程为：

$$(\{\delta^*\}^e)^T\{R\}^e = (\{\delta^*\}^e)^T \iint [B]^T[D][B]\{\delta\}^e t\,dx\,dy$$

由于虚位移是任意的，等式两边与 $(\{\delta^*\}^e)^T$ 相乘的矩阵相等，得到：

$$\{R\}^e = \iint [B]^T[D][B]\{\delta\}^e t\,dx\,dy \tag{9-16a}$$

令：

$$[K]^e = \iint [B]^T[D][B] t\,dx\,dy \tag{9-17}$$

式(9-16a)可表示为：

$$\{R\}^e = [K]^e\{\delta\}^e \tag{9-16b}$$

这就是表征单元结点力和结点位移之间关系的单元刚度方程。$[K]^e$ 就是单元刚度矩阵。如果单元的材料是均质的，则矩阵 $[D]$、$[B]$ 的元素都是常量，再者 $\Delta = \iint dx\,dy$，于是式(9-17)可以简化为：

$$[K]^e = [B]^T[D][B] t\Delta \tag{9-18}$$

单元刚度矩阵的物理意义是，其任一列的元素分别等于该单元的某个结点沿坐标方向发生单位位移时，在各结点上所引起的结点力。

9.2.4 等效结点力

假设平面弹性体划分为 n_e 个单元和 n 个结点，每个单元都进行上述运算，得到单元刚度方程，把这些方程集合起来，得到表征弹性体平衡的整体刚度方程。此时结构结点位移向量为：

$$\{\delta\}_{2n} = [\delta_1^T \quad \delta_2^T \quad \cdots \quad \delta_n^T]^T \tag{9-19a}$$

其中：

$$\{\delta_i\} = [u_i \quad v_i]^T \quad (i=1,2,\cdots,n) \tag{9-19b}$$

$\{\delta_i\}$ 是结点 i 的位移向量。

弹性体荷载向量是移置到结点上的等效结点荷载，为：

$$\{R\}_{2n} = [R_1^T \quad R_2^T \quad \cdots \quad R_n^T]^T \tag{9-19c}$$

其中：

$$\{R_i\} = [R_{xi} \quad R_{yi}]^T = \left[\sum_{e=1}^{n_e} U_i^e + F_{xi} \quad \sum_{e=1}^{n_e} V_i^e + F_{yi}\right]^T = [F_{xi} \quad F_{yi}]^T \quad (i=1,2,\cdots,n)$$

(9-19d)

为结点 i 的等效结点荷载向量。这是由结点 i 的平衡条件导出的，因为相邻单元公共边内力引起的等效结点力在叠加过程中必然相互抵消，故只剩下荷载所引起的等效结点力。

弹性体整体刚度矩阵的形成和第 8 章所述内容相同，弹性体原始整体刚度矩阵是按照结点编号的顺序，形成行和列，把各个单元的刚度矩阵的子矩阵，遵照"对号入座"的原则，放入对应的行列位置。这样弹性体原始整体刚度方程为：

$$\{R\} = [K]\{\delta\} \tag{9-20}$$

单元的等效结点力向量 $\{R\}^e$ 是由作用在单元上的集中力、表面力和体积力分别等效到结点上，再逐点加以合成而得到的。根据虚功原理，有：

$$(\{\delta^*\}^e)^T \{R\}^e = \{u^*\}^T \{G\} + \int \{u^*\}^T \{q\} t \mathrm{d}s + \iint \{u^*\}^T \{p\} t \mathrm{d}x \mathrm{d}y$$

上式左边是单元等效结点力 $\{R\}^e$ 所做虚功，等号右边第一项是集中力 $\{G\}$ 所做虚功；第二项积分沿单元边界进行，是面力 $\{q\}$ 所做虚功；第三项的积分沿单元面积，表示体积力 $\{p\}$ 所做虚功。把式(9-15c)代入上式，有：

$$(\{\delta^*\}^e)^T \{R\}^e = (\{\delta^*\}^e)^T \left[[N]^T \{G\} + \int [N]^T \{q\} t \mathrm{d}s + \iint [N]^T \{p\} t \mathrm{d}x \mathrm{d}y\right]$$

得到：

$$\{R\}^e = [N]^T \{G\} + \int [N]^T \{q\} t \mathrm{d}s + \iint [N]^T \{p\} t \mathrm{d}x \mathrm{d}y \tag{9-21}$$

式(9-21)等号右边第一项是单元集中力移置到结点得到的等效结点力，第二项是单元表面力移置到结点得到的等效结点力，第三项是单元体积力移置到结点得到的等效结点力。

9.3 矩形双线性单元

常应变三角形单元的单元应力是常量，当用它分析应力梯度大的问题时，网格划分必须特别加密，才能得到较好的计算精度。这样会造成结点数目以及未知量的增加，计算工作量增大。矩形单元也是常用的单元之一，它采用比常应变三角形单元阶数更高的位移模式，因而可以更好地反映弹性体内的位移状态和应力状态。

图 9-3 为 4 结点平面矩形单元，共有 8 个结点位移分量。为了使分析结果简洁明了，同时引入一个局部坐标系 ξ-η。在局部坐标系中，原矩形单元映射成边长为 2 的正方形单元。

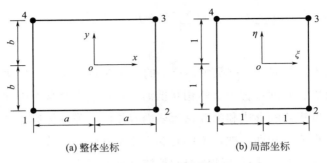

(a) 整体坐标　　　　(b) 局部坐标

图 9-3　矩形双线性单元

局部坐标和整体坐标的坐标变换关系为：

$$x=x_0+a\xi, y=y_0+b\eta \tag{9-22}$$

其中：

$$\begin{aligned}x_0&=(x_1+x_2)/2=(x_3+x_4)/2\\ y_0&=(y_2+y_3)/2=(y_1+y_4)/2\\ a&=(x_2-x_1)/2=(x_3-x_4)/2\\ b&=(y_3-y_2)/2=(y_4-y_1)/2\end{aligned} \tag{9-23}$$

结点 1、2、3、4 的局部坐标分别是 $(-1,-1)$、$(1,-1)$、$(1,1)$、$(-1,1)$。

9.3.1　位移模式及形函数

矩形双线性单元的位移模式为：

$$\begin{aligned}u&=\alpha_1+\alpha_2\xi+\alpha_3\eta+\alpha_4\xi\eta\\ v&=\alpha_5+\alpha_6\xi+\alpha_7\eta+\alpha_8\xi\eta\end{aligned}$$

将结点的局部坐标值代入上式，可以列出 4 个结点处位移分量的值，进而获得两组四元一次联立方程，从而解出未知参数 α_1、α_2、$\cdots$、α_8。将这些参数再代回上式，可以得到（图 9-4）：

$$\{u\}=[u\quad v]^T=[N]\{\delta\}^e \tag{9-24}$$

式中形函数矩阵为：

$$[N]=[N_1I\quad N_2I\quad N_3I\quad N_4I]^T \tag{9-25}$$

其中：

$$\begin{aligned}N_i&=(1+\xi_0)(1+\eta_0)/4\\ \xi_0&=\xi_i\xi, \eta_0=\eta_i\eta\end{aligned} \quad (i=1,2,3,4) \tag{9-26}$$

由式(9-26)可知，$N_i(\xi_j, \eta_j) = 1 \ (i = j)$，图 9-4 是单元形函数 N_1 的空间分布图。
$N_i(\xi_j, \eta_j) = 0 \ (i \neq j)$

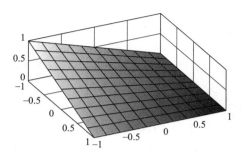

图 9-4　单元形函数 N_1 空间分布图

9.3.2　单元刚度矩阵和刚度方程

利用平面问题几何方程(式 7-4)，将式(9-24)代入，得到：

$$\{\varepsilon\} = [B]\{\delta\}^e = [B_1 \ \ B_2 \ \ B_3 \ \ B_4]\{\delta\}^e \tag{9-27}$$

$$[B_i] = \frac{1}{ab}\begin{bmatrix} b\dfrac{\partial N_i}{\partial \xi} & 0 \\ 0 & a\dfrac{\partial N_i}{\partial \eta} \\ a\dfrac{\partial N_i}{\partial \eta} & b\dfrac{\partial N_i}{\partial \xi} \end{bmatrix} = \frac{1}{4ab}\begin{bmatrix} b\xi_i(1+\eta_0) & 0 \\ 0 & a\eta_i(1+\xi_0) \\ a\eta_i(1+\xi_0) & b\xi_i(1+\eta_0) \end{bmatrix} (i=1,2,3,4) \tag{9-28}$$

利用本构关系，得到用结点位移表示的单元应力为：

$$\{\sigma\} = [D]\{\varepsilon\} = [S_1 \ \ S_2 \ \ S_3 \ \ S_4]\{\delta\}^e \tag{9-29}$$

对于平面应力问题：

$$[S_i] = \frac{E}{4ab(1-\nu^2)}\begin{bmatrix} b\xi_i(1+\eta_0) & \nu a\eta_i(1+\xi_0) \\ \nu b\xi_i(1+\eta_0) & a\eta_i(1+\xi_0) \\ \dfrac{1-\nu}{2}a\eta_i(1+\xi_0) & \dfrac{1-\nu}{2}b\xi_i(1+\eta_0) \end{bmatrix} (i=1,2,3,4) \tag{9-30}$$

由虚功原理可以推导出单元刚度方程，单元刚度矩阵为：

$$[K]^e = \begin{bmatrix} k_{11} & k_{12} & k_{13} & k_{14} \\ k_{21} & k_{22} & k_{23} & k_{24} \\ k_{31} & k_{32} & k_{33} & k_{34} \\ k_{41} & k_{42} & k_{43} & k_{44} \end{bmatrix} \tag{9-31}$$

其中子矩阵由式(9-32)计算：

$$[k_{ij}] = \iint [B_i]^T[D][B_j]t\,\mathrm{d}x\,\mathrm{d}y$$

$$= \frac{Et}{4(1-\nu^2)}\begin{bmatrix} \dfrac{b}{a}\xi_i\xi_j\left(1+\dfrac{1}{3}\eta_i\eta_j\right)+\dfrac{1-\nu}{2}\dfrac{a}{b}\eta_i\eta_j\left(1+\dfrac{1}{3}\xi_i\xi_j\right) & \nu\xi_i\eta_j+\dfrac{1-\nu}{2}\eta_i\xi_j \\ \nu\eta_i\xi_j+\dfrac{1-\nu}{2}\xi_i\eta_j & \dfrac{a}{b}\eta_i\eta_j\left(1+\dfrac{1}{3}\xi_i\xi_j\right)+\dfrac{1-\nu}{2}\dfrac{b}{a}\xi_i\xi_j\left(1+\dfrac{1}{3}\eta_i\eta_j\right) \end{bmatrix}$$

$$(i,j=1,2,3,4) \tag{9-32}$$

对于平面应变问题，只需在式(9-32)中把 E 换为 $E/(1-\nu^2)$，ν 换为 $\nu/(1-\nu)$。

矩形单元有 4 个结点，所以单元结点力向量 $\{R\}^e$ 有 8 个分量，即：

$$\{R\}^e = [U_1 \quad V_1 \quad U_2 \quad V_2 \quad U_3 \quad V_3 \quad U_4 \quad V_4]^T$$

等效结点力的计算和三角形单元类似，这里给出两种常用的情况：

1) 对于单元的自重 W，荷载向量为：

$$\{R\}^e = -W\begin{bmatrix} 0 & \dfrac{1}{4} & 0 & \dfrac{1}{4} & 0 & \dfrac{1}{4} & 0 & \dfrac{1}{4} \end{bmatrix}^T$$

2) 如果单元在一个边界上受有三角形分布的表面力，在此边界上一个结点处为零，而在另一结点处为最大，则将总表面力的 1/3 移置到前一结点，2/3 移置到后一结点。

与三角形常应变单元的位移模式相比，本矩形单元的位移模式增加了 $\xi\eta$ 项，所以称为双线性模式。这样单元内部应变和应力分量不再是常量，在相邻单元的公共边界上，各应力分量是连续的。因此对于平面弹性问题，采用相同数量的结点时，矩形单元的精度比三角形常应变单元要高。但是矩形单元也有明显的不足，一是不能适应曲线边界，二是不能对不同部位采用大小不同的单元。

例 9-1 计算具有圆孔的平板在单向拉伸下的应力集中系数。一块方板，边长 140mm，板厚 10mm，板中心圆孔直径 20mm，弹性模量 $E=200$GPa，泊松比 $\nu=0.3$，单向均匀拉伸应力为 1×10^8Pa。由于对称性，只需对 1/4 板进行离散化分析。假设均匀拉伸应力作用在水平方向(x 方向)，平面划分网络如图 9-5 所示，共 108 个矩形单元，130 个结点。

解： 根据弹性力学对无限大板进行求解，得到结点 A 的水平应力分量为 $\sigma_x = 3.0$MPa，采用双线性矩形单元(按图 9-5 单元划分)，有限单元法解得 $\sigma_x=3.021$MPa，表明平面有限单元法解决二维平面问题有很好的精度。

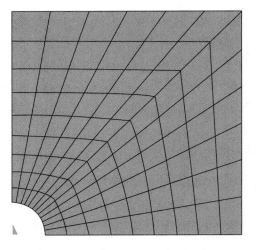

图 9-5 带圆孔平板的单元划分

9.4 平面等参数单元

对于常应变三角形单元和双线性矩形单元，在划分的单元数目一定的情况下，有限单元法获得的数值解的精度就确定了。如果要提高数值解的精度，一般要增加划分的单元数目，这样就增加了计算量；如果在划分的单元数目一定的情况下，要提高计算精度，则需要采用基于新的位移模式的新的单元。另外在一些具有曲线边界的问题中，采用直线边界的单元，存在用折线代替曲线带来的误差，而这种误差又不能用提高单元的位移模式的精度来弥补。因此构造出一些曲边的高精度单元是有积极意义的，这样可以在给定精度的前提下用较少的单元来解决问题。下面介绍一种广为应用的平面8结点等参数单元。

9.4.1 位移模式及形函数

如图 9-6(a)所示，一个边长为 2×2 的正方形单元(基本单元、母单元)，在形心处安置一个局部坐标系 $O\xi\eta$，单元各结点的坐标值为 ± 1 或 0。基本单元可以通过坐标变换映射为如图 9-6(b)所示的实际单元(子单元)，反过来实际单元同样可以映射为基本单元。基本单元中任一点 $P(\xi,\eta)$ 和实际单元中某点 $P(x,y)$ 一一对应。

对于基本单元，位移模式为：

$$\begin{Bmatrix} u \\ v \end{Bmatrix} = \sum_{i=1}^{8} N_i \begin{Bmatrix} u_i \\ v_i \end{Bmatrix} = [N]\{\delta\}^e \tag{9-33}$$

式中形函数分别为：

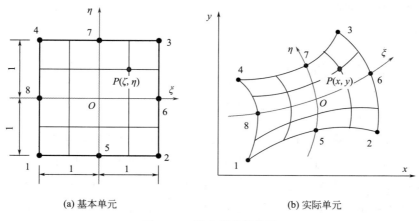

(a) 基本单元   (b) 实际单元

图 9-6 8 结点等参数单元

$$N_1 = -\frac{1}{4}(1-\xi)(1-\eta)(1+\xi+\eta), N_5 = \frac{1}{2}(1-\xi^2)(1-\eta)$$

$$N_2 = -\frac{1}{4}(1+\xi)(1-\eta)(1-\xi+\eta), N_6 = \frac{1}{2}(1-\eta^2)(1-\xi)$$

$$N_3 = -\frac{1}{4}(1+\xi)(1+\eta)(1-\xi-\eta), N_7 = \frac{1}{2}(1-\xi^2)(1+\eta)$$

$$N_4 = -\frac{1}{4}(1-\xi)(1+\eta)(1+\xi-\eta), N_8 = \frac{1}{2}(1-\eta^2)(1-\xi)$$

(9-34)

第 i 结点相应的形函数 N_i 在第 i 结点上的值为 1，在其余结点上的值为 0。图 9-7 显示的是形函数 N_1 在基本单元上的空间分布。

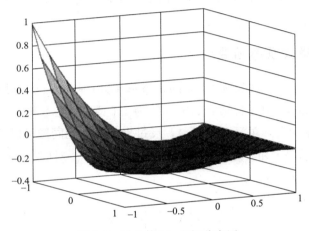

图 9-7　形函数 N_1 空间分布图

这个形状极其规则的正方形单元本身没有多大的实用价值，但是它可以利用上述的形函数做出下面的坐标变换：

$$x = \sum_{i=1}^{8} x_i N_i(\xi, \eta)$$
$$y = \sum_{i=1}^{8} y_i N_i(\xi, \eta)$$

(9-35)

基于此，图 9-6(a)中 ξ-η 平面上的 8 个结点 (ξ_i, η_i) 分别映射成图 9-6(b)中 x-y 平面上的 8 个结点 (x_i, y_i)。这样正方形基本单元经过这个坐标变换后在 x-y 平面上映射成一个曲边四边形。由上述形函数可以看出，曲边四边形的每一条边都是一条二次曲线。因此当一个实际的平面区域用这样的曲边四边形划分后，其曲线边界可以由分段的二次曲线替代。还可以把 $\xi\eta$ 看作是曲边四边形单元的局部坐标系，这个局部坐标系用一组绝对值不超过 1 的无量纲数来确定单元中的点。单元各边的方程分别是 $\xi=\pm1$ 和 $\eta=\pm1$。

对于曲边四边形单元，位移模式同样采用式(9-34)所示的形函数，即：

$$\begin{Bmatrix} u \\ v \end{Bmatrix} = [N]\{\delta\}^e \tag{9-36}$$

对于这种位移模式和坐标变换式采用相同形函数的这种单元,我们称之为等参数单元。上述等参数单元称为 8 结点四边形等参数单元,应用极广,是各个有限元分析商业软件的平面分析主力单元。

9.4.2 单元刚度矩阵

将位移表达式(式 9-36)代入几何方程,得到单元应变为:

$$\{\varepsilon\} = [B]\{\delta\}^e = [B_1 \quad B_2 \quad \cdots \quad B_8]\{\delta\}^e \tag{9-37}$$

其中 $\{\delta\}^e = [\delta_1^T \quad \delta_2^T \quad \cdots \quad \delta_8^T]^T$ 为单元结点向量,而:

$$[B_i] = \begin{bmatrix} N_{i,x} & 0 \\ 0 & N_{i,y} \\ N_{i,y} & N_{i,x} \end{bmatrix}, \quad \{\delta_i\} = \begin{Bmatrix} u_i \\ v_i \end{Bmatrix} \quad (i=1,2,\cdots,8) \tag{9-38}$$

其中 $N_{i,x} = \dfrac{\partial N_i}{\partial x}$,$N_{i,y} = \dfrac{\partial N_i}{\partial y}$。

根据复合函数求导规则:

$$\begin{Bmatrix} N_{i,\xi} \\ N_{i,\eta} \end{Bmatrix} = \begin{bmatrix} x_{,\xi} & y_{,\xi} \\ x_{,\eta} & y_{,\eta} \end{bmatrix} \begin{Bmatrix} N_{i,x} \\ N_{i,y} \end{Bmatrix} \tag{9-39}$$

$$[J] = \begin{bmatrix} x_{,\xi} & y_{,\xi} \\ x_{,\eta} & y_{,\eta} \end{bmatrix} \tag{9-40}$$

是坐标变换式(式 9-35)的雅可比(Jacobian)矩阵,其逆矩阵为:

$$[J]^{-1} = \frac{1}{|J|} \begin{bmatrix} y_{,\eta} & -y_{,\xi} \\ -x_{,\eta} & x_{,\xi} \end{bmatrix} \tag{9-41}$$

其中 $|J|$ 是雅可比行列式,为:

$$|J| = x_{,\xi} y_{,\eta} - y_{,\xi} x_{,\eta} \tag{9-42}$$

其中:

$$\begin{aligned} x_{,\xi} &= \sum_{i=1}^{8} N_{i,\xi} x_i, \quad x_{,\eta} = \sum_{i=1}^{8} N_{i,\eta} x_i \\ y_{,\xi} &= \sum_{i=1}^{8} N_{i,\xi} y_i, \quad y_{,\eta} = \sum_{i=1}^{8} N_{i,\eta} y_i \end{aligned} \tag{9-43}$$

这样由式(9-39)得到：

$$\begin{Bmatrix} N_{i,x} \\ N_{i,y} \end{Bmatrix} = [J]^{-1} \begin{Bmatrix} N_{i,\xi} \\ N_{i,\eta} \end{Bmatrix} \tag{9-44}$$

和前面三角形常应变单元和矩形双线性单元一样，单元应力可以表示为：

$$\{\sigma\} = \begin{Bmatrix} \sigma_x \\ \sigma_y \\ \tau_{xy} \end{Bmatrix} = [D][B]\{\delta\}^e = [S]\{\delta\}^e \tag{9-45}$$

应力矩阵可以表示为分块矩阵形式：

$$[S] = [S_1 \quad S_2 \quad \cdots \quad S_8]$$

对于平面应力情况，应力分块矩阵为：

$$[S_i] = [D][B_i] = \frac{E}{1-\nu^2} \begin{bmatrix} N_{i,x} & \nu N_{i,y} \\ \nu N_{i,x} & N_{i,y} \\ \frac{1-\nu}{2} N_{i,y} & \frac{1-\nu}{2} N_{i,x} \end{bmatrix} \quad (i=1,2,\cdots,8) \tag{9-46}$$

和前面一样，由虚功原理推导出单元刚度矩阵为：

$$[K]^e = \iint [B]^T [D][B] t\, dx\, dy = \iint [B]^T [D][B] t\, |J|\, d\xi\, d\eta \tag{9-47}$$

对于 8 结点等参数单元，单元刚度矩阵可以表示为 64 块 2×2 子矩阵：

$$[K]^e = \begin{bmatrix} k_{11} & k_{12} & \cdots & k_{18} \\ k_{21} & k_{22} & \cdots & k_{28} \\ \cdots & \cdots & \cdots & \cdots \\ k_{81} & k_{82} & \cdots & k_{88} \end{bmatrix} \tag{9-48}$$

每个子矩阵的计算公式是：

$$[K_{ij}]^e = \int_{-1}^{1} \int_{-1}^{1} [B_i]^T [D][B_j] t\, |J|\, d\xi\, d\eta \quad (i,j=1,2,\cdots,8) \tag{9-49}$$

9.4.3 等效结点力

1. 集中力的等效结点力

设单元上任意点受有集中荷载 $\{G\} = [G_x \quad G_y]^T$，则移置到单元各结点上的等效结点力为：

$$\{F_i\}^e = [F_{ix} \quad F_{iy}]^T = (N_i)_C \{G\} \quad (i=1,2,\cdots,8) \tag{9-50}$$

式中　$(N_i)_C$——形函数 N_i 在荷载作用点 C 上的值。

2. 体积力的等效结点力

设单元的单位体积力为 $\{p\}=[p_x \quad p_y]^T$,则移置到单元各结点上的等效结点力为:

$$\{P_i\}^e = \begin{Bmatrix} P_{ix} \\ P_{iy} \end{Bmatrix} = \int_{-1}^{1}\int_{-1}^{1} N_i \begin{Bmatrix} p_x \\ p_y \end{Bmatrix} t \mid J \mid \mathrm{d}\xi \mathrm{d}\eta \quad (i=1,2,\cdots,8) \qquad (9\text{-}51)$$

3. 表面力的等效结点力

设单元的某边上承受的单位表面力为 $\{q\}=[q_x \quad q_y]^T$,则这条边上的 3 个结点的等效结点力为:

$$\{Q_i\}^e = \begin{Bmatrix} Q_{ix} \\ Q_{iy} \end{Bmatrix} = \int_{\Gamma} N_i \begin{Bmatrix} q_x \\ q_y \end{Bmatrix} t \mathrm{d}s \qquad (9\text{-}52)$$

如果所给出的单位表面力是沿曲边的法向和切向,即 $\{q\}=[q_n \quad q_t]^T$,且规定曲边法向力以外法线方向为正,切向力以沿单元边界前进使单元保持在左侧为正,容易得到:

$$q_x = q_t \frac{\mathrm{d}x}{\mathrm{d}s} + q_n \frac{\mathrm{d}y}{\mathrm{d}s}$$

$$q_y = q_t \frac{\mathrm{d}y}{\mathrm{d}s} - q_n \frac{\mathrm{d}x}{\mathrm{d}s}$$

把上式代入式(9-52),可将第一类曲线积分转换为第二类曲线积分,即:

$$\{Q_i\}^e = \begin{Bmatrix} Q_{ix} \\ Q_{iy} \end{Bmatrix} = \int_{\Gamma} N_i t \begin{Bmatrix} q_t \mathrm{d}x + q_n \mathrm{d}y \\ q_t \mathrm{d}y - q_n \mathrm{d}x \end{Bmatrix} \qquad (9\text{-}53)$$

例 9-2 如图 9-8 所示,内径 100mm、外径 200mm 的铝合金圆环,厚度 10mm,承受 200N 的一对压力,确定圆环的应力和变形。材料的 $E=70\mathrm{GPa}$,$v=0.3$。

解:取四分之一圆环进行单元划分,如图 9-9 所示,用有限单元法分析得到圆环对称轴位移变化如图 9-10 所示,圆环对称轴正应力变化如图 9-11 所示。

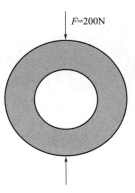

图 9-8 承受压力的圆环

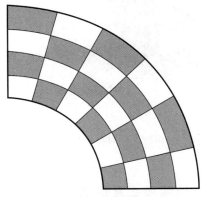

图 9-9 四分之一圆环单元划分

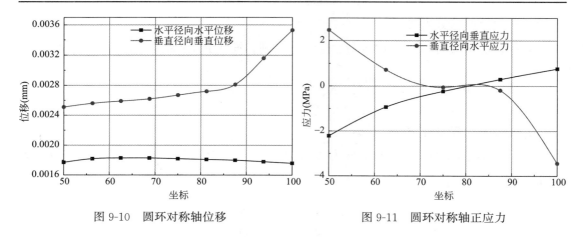

图 9-10　圆环对称轴位移　　　　　图 9-11　圆环对称轴正应力

9.5　轴对称等参数单元

对于轴对称构件或结构，常采用圆柱坐标进行描述，以对称轴为 z 轴，任一对称面为 rz 面，如图 9-12 所示。轴对称物体所用单元是三角形或四边形截面的整圆环，如图 9-13 所示。在轴对称问题中只有径向位移 u 和轴向位移 w，它们仅与坐标 r、z 有关，而与 θ 无关，只需考察 r-z 平面上的截面部分。所以轴对称问题虽然是空间问题，但其有限单元法和平面问题有限单元法是基本一致的，在众多商业有限元软件的单元库内，前面所述的三角形单元、四边形单元和等参数单元不仅用于平面问题（平面应力问题和平面应变问题），而且用于轴对称问题。由于轴对称物体的截面一般存在复杂曲线边界，故本节只介绍精度较高的 8 结点等参数单元。

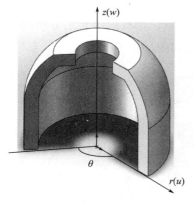
图 9-12　轴对称物体

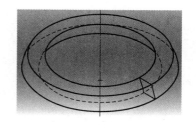
图 9-13　轴对称物体所用单元

9.5.1　位移模式及形函数

与平面 8 结点等参数单元相同，坐标变换式和位移模式分别具有下列形式：

$$r = \sum_{i=1}^{8} N_i r_i, \quad z = \sum_{i=1}^{8} N_i z_i \tag{9-54}$$

$$u = \sum_{i=1}^{8} N_i u_i, \quad w = \sum_{i=1}^{8} N_i w_i \tag{9-55}$$

其中形函数 N_i 的表达式如式(9-34)所示。

9.5.2 单元刚度矩阵

单元应变为：

$$\{\varepsilon\} = \begin{Bmatrix} \varepsilon_r \\ \varepsilon_\theta \\ \varepsilon_z \\ \gamma_{rz} \end{Bmatrix} = \begin{Bmatrix} \partial u/\partial r \\ u/r \\ \partial w/\partial z \\ \partial w/\partial r + \partial u/\partial z \end{Bmatrix} = [B]\{\delta\}^e = [B_1 \quad B_2 \quad \cdots \quad B_8]\{\delta\}^e \tag{9-56}$$

其中：

$$[B_i] = \begin{bmatrix} N_{i,r} & 0 \\ N_i/r & 0 \\ 0 & N_{i,z} \\ N_{i,z} & N_{i,r} \end{bmatrix}, \quad \{\delta_i\} = \begin{Bmatrix} u_i \\ w_i \end{Bmatrix} \quad (i=1,2,\cdots,8) \tag{9-57}$$

形函数对柱坐标的偏导数为：

$$\begin{Bmatrix} N_{i,r} \\ N_{i,z} \end{Bmatrix} = [J]^{-1} \begin{Bmatrix} N_{i,\xi} \\ N_{i,\eta} \end{Bmatrix} \tag{9-58}$$

式中雅可比矩阵逆矩阵为：

$$[J]^{-1} = \frac{1}{|J|} \begin{bmatrix} z_{,\eta} & -z_{,\xi} \\ -r_{,\eta} & r_{,\xi} \end{bmatrix} \tag{9-59}$$

其中 $|J|$ 是雅可比行列式，为：

$$|J| = r_{,\xi} z_{,\eta} - z_{,\xi} r_{,\eta} \tag{9-60}$$

其中：

$$\begin{aligned} r_{,\xi} = \sum_{i=1}^{8} N_{i,\xi} r_i, \quad r_{,\eta} = \sum_{i=1}^{8} N_{i,\eta} r_i \\ z_{,\xi} = \sum_{i=1}^{8} N_{i,\xi} z_i, \quad z_{,\eta} = \sum_{i=1}^{8} N_{i,\eta} z_i \end{aligned} \tag{9-61}$$

单元应力为：

$$\{\sigma\} = [\sigma_r \quad \sigma_\theta \quad \sigma_z \quad \tau_{rz}]^T = [D][B]\{\delta\}^e = [S]\{\delta\}^e \tag{9-62}$$

应力矩阵可以表示为分块矩阵形式：

$$[S] = [S_1 \quad S_2 \quad \cdots \quad S_8]$$

应力分块矩阵为：

$$[S_i] = [D][B_i] = A_3 \begin{bmatrix} N_{i,r} + A_1 N_i/r & A_1 N_{i,z} \\ A_1 N_{i,r} + N_i/r & A_1 N_{i,z} \\ A_1(N_{i,r} + N_i/r) & N_{i,z} \\ A_2 N_{i,z} & A_2 N_{i,r} \end{bmatrix} \quad (i = 1, 2, \cdots, 8) \tag{9-63}$$

其中常数：

$$A_1 = \frac{\nu}{1-\nu}, \quad A_2 = \frac{1-2\nu}{2(1-\nu)}, \quad A_3 = \frac{E(1-\nu)}{(1+\nu)(1-2\nu)} \tag{9-64}$$

当 $r = 0$ 时，在对称轴上有 $\varepsilon_r = \varepsilon_\theta$，此时可以用 $\partial N_i/\partial r$ 来代替 N_i/r，以消除式 (9-63) 中的奇异项。

单元刚度矩阵具有以下形式：

$$[K]^e = 2\pi \iint [B]^T [D][B] r |J| d\xi d\eta = \begin{bmatrix} k_{11} & k_{12} & \cdots & k_{18} \\ k_{21} & k_{22} & \cdots & k_{28} \\ \cdots & \cdots & \cdots & \cdots \\ k_{81} & k_{82} & \cdots & k_{88} \end{bmatrix} \tag{9-65}$$

其中子矩阵为：

$$[K_{ij}]^e = 2\pi \int_{-1}^{1} \int_{-1}^{1} [B_i]^T [D][B_j] r |J| d\xi d\eta \quad (i,j = 1,2,\cdots,8) \tag{9-66}$$

9.5.3 等效结点力

1. 集中力的等效结点力

设在单元径向坐标为 r_C 的某点作用有集中力 $\{g\} = [g_x \quad g_y]^T$，则移置到结点上的等效结点力为：

$$\{F_i\}^e = [F_{ir} \quad F_{iz}]^T = 2\pi r_C (N_i)_C \{g\} \quad (i = 1,2,\cdots,8) \tag{9-67}$$

式中　$(N_i)_C$ ——形函数 N_i 在荷载作用点 C 上的值。

2. 体积力的等效结点力

设单元的单位体积力为 $\{p\} = [p_r \quad p_z]^T$，则移置到单元各结点上的等效结点力为：

9.6 高斯积分法的应用

$$\{P_i\}^e = \begin{Bmatrix} P_{ir} \\ P_{iz} \end{Bmatrix} = 2\pi \int_{-1}^{1} \int_{-1}^{1} r N_i \begin{Bmatrix} p_r \\ p_z \end{Bmatrix} |J| \, d\xi d\eta \quad (i=1,2,\cdots,8) \tag{9-68}$$

3. 表面力的等效结点力

设单元的某边上承受的单位表面力是 $\{q\} = [q_n \quad q_t]^T$，其中 q_n 和 q_t 分别是单元表面力在此边的外法线和切线方向的投影，则这条边上的 3 个结点的等效结点力为：

$$\{Q_i\}^e = \begin{Bmatrix} Q_{ir} \\ Q_{iz} \end{Bmatrix} = 2\pi \int_{\Gamma} r N_i \begin{Bmatrix} q_t dr + q_n dz \\ q_t dz - q_n dr \end{Bmatrix} \tag{9-69}$$

例 9-3 受内压的旋转厚壁圆筒，设厚壁圆筒长 13cm，内径为 10cm，外径为 20cm，承受内压 $p=120$MPa，并以角速度 $\omega=209$rad/s 绕中心轴转动，筒的两端自由。材料的弹性模量 $E=200$GPa，泊松比 $\nu=0.3$，密度 $\rho=7800$kg/m³，计算该圆筒的位移和应力分布。

解： 只需考虑筒长的一半，单元划分如图 9-14 所示。计算出的圆筒沿径向的径向应力 σ_r 和环向应力 σ_θ 分布如图 9-15 所示。在 $z=60$mm 的顶面上，轴向位移为 -0.0074mm。

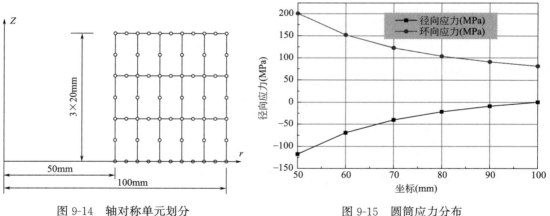

图 9-14 轴对称单元划分　　　图 9-15 圆筒应力分布

9.6 高斯积分法的应用

在等参数单元的刚度矩阵和等效结点力计算公式中，需要用到下面形式的积分运算：

$$\int_{-1}^{1} f(\xi) d\xi, \quad \int_{-1}^{1}\int_{-1}^{1} f(\xi,\eta) d\xi d\eta, \quad \int_{-1}^{1}\int_{-1}^{1}\int_{-1}^{1} f(\xi,\eta,\zeta) d\xi d\eta d\zeta$$

由于被积函数 f 一般比较复杂，往往不可能得到其显式，因此必须要采用数值积分。数值积分的思路是在单元内选出某些点（称为积分点），算出被积函数 f 在这些积分点处的函数值，然后用一些加权系数乘上这些函数值，再求出总和作为近似的积分值。由于高斯积分法在数值积分方法中具有较高的精度和较少的计算量，故在有限单元法中广泛使用。

一维高斯积分法：

$$\int_{-1}^{1} f(\xi)\mathrm{d}\xi = \sum_{i=1}^{n} H_i f(\xi_i) \tag{9-70}$$

式中　$f(\xi_i)$——函数在积分点 ξ_i 的数值；

　　　H_i——加权系数；

　　　n——积分点数目。

表 9-1 是积分点数 $n \leqslant 4$ 时的高斯积分法中的积分点坐标与加权系数。

高斯积分法中的积分点坐标与加权系数　　表 9-1

n	ξ_i	H_i
1	0.0000000	2.0000000
2	$\pm \dfrac{1}{\sqrt{3}}$	1
3	$\pm \sqrt{\dfrac{3}{5}}$ 0	$\dfrac{5}{9}$ $\dfrac{8}{9}$
4	± 0.8611363 ± 0.3399810	0.3478548 0.6521452

二维高斯积分法：

$$\int_{-1}^{1}\int_{-1}^{1} f(\xi,\eta)\mathrm{d}\xi\mathrm{d}\eta = \sum_{i=1}^{n}\sum_{j=1}^{m} H_i H_j f(\xi_i,\eta_j) \tag{9-71}$$

三维高斯积分法：

$$\int_{-1}^{1}\int_{-1}^{1}\int_{-1}^{1} f(\xi,\eta,\zeta)\mathrm{d}\xi\mathrm{d}\eta\mathrm{d}\zeta = \sum_{i=1}^{n}\sum_{j=1}^{m}\sum_{k=1}^{l} H_i H_j H_k f(\xi_i,\eta_j,\zeta_k) \tag{9-72}$$

高斯积分法的精度会随着积分点的增多而提高，但是计算工作量也会急剧增加。因此在保证精度的前提下，适当选取积分点的数量。

思考及练习题

9-1　证明常应变三角形单元形函数 N_i 在 i-j 边界上的值与结点 i 坐标无关，单元形函数满足 $\sum_{i} N_i = 1$。

9-2　证明常应变三角形单元发生刚体位移时，不会在单元内产生应力。

9-3　试求轴对称三角形单元的形函数矩阵，并用最小势能原理进行单元列示。

第 10 章 空间问题有限元分析

对实际的构件和结构进行有限元分析，相当部分构件和结构不能简化为平面问题，而必须按照三维的空间问题来进行有限元分析。本章介绍空间问题有限元分析常用的两种单元：四面体常应变单元和空间等参数单元。

10.1 四面体常应变单元

考察一典型四面体单元(图 10-1)的力学特性。单元的结点编号为 i、j、k、l。在空间问题中，每个结点的位移有三个分量，即：

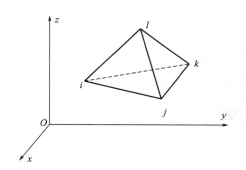

图 10-1 典型四面体单元

$$\{\delta_i\} = \begin{Bmatrix} u_i \\ v_i \\ w_i \end{Bmatrix} \quad (i,j,k,l) \tag{10-1}$$

单元的结点位移向量为：

$$\{\delta\}^e = [\delta_i^T \quad \delta_j^T \quad \delta_k^T \quad \delta_l^T]^T \tag{10-2}$$

10.1.1 形状函数

单元内任一点位移为：

$$\{u\} = [u \quad v \quad w]^T = [N]\{\delta\}^e = [N_i I \quad N_j I \quad N_k I \quad N_l I]\{\delta\}^e \tag{10-3}$$

其中形函数：

$$N_i = (a_i + b_i x + c_i y + d_i z)/6V$$
$$N_j = -(a_j + b_j x + c_j y + d_j z)/6V$$
$$N_k = (a_k + b_k x + c_k y + d_k z)/6V \qquad (10\text{-}4)$$
$$N_l = -(a_l + b_l x + c_l y + d_l z)/6V$$

它们的系数是：

$$a_i = \begin{vmatrix} x_j & y_j & z_j \\ x_k & y_k & z_k \\ x_l & y_l & z_l \end{vmatrix}, \quad b_i = -\begin{vmatrix} 1 & y_j & z_j \\ 1 & y_k & z_k \\ 1 & y_l & z_l \end{vmatrix}$$

$$c_i = \begin{vmatrix} 1 & x_j & z_j \\ 1 & x_k & z_k \\ 1 & x_l & z_l \end{vmatrix}, \quad c_i = -\begin{vmatrix} 1 & x_j & y_j \\ 1 & x_k & y_k \\ 1 & x_l & y_l \end{vmatrix} \quad (i,j,k,l) \qquad (10\text{-}5)$$

$$6V = \begin{bmatrix} 1 & x_i & y_i & z_i \\ 1 & x_j & y_j & z_j \\ 1 & x_k & y_k & z_k \\ 1 & x_l & y_l & z_l \end{bmatrix} \qquad (10\text{-}6)$$

当 V 是正值时，它是四面体 $ijkl$ 的体积。为了使 V 不为负值，单元的四个顶点 i、j、k、l 必须按照右手螺旋规则，即右手四指按照 i-j-k 的转向拇指指向 l。

10.1.2 单元刚度矩阵

将式(10-3)代入空间问题几何方程(式 7-5)得到：

$$\{\varepsilon\} = [\varepsilon_x \ \varepsilon_y \ \varepsilon_z \ \gamma_{xy} \ \gamma_{yz} \ \gamma_{zx}]^T = [B]\{\delta\}^e = [B_i \ -B_j \ B_k \ -B_l]\{\delta\}^e \qquad (10\text{-}7)$$

其中：

$$[B_i] = \frac{1}{6V}\begin{bmatrix} b_i & 0 & 0 \\ 0 & c_i & 0 \\ 0 & 0 & d_i \\ c_i & b_i & 0 \\ 0 & d_i & c_i \\ d_i & 0 & b_i \end{bmatrix} \quad (i,j,k,l) \qquad (10\text{-}8)$$

上式表明 $[B]$ 中的元素都是常量，因此单元中的应变也是常量，所以采用线性位移模式的四面体单元是常应变单元。

根据本构方程(式 7-10)，得到单元应力向量：

$$\{\sigma\} = [D][B]\{\delta\}^e = [S]\{\delta\}^e = [S_i \ -S_j \ S_k \ -S_l]\{\delta\}^e \qquad (10\text{-}9)$$

其中：

$$[S_i] = [D][B_i] = \frac{6A_3}{V}\begin{bmatrix} b_i & A_1c_i & A_1d_i \\ A_1b_i & c_i & A_1d_i \\ A_1b_i & A_1c_i & d_i \\ A_2c_i & A_2b_i & 0 \\ 0 & A_2d_i & A_2c_i \\ A_2d_i & 0 & A_2b_i \end{bmatrix} \quad (10\text{-}10)$$

$$A_1 = \frac{\nu}{1-\nu},\ A_2 = \frac{1-2\nu}{2(1-\nu)},\ A_3 = \frac{E(1-\nu)}{36(1+\nu)(1-2\nu)}$$

由三维变形体虚功原理(式 7-14)，采用平面问题类似的处理方法，得到：

$$\iiint [N]^T\{p\}dV + \iint [N]^T\{q\}dA + \{F\}^e = [K]^e\{\delta\}^e \quad (10\text{-}11)$$

其中：

$$[K]^e = \iiint [B]^T[D][B]dV = [B]^T[D][B]V \quad (10\text{-}12)$$

称为单元刚度矩阵。式中体积分是对整个单元 e 进行的，而面积分只对作用有荷载的边界进行。

单元刚度矩阵可以表示为分块矩阵形式：

$$[K]^e = \begin{bmatrix} k_{ii} & -k_{ij} & k_{ik} & -k_{il} \\ -k_{ji} & k_{jj} & -k_{jk} & k_{jl} \\ k_{ki} & -k_{kj} & k_{kk} & -k_{kl} \\ -k_{li} & k_{lj} & -k_{lk} & k_{ll} \end{bmatrix} \quad (10\text{-}13)$$

其中：

$$[k_{rs}] = [B_r]^T[D][B_s]V$$
$$= \frac{A_3}{V}\begin{bmatrix} b_rb_s + A_2(c_rc_s+d_rd_s) & A_1b_rc_s+A_2c_rb_s & A_1b_rd_s+A_2d_rb_s \\ A_1c_rb_s+A_2b_rc_s & c_rc_s+A_2(d_rd_s+b_rb_s) & A_1c_rd_s+A_2d_rc_s \\ A_1d_rb_s+A_2b_rd_s & A_1d_rc_s+A_2c_rd_s & d_rd_s+A_2(b_rb_s+c_rc_s) \end{bmatrix}$$
$$(r=i,j,k,l;s=i,j,k,l) \quad (10\text{-}14)$$

由此看出单元刚度矩阵是由单元结点的坐标和单元材料的弹性常数所决定的，所以它是一个常数矩阵。

如果弹性实体划分为 n_e 个单元和 n 个结点，弹性实体整体刚度矩阵的形成和平面问题整体刚度矩阵的形成过程相同，得到：

$$\{R\} = [K]\{\delta\} \tag{10-15}$$

10.1.3 等效结点力

整体等效结点荷载向量由各个单元的等效结点荷载集合而成，表示为：

$$\{R\} = \sum_{e=1}^{n_e}(\{F\}^e + \{Q\}^e + \{P\}^e) = \{F\} + \{Q\} + \{P\} \tag{10-16}$$

其中：

$$\{R\} = [R_1^T \quad R_2^T \quad \cdots \quad R_n^T]^T$$

单元结点力 $\{R_i\}$ 有 3 个分量，即：

$$\{R_i\} = [R_{ix} \quad R_{iy} \quad R_{iz}]^T \quad (i=1,2,\cdots,n)$$

式(10-16)中，单元 e 上集中力的等效结点荷载向量为：

$$\{F\}^e = [(F_i^e)^T \quad (F_j^e)^T \quad (F_k^e)^T \quad (F_l^e)^T]^T$$

任意结点 i 上的集中力等效结点力为：

$$\{F_i\}^e = [F_{ix}^e \quad F_{iy}^e \quad F_{iz}^e]^T = (N_i)_c\{G\} \tag{10-17}$$

其中 $\{G\} = [G_x \quad G_y \quad G_z]^T$ 是作用在单元 e 上的集中力；$(N_i)_c$ 是形函数 N_i 在集中力作用点的值。

式(10-16)中，单元 e 上表面力的等效结点荷载向量为：

$$\{Q\}^e = [(Q_i^e)^T \quad (Q_j^e)^T \quad (Q_k^e)^T \quad (Q_l^e)^T]^T$$

任意结点 i 上的表面力等效结点力为：

$$\{Q_i\}^e = \iint N_i\{q\}\mathrm{d}A \tag{10-18}$$

其中 $\{q\} = [q_x \quad q_y \quad q_z]^T$ 是作用在弹性体边界单元 e 单位表面积上的表面力。

式(10-16)中，单元 e 上体积力的等效结点荷载向量为：

$$\{P\}^e = [(P_i^e)^T \quad (P_j^e)^T \quad (P_k^e)^T \quad (P_l^e)^T]^T$$

任意结点 i 上的体积力等效结点力为：

$$\{P_i\}^e = \iiint N_i\{p\}\mathrm{d}V \tag{10-19}$$

其中 $\{p\} = [p_x \quad p_y \quad p_z]^T$ 是作用在单元 e 单位体积的体积力。

可以利用上面各式按照虚功等效原则把单元上的荷载向 4 个结点移置，两种常用荷载的移置结果如下：

(1) 均质单元的自重分配到 4 个结点的等效结点力数值都等于 $\gamma V/4$, 其中 γ 是材料密度; V 是单元的体积。

(2) 设单元 e 的某一边界面 ijk 受有线性分布荷载, 它在 i、j、k 共 3 个结点处的集度为 q_i、q_j 及 q_k, 则分配到结点 i 的等效结点力数值为:

$$Q_i = \frac{1}{6}\left(q_i + \frac{1}{2}q_j + \frac{1}{2}q_k\right)\Delta_{ijk} \quad (i,j,k)$$

式中　Δ_{ijk} ——三角形 ijk 的面积。

10.2　空间等参数应变单元

平面等参数单元的构成方法, 可以推广到空间问题。空间 20 结点等参数单元(图 10-2b)是由边长为 2 的立方体母单元(图 10-2a)通过坐标变换得到的, 通常是一个曲面曲棱的六面体。局部坐标系 $\xi\eta\zeta$ 放在母单元的形心处。

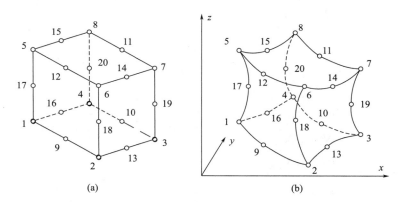

图 10-2　空间 20 结点等参数单元

10.2.1　形状函数

坐标变换式可以写成:

$$x = \sum_{i=1}^{20} N_i x_i \quad y = \sum_{i=1}^{20} N_i y_i \quad z = \sum_{i=1}^{20} N_i z_i \tag{10-20}$$

其中按照平面问题形函数构成的方法, 推导出:

$$\begin{aligned}
N_i =\ & (1+\xi_0)(1+\eta_0)(1+\zeta_0)(\xi_0+\eta_0+\zeta_0-2)\xi_i^2\eta_i^2\zeta_i^2/8 \\
& + (1-\xi^2)(1+\eta_0)(1+\zeta_0)(1-\xi_i^2)\eta_i^2\zeta_i^2/4 \\
& + (1-\eta^2)(1+\zeta_0)(1+\xi_0)(1-\eta_i^2)\zeta_i^2\xi_i^2/4 \\
& + (1-\zeta^2)(1+\xi_0)(1+\eta_0)(1-\zeta_i^2)\xi_i^2\eta_i^2/4 \\
& (i=1,2,\cdots,20)
\end{aligned} \tag{10-21}$$

其中 $\xi_0=\xi_i\xi$，$\eta_0=\eta_i\eta$，$\zeta_0=\zeta_i\zeta$，而 (ξ_i, η_i, ζ_i) 是结点 i 在局部坐标系 $\xi\eta\zeta$ 中的坐标。

位移模式为：

$$u=\sum_{i=1}^{20}N_iu_i \quad v=\sum_{i=1}^{20}N_iv_i \quad w=\sum_{i=1}^{20}N_iw_i \tag{10-22}$$

10.2.2 单元刚度矩阵

根据几何关系单元应变向量为：

$$\{\varepsilon\}=\begin{Bmatrix}\partial u/\partial x \\ \partial v/\partial y \\ \partial w/\partial z \\ \partial u/\partial y+\partial v/\partial x \\ \partial v/\partial z+\partial w/\partial y \\ \partial w/\partial x+\partial u/\partial z\end{Bmatrix}=[B]\{\delta\}^e=[B_1 \quad B_2 \quad \cdots \quad B_{20}]\begin{Bmatrix}\delta_1 \\ \delta_2 \\ \vdots \\ \delta_{20}\end{Bmatrix} \tag{10-23}$$

其中：

$$[B_i]=\begin{bmatrix}N_{i,x} & 0 & 0 \\ 0 & N_{i,y} & 0 \\ 0 & 0 & N_{i,z} \\ N_{i,y} & N_{i,x} & 0 \\ 0 & N_{i,z} & N_{i,y} \\ N_{i,z} & 0 & N_{i,x}\end{bmatrix}, \quad \{\delta_i\}=\begin{Bmatrix}u_i \\ v_i \\ w_i\end{Bmatrix} \quad (i=1,2,\cdots,20) \tag{10-24}$$

式中 $N_{i,x}$ —— N_i 对 x 的偏导数，这种符号表示对其他变量同样适用。

根据复合函数求导规则，有：

$$\begin{Bmatrix}N_{i,\xi} \\ N_{i,\eta} \\ N_{i,\zeta}\end{Bmatrix}=\begin{bmatrix}x_{,\xi} & y_{,\xi} & z_{,\xi} \\ x_{,\eta} & y_{,\eta} & z_{,\eta} \\ x_{,\zeta} & y_{,\zeta} & z_{,\zeta}\end{bmatrix}\begin{Bmatrix}N_{i,x} \\ N_{i,y} \\ N_{i,z}\end{Bmatrix}=[J]\begin{Bmatrix}N_{i,x} \\ N_{i,y} \\ N_{i,z}\end{Bmatrix} \tag{10-25}$$

其中：

$$x_{,\xi}=\sum_{i=1}^{20}N_{i,\xi}x_i,\cdots,z_{,\zeta}=\sum_{i=1}^{20}N_{i,\zeta}z_i \tag{10-26}$$

由式(10-25)求得：

$$\begin{Bmatrix}N_{i,x} \\ N_{i,y} \\ N_{i,z}\end{Bmatrix}=[J]^{-1}\begin{Bmatrix}N_{i,\xi} \\ N_{i,\eta} \\ N_{i,\zeta}\end{Bmatrix} \tag{10-27}$$

单元的应力向量为：

$$\{\sigma\} = [\sigma_x \quad \sigma_y \quad \sigma_z \quad \tau_{xy} \quad \tau_{yz} \quad \tau_{zx}]^T = [D][B]\{\delta\}^e = [DB_1 \quad DB_2 \quad \cdots \quad DB_{20}]\{\delta\}^e$$
(10-28)

其中：

$$[D][B_i] = \begin{bmatrix} N_{i,x} & A_1 N_{i,y} & A_1 N_{i,z} \\ A_1 N_{i,x} & N_{i,y} & A_1 N_{i,z} \\ A_1 N_{i,x} & A_1 N_{i,y} & N_{i,z} \\ A_2 N_{i,y} & A_2 N_{i,x} & 0 \\ 0 & A_2 N_{i,z} & A_2 N_{i,y} \\ A_2 N_{i,z} & 0 & A_2 N_{i,x} \end{bmatrix}$$
(10-29)

$$A_1 = \frac{\nu}{1-\nu}, \quad A_2 = \frac{1-2\nu}{2(1-\nu)}, \quad A_3 = \frac{E(1-\nu)}{36(1+\nu)(1-2\nu)}$$

单元刚度矩阵为：

$$[K]^e = \iiint [B]^T [D][B] dV = \begin{bmatrix} k_{1,1} & k_{1,2} & \cdots & k_{1,20} \\ k_{2,1} & k_{2,2} & \cdots & k_{2,20} \\ \vdots & \vdots & \vdots & \vdots \\ k_{20,1} & k_{20,2} & \cdots & k_{20,20} \end{bmatrix}$$

其中每一个子矩阵的计算公式是：

$$[k_{ij}] = \iiint [B_i]^T [D][B_j] dx dy dz = \int_{-1}^{1} \int_{-1}^{1} \int_{-1}^{1} \iiint [B_i]^T [D][B_j] |J| d\xi d\eta d\zeta$$
$$(i,j=1,2,\cdots,20)$$
(10-30)

10.2.3 等效结点力

1. 集中力

设单元上某点受到集中力 $\{G\} = [G_x \quad G_y \quad G_z]^T$ 作用，则按照静力等效原则移置到单元各结点的集中力等效结点力为：

$$\{F_i\}^e = [F_{ix}^e \quad F_{iy}^e \quad F_{iz}^e]^T = (N_i)_c \{G\} \quad (i=1,2,\cdots,20)$$
(10-31)

2. 体积力

设单元的体积力为 $\{p\} = [p_x \quad p_y \quad p_z]^T$，则按照静力等效原则移置到单元各结点的体积力等效结点力为：

$$\{P_i\}^e = \begin{Bmatrix} P_{ix}^e \\ P_{iy}^e \\ P_{iz}^e \end{Bmatrix} = \int_{-1}^{1}\int_{-1}^{1}\int_{-1}^{1} N_i \begin{Bmatrix} p_x \\ p_y \\ p_z \end{Bmatrix} |J| \, \mathrm{d}\xi \mathrm{d}\eta \mathrm{d}\zeta \quad (i=1,2,\cdots,20) \qquad (10\text{-}32)$$

3. 表面力

设单元的某边界面上作用有表面力 $\{q\} = [q_x \quad q_y \quad q_z]^T$，则按照静力等效原则移置到单元此面上各结点的表面力等效结点力为：

$$\{Q_i\}^e = \begin{Bmatrix} Q_{ix}^e \\ Q_{iy}^e \\ Q_{iz}^e \end{Bmatrix} = \iint N_i \begin{Bmatrix} q_x \\ q_y \\ q_z \end{Bmatrix} \mathrm{d}s \quad (i=1,2,\cdots,20) \qquad (10\text{-}33)$$

式中曲面积分是在单元上作用有分布力 q 的某一面上进行的。

例 10-1 内半径 $R_I = 106.4\text{mm}$，外半径 $R_O = 109.7\text{mm}$，厚度 $h = 2.54\text{mm}$，对应圆心角为 $90°$ 的四分之一圆弧形曲梁，下端固定，上端作用有竖直向上的集中力 $F = 4.4483\text{N}$，如图 10-3 所示，材料的弹性模量 $E = 70\text{GPa}$，泊松比 $\nu = 0.25$，确定自由端挠度和固定端最大拉、压应力。

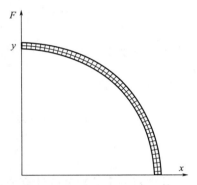

图 10-3 四分之一悬臂曲梁

解： 采用空间 20 结点等参数单元，其中厚度方向划分为 2 个单元，径向划分为 2 个单元，弧度方向划分为 36 个单元，共 144 个单元。求得自由端最大挠度为 2.186mm，弹性力学精确解为 2.187mm，相对误差 $\left|\dfrac{2.186-2.187}{2.187}\right| = 0.046\%$。固定端最大拉应力为 45.90MPa，弹性力学精确解为 44.33MPa，相对误差 $\left|\dfrac{45.90-44.33}{44.33}\right| = 3.5\%$。固定端最大压应力为 44.20MPa，弹性力学精确解为 42.27MPa，相对误差 $\left|\dfrac{44.20-42.27}{42.27}\right| = 4.6\%$。

思考及练习题

10-1 试证明常应变四面体单元是完备协调单元。

10-2 给出空间 8 结点六面体单元的位移模式，并推导单元刚度矩阵及方程。

第 11 章 薄板弯曲问题有限元分析

本章讨论的薄板弯曲问题属于薄板小挠度问题，即其变形完全由挠度 w 确定。本章介绍常用的薄板弯曲矩形单元，其计算精度和收敛性都是优秀的。而对于薄板大挠度问题，则属于结构几何非线性问题，建议读者阅读非线性有限元分析的有关书籍。

11.1 薄板弯曲问题基本方程

11.1.1 基本概念和假定

由两个平行平面和垂直于平行平面的柱面所围成的物体，称为板（图 11-1）。这两个平行平面称为板面，周边柱面称为侧面。两个板面之间的距离 h 称为板的厚度。平分厚度的平面称为板的中面。如果板的厚度 h 与中面最小尺寸 b 的比值在下列范围内：

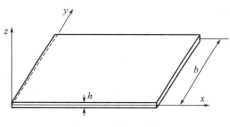

图 11-1 薄板示意图

$$\left(\frac{1}{100} \sim \frac{1}{80}\right) < \frac{h}{b} < \left(\frac{1}{8} \sim \frac{1}{5}\right)$$

则这个板称为薄板，否则称为厚板或薄膜。

薄板承受的荷载可以分为两种：一种是平行中面的纵向荷载，另一种是垂直于中面的横向荷载。对于纵向荷载，可以认为其沿板厚度均匀分布，产生的力学问题属于平面应力问题，用有限单元法分析，如第 9 章所述。横向荷载将使薄板产生弯曲变形，此时中面所弯成的曲面，称为薄板弹性曲面。中面各点在垂直于中面方向的位移称为挠度。

薄板弯曲问题属于空间问题，当板的挠度 w 小于厚度 h 时，为了简化分析，可以使用克希荷夫（Kirchhoff）假设：

1) 板的中面在自身平面内没有变形，即在弯曲时，中面是中性面。
2) 弯曲前板内垂直于中面的直线段，在弯曲后仍然保持为直线，且垂直于中性曲面，线段的长度不变。
3) 中面法向应力很小，可以忽略。

根据以上假设可得如下推断：

由第 2) 条直法线假设（长度不变），可知 $\varepsilon_z = 0$，进一步推得：

$$w = w(x,y) \tag{11-1}$$

同样由第2)条直法线假设,可知 $\gamma_{xz} = \gamma_{yz} = 0$,进一步推得:

$$u = -z\frac{\partial w}{\partial x} + f_1(x,y), \quad v = -z\frac{\partial w}{\partial y} + f_2(x,y)$$

再由第1)条假设(中面无变形),即 $z = 0$ 时,$u = v = 0$,最终可得:

$$u = -z\frac{\partial w}{\partial x}, \quad v = -z\frac{\partial w}{\partial y} \tag{11-2}$$

11.1.2 薄板内力

由前述内容可知,薄板的弯曲问题主要是求解挠度 w,它是 x、y 的函数。利用几何方程,可以确定板内各点的应变分量为:

$$\{\varepsilon\} = \begin{Bmatrix} \varepsilon_x \\ \varepsilon_y \\ \gamma_{xy} \end{Bmatrix} = \begin{Bmatrix} \dfrac{\partial u}{\partial x} \\ \dfrac{\partial v}{\partial y} \\ \dfrac{\partial u}{\partial y} + \dfrac{\partial v}{\partial x} \end{Bmatrix} = -z \begin{Bmatrix} \dfrac{\partial^2 w}{\partial x^2} \\ \dfrac{\partial^2 w}{\partial y^2} \\ 2\dfrac{\partial^2 w}{\partial x \partial y} \end{Bmatrix} \tag{11-3}$$

在小变形情况下,$-\dfrac{\partial^2 w}{\partial x^2}$、$-\dfrac{\partial^2 w}{\partial y^2}$、$-\dfrac{\partial^2 w}{\partial x \partial y}$ 分别为弹性中面曲面在 x、y 方向的曲率和 x、y 方向的扭率。

根据薄板的克希荷夫(Kirchhoff)假设,略去 σ_z,板内各点的应力表示为:

$$\{\sigma\} = \begin{Bmatrix} \sigma_x \\ \sigma_y \\ \tau_{xy} \end{Bmatrix} = [D]\{\varepsilon\} = -z[D] \begin{Bmatrix} \dfrac{\partial^2 w}{\partial x^2} \\ \dfrac{\partial^2 w}{\partial y^2} \\ 2\dfrac{\partial^2 w}{\partial x \partial y} \end{Bmatrix} \tag{11-4}$$

其中:

$$[D] = \frac{E}{1-\nu^2} \begin{bmatrix} 1 & \nu & 0 \\ \nu & 1 & 0 \\ 0 & 0 & \dfrac{1-\nu}{2} \end{bmatrix} \tag{11-5}$$

由板的理论得知,作用在板侧面的弯矩 M_x、M_y 和扭矩 M_{xy} 是正应力 σ_x、σ_y 和剪应力 τ_{xy} 在板侧面的合力矩(图11-2),如果 M_x、M_y 和 M_{xy} 表示单位长度的合力矩,有:

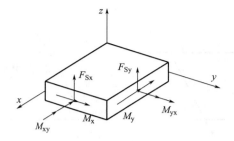

图 11-2 平板内力

$$\{M\} = \begin{Bmatrix} M_x \\ M_y \\ M_{xy} \end{Bmatrix} = \int_{-h/2}^{h/2} z\{\sigma\}\mathrm{d}z = -\frac{h^3}{12}[D]\begin{Bmatrix} \dfrac{\partial^2 w}{\partial x^2} \\ \dfrac{\partial^2 w}{\partial y^2} \\ 2\dfrac{\partial^2 w}{\partial x \partial y} \end{Bmatrix} \tag{11-6}$$

比较式(11-4)和式(11-6)，可以得到用内力矩表示的平板应力：

$$\{\sigma\} = \frac{12z}{h^3}\{M\} \tag{11-7}$$

11.2 薄板弯曲矩形单元

薄板弯曲矩形单元是薄板弯曲问题有限元分析时常采用的一种单元，其结点位移和结点力如图 11-3 所示。结点位移包括结点的挠度及挠度在 x 和 y 方向的一阶偏导数。当平板中面用一系列矩形单元划分时，相邻单元在共同结点上有挠度及其斜率的连续性。通常将结点 i 的位移向量表示为：

$$\{\delta_i\} = \begin{Bmatrix} w_i \\ \theta_{xi} \\ \theta_{yi} \end{Bmatrix} = \begin{Bmatrix} w_i \\ \left(\dfrac{\partial w}{\partial y}\right)_i \\ -\left(\dfrac{\partial w}{\partial x}\right)_i \end{Bmatrix} \quad (i=1,2,3,4) \tag{11-8}$$

对应的结点力向量为：

$$\{F_i\} = \begin{Bmatrix} W_i \\ M_{xi} \\ M_{yi} \end{Bmatrix} \quad (i=1,2,3,4) \tag{11-9}$$

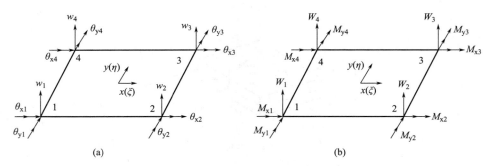

图 11-3 薄板弯曲矩形单元结点位移和结点力

11.2.1 形状函数

可以将平板的挠度表示成标准形式：

$$w = [N]\{\delta\}^e \tag{11-10}$$

$$[N] = [[N]_1 \quad [N]_2 \quad [N]_3 \quad [N]_4] \quad \{\delta\}^e = [\delta_1^T \quad \delta_2^T \quad \delta_3^T \quad \delta_4^T]^T \tag{11-11}$$

其中：

$$\begin{aligned}
&[N]_i = [N_i \quad N_{xi} \quad N_{yi}] \quad (i=1,2,3,4) \\
&N_i = (1+\xi_0)(1+\eta_0)(2+\xi_0+\eta_0-\xi^2-\eta^2)/8 \\
&N_{xi} = -b\eta_i(1+\xi_0)(1+\eta_0)(1-\eta^2)/8 \\
&N_{yi} = a\xi_i(1+\xi_0)(1+\eta_0)(1-\xi^2)/8
\end{aligned} \tag{11-12}$$

式中 $\xi_0 = \xi_i \xi$；

$\eta_0 = \eta_i \eta$。

11.2.2 单元刚度方程

将式(11-10)～式(11-13)代入薄板几何方程(式 11-3)，得到单元应变：

$$\{\varepsilon\} = [B]\{\delta\}^e = [B_1 \quad B_2 \quad B_3 \quad B_4]\{\delta\}^e \tag{11-13}$$

$$[B_i] = -z \begin{Bmatrix} [N]_{i,xx} \\ [N]_{i,yy} \\ 2[N]_{i,xy} \end{Bmatrix} = -z \begin{Bmatrix} [N]_{i,\xi\xi}/a^2 \\ [N]_{i,\eta\eta}/b^2 \\ 2[N]_{i,\xi\eta}/ab \end{Bmatrix} = -\frac{z}{ab} \begin{Bmatrix} \dfrac{b}{a}[N]_{i,\xi\xi} \\ \dfrac{a}{b}[N]_{i,\eta\eta} \\ 2[N]_{i,\xi\eta} \end{Bmatrix} \tag{11-14}$$

由式(11-12)可以算出：

$$-\frac{b}{a}[N]_{i,\xi\xi} = \frac{1}{4}\left[3\frac{b}{a}\xi_0(1+\eta_0) \quad 0 \quad b\xi_i(1+3\xi_0)(1+\eta_0)\right]$$

$$-\frac{a}{b}[N]_{i,\eta\eta} = \frac{1}{4}\left[3\frac{a}{b}\eta_0(1+\eta_0) \quad -a\eta_i(1+\xi_0)(1+3\eta_0) \quad 0\right]$$

$$-2[N]_{i,\xi\eta} = \frac{1}{4}\left[\xi_i\eta_i(3\xi^2+3\eta^2-4) \quad -b\xi_i(3\eta^2+2\eta_0-1) \quad a\eta_i(3\xi^2+2\xi_0-1)\right]$$

$$(i=1,2,3,4)$$

于是单元刚度矩阵可以写成：

$$[K]^e = \begin{bmatrix} k_{11} & k_{12} & k_{13} & k_{14} \\ k_{21} & k_{22} & k_{23} & k_{24} \\ k_{31} & k_{32} & k_{33} & k_{34} \\ k_{41} & k_{42} & k_{43} & k_{44} \end{bmatrix} \tag{11-15}$$

其中子矩阵的计算公式是：

$$[k_{ij}] = \iiint [B_i]^T[D][B_j]dxdydz = \int_{-h/2}^{h/2}\int_{-1}^{1}\int_{-1}^{1}\iiint [B_i]^T[D][B_j]abd\xi d\eta dz$$

$$(i,j=1,2,3,4)$$

11.2.3 单元等效结点力

如果平板单元受有横向分布荷载 q 的作用，等效结点力为：

$$\{Q_i\}^e = \begin{Bmatrix} W_i \\ M_{xi} \\ M_{yi} \end{Bmatrix} = \int_{-1}^{1}\int_{-1}^{1} q[N]_i^T abd\xi d\eta \quad (i=1,2,3,4) \tag{11-16}$$

特别地，当分布力 $q=q_0$ 为常量时，得到：

$$W_i = abq_0, \quad M_{xi} = -\frac{q_0ab^2}{3}\eta_i, \quad M_{yi} = \frac{q_0a^2b}{3}\xi_i$$

11.2.4 薄板边界条件

平板边界条件远较平面问题复杂，其边界涉及挠度（位移）、集中剪力、弯矩等因数，可以分为以下三种边界条件：

1) 已知边界位移和转角

$$w = \overline{w}$$
$$\frac{\partial w}{\partial n} = \overline{\theta} \text{(在 } S_1 \text{ 上)} \tag{11-17}$$

式中 $\overline{w}$、$\overline{\theta}$——在边界给定的位移和转角；
n——边界的法线方向。

2）已知边界位移和力矩

$$\begin{matrix} w = \overline{w} \\ M_n = \overline{M}_n \end{matrix} \quad (在 S_2 上) \tag{11-18}$$

式中 $\overline{w}$、$\overline{M}_n$——在边界给定的位移和力矩。

3）已知边界力矩和集中剪力

$$\begin{matrix} M_n = \overline{M}_n \\ F_S + \dfrac{\partial M_n}{\partial t} = \overline{F}_S \end{matrix} \quad (在 S_3 上) \tag{11-19}$$

式中 $\overline{M}_n$、$\overline{F}_S$——在边界给定的力矩和集中剪力；
t——边界的切线方向。

例 11-1 一块方板，如图 11-4 所示，边长 L，板厚 h，材料弹性模量 E，泊松比 ν，承受均布荷载 q 作用。在板四边简支和固定的边界条件下，确定板中心挠度。

解：在四边简支边界条件下，板中心挠度的弹性力学解析解为：

$$w_{\max} = 0.004062 \dfrac{qL^4}{D}$$

在四边固定边界条件下，板中心挠度的弹性力学解析解为：

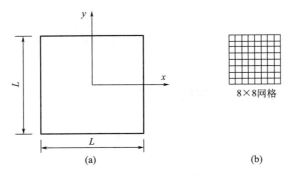

$$w_{\max} = 0.001260 \dfrac{qL^4}{D}$$

式中 D——板的弯曲刚度，为：

$$D = \dfrac{Eh^3}{12(1-\nu^2)}$$

图 11-4 方板及其单元划分

由于平板的对称性，计算时只需考虑四分之一板。采用平板矩形单元，8×8 网格，在四边简支边界条件下，板中心挠度的有限元解为：

$$w_{\max} = 0.004065 \frac{qL^4}{D}$$

在四边固定边界条件下，板中心挠度的弹性有限元解为：

$$w_{\max} = 0.001268 \frac{qL^4}{D}$$

第 12 章 有限单元法的动力学和材料非线性问题应用

实际结构经常受到随时间变化的荷载作用，当这种动荷载与静荷载相比无足轻重时，它的影响往往可以忽略不计，只需进行静态的有限元分析；但当结构受到的动荷载作用明显时，如建筑结构受到地震的作用、桥梁受到行驶的汽车和火车的振动、船舶受到海浪的冲击等，则必须进行动力学分析。

12.1 模态分析

结构受到动荷载作用时，外力和位移都是时间 t 的函数。如果忽略阻尼力，则根据达朗贝尔原理，只要在外力中加入惯性力，就可以像推导结构静力学方程一样推导结构动力学方程。

设单元 e 的质量密度为 ρ，单元内部各点的加速度 $\{\ddot{u}\}$ 可以用单元结点的加速度 $\{\ddot{\delta}\}^e$ 表示为：

$$\{\ddot{u}\} = [N]\{\ddot{\delta}\}^e \tag{12-1}$$

单元中的分布惯性力为：

$$\{p_m\} = -\rho\{\ddot{u}\} = -\rho[N]\{\ddot{\delta}\}^e$$

设单元中的体积力向量是 $\{p\}$，考虑惯性力后，总的体积力向量可以表示为：

$$\{p'\} = \{p\} - \rho[N]\{\ddot{\delta}\}^e \tag{12-2}$$

根据达朗贝尔原理，由空间问题有限元控制方程(式 10-11)，得到：

$$\int [B]^T[D][B]dV\{\delta\}^e + \int \rho[N]^T[N]dV\{\ddot{\delta}\}^e = \int [N]^T\{p\}dV + \int [N]^T\{q\}dA + \{F\} \tag{12-3}$$

记：

$$[m] = \int \rho[N]^T[N]dV \tag{12-4}$$

式中 $[m]$——单元质量矩阵。

按照有限单元法"化零为整"的集合过程，最后得到动力平衡方法为：

12.1 模态分析

$$[M]\{\ddot{\delta}\} + [K]\{\delta\} = \{R\} \tag{12-5}$$

式中 $[M]$——整体质量矩阵,由各单元的质量矩阵 $[m]$ 集合而来;

$\{R\}$——等效结点荷载向量。

在单元质量矩阵公式(式 12-4)的推导过程中,采用了式(12-1)的加速度表达式,使用了形函数矩阵 $[N]$,这样形成的单元质量矩阵称为一致质量矩阵。有时候为了方便起见,也可以采用集中质量矩阵。所谓集中质量矩阵,是按照静力学平行力系等效原理,将单元的分布质量用位于单元结点的质点(集中)质量来替代所得的单元质量矩阵。

下面以质量密度为 ρ 的均质等厚度平面三角形常应变单元为例,说明一致质量矩阵和集中质量矩阵的计算过程。三角形单元的面积为 A,厚度为 t。

按照式(9-6),三角形单元的形函数矩阵为:

$$[N] = [N_i I \quad N_j I \quad N_m I]$$

将上式代入式(12-4),得到:

$$[m] = \int \rho [N]^T [N] dV = \rho t \iint \begin{bmatrix} IN_i N_i & IN_i N_j & IN_i N_m \\ IN_j N_i & IN_j N_j & IN_j N_m \\ IN_m N_i & IN_m N_j & IN_m N_m \end{bmatrix} dx\,dy$$

利用积分公式:

$$\iint N_r N_s dx\,dy = \frac{\Delta}{12}(1+\delta_{rs}) \quad (r,\ s = i,\ j,\ m)$$

式中 $\delta_{rs} = \begin{cases} 1 & (\text{当 } r = s) \\ 0 & (\text{当 } r \neq s) \end{cases}$

得到一致质量矩阵为:

$$[m] = \frac{\rho t \Delta}{3} \begin{bmatrix} \frac{1}{2} & 0 & \frac{1}{4} & 0 & \frac{1}{4} & 0 \\ 0 & \frac{1}{2} & 0 & \frac{1}{4} & 0 & \frac{1}{4} \\ \frac{1}{4} & 0 & \frac{1}{2} & 0 & \frac{1}{4} & 0 \\ 0 & \frac{1}{4} & 0 & \frac{1}{2} & 0 & \frac{1}{4} \\ \frac{1}{4} & 0 & \frac{1}{4} & 0 & \frac{1}{2} & 0 \\ 0 & \frac{1}{4} & 0 & \frac{1}{4} & 0 & \frac{1}{2} \end{bmatrix}$$

根据集中质量矩阵的定义和静力学平行力的等效原理,上述均质等厚度平面三角形单元的集中质量矩阵为:

$$[m] = \frac{\rho t \Delta}{3} \begin{bmatrix} 1 & 0 & 0 & 0 & 0 & 0 \\ 0 & 1 & 0 & 0 & 0 & 0 \\ 0 & 0 & 1 & 0 & 0 & 0 \\ 0 & 0 & 0 & 1 & 0 & 0 \\ 0 & 0 & 0 & 0 & 1 & 0 \\ 0 & 0 & 0 & 0 & 0 & 1 \end{bmatrix}$$

即每个结点聚集三角形单元三分之一的质量。

集中质量矩阵是一个对角矩阵，非零元素只在对角线上。集中质量矩阵的计算比一致质量矩阵要简单，但在实际结构自振频率计算时往往也能取得令人满意的结果。

计算结构的自振(固有)频率和振型，即模态分析，是动力学分析的基本内容。一些常用的动力学分析，如谐响应分析、响应谱分析等都是以模态分析作为基础的。

由式(12-5)，得到结构的无阻尼自由振动方程为：

$$[M]\{\ddot{\delta}\} + [K]\{\delta\} = 0 \tag{12-6}$$

式(12-6)是常系数线性齐次微分方程组，其解的形式为：

$$\{\delta\} = \{U\}\sin\omega t$$

代入式(12-6)中，得到：

$$([K] - \omega^2[M])\{U\} = 0 \tag{12-7}$$

式(12-7)是其次线性代数方程组，若要有非零解，则必须系数行列式等于零，即：

$$\det([K] - \omega^2[M]) = 0$$

这是 ω^2 的 n 次实系数方程，为常系数线性齐次微分方程组(式12-6)的特征方程。

求解式(12-7)的问题称为广义特征值问题，满足式(12-7)的解 $\omega^2 = \omega_i^2$ 及其对应的向量 $\{U\} = \{U_i\}(i=1, 2, \cdots, n)$，分别称为特征值和特征向量。$f_i = \omega_i/2\pi (i=1, 2, \cdots, n)$ 即为结构的第 i 阶自振频率，$\{U_i\}(i=1, 2, \cdots, n)$ 为对应第 i 阶自振频率 $f_i(i=1, 2, \cdots, n)$ 的振型。

12.2 谐响应分析

谐响应分析是用于确定线性结构承受正弦荷载作用时的稳态响应，目的是计算出结构在几种频率下的响应，并得到响应随频率变化的曲线。谐响应分析能预测结构的持续动力特性，从而验证设计能否成功地克服共振、疲劳，以及其他受迫振动引起的不良影响。

谐响应分析的输入：

1) 已知大小和频率的谐波荷载(力、压力和强迫位移)。
2) 同一频率的多种荷载，可以是同相或不同相的。

谐响应分析的输出：

1) 每一个自由度上的谐位移，通常和施加的荷载不同相。

2) 其他多种导出量，例如应力和应变等。

谐响应分析可以用于辅助设计旋转设备（如压缩机、发动机、泵、涡轮机械等）的支座、固定装置和部件；也可以辅助设计受涡流（流体的漩涡运动）影响的结构，例如涡轮叶片、飞机机翼、桥和塔等。例如对不同转速运转的发动机进行谐响应分析，确保其能经受住不同频率的各种正弦荷载，探测共振响应，并在必要时避免其发生（如借助阻尼器来避免共振）。

如果考虑结构的阻尼，则推导出的结构动力学方程为：

$$[M]\{\ddot{\delta}\} + [C]\{\dot{\delta}\} + [K]\{\delta\} = \{R\} \tag{12-8}$$

式中 $[C]$——结构的阻尼矩阵。

当荷载 $\{R\}$ 是简谐变化的，结构结点位移 $\{\delta\}$ 也将是简谐变化的，设它们的圆频率为 ω，有：

$$\{R\} = \{R_{\max}e^{i\psi}\}e^{i\omega t} = (\{R_1\} + i\{R_2\})e^{i\omega t}$$
$$\{\delta\} = \{\delta_{\max}e^{i\psi}\}e^{i\omega t} = (\{\delta_1\} + i\{\delta_2\})e^{i\omega t} \tag{12-9}$$

式中 $R_{\max}$——荷载幅值；

i——虚数单位，$i = \sqrt{-1}$；

ψ——荷载函数的相位角；

R_1、R_2——分别是荷载的实部和虚部，$R_1 = R_{\max}\cos\psi$，$R_2 = R_{\max}\sin\psi$；

$\delta_{\max}$——位移幅值；

δ_1、δ_2——分别是位移的实部和虚部，$\delta_1 = \delta_{\max}\cos\psi$，$\delta_2 = \delta_{\max}\sin\psi$。

得到谐响应的运动方程为：

$$(-\omega^2[M] + i\omega[C] + [K])(\{\delta_1\} + i\{\delta_2\}) = \{R_1\} + i\{R_2\} \tag{12-10}$$

当结构具有阻尼时，计算出的位移将是复数。

求解简谐运动方程的三种方法：

1) 完整法

这是缺省方法，也是最容易的方法。这种方法使用完整的结构矩阵，且允许非对称矩阵（例如：声学矩阵）。

2) 缩减法

这种方法使用缩减矩阵，求解比完整法更快。它需要选择主自由度，根据主自由度得到近似的 $[M]$ 矩阵和 $[C]$ 矩阵。

3) 模态叠加法

这种方法从前面的模态分析中得到各模态，再求乘以系数的各模态之和，它在所有求解方法中是最快的。

12.3 响应谱分析

响应谱代表结构系统对一个时间-历程荷载函数的响应，是一个响应和频率的关系曲线。谱分析是一种将模态分析结果和已知谱联系起来的计算结构响应的分析方法，主要用于确定结构对随机荷载或随时间变化荷载的动力响应。谱分析可分为时间-历程谱分析和频域的谱分析。时间-历程谱分析主要应用瞬态动力学分析。谱分析可以代替费时的时间-历程分析，主要用于确定结构对随机荷载或时间变化荷载(地震、风载、海洋波浪、喷气发动机推力、火箭发动机振动等)的动力响应情况。谱分析的主要应用包括核电站(建筑和部件)、机载电子设备(飞机/导弹)、宇宙飞船部件、飞机构件、船舶部件、任何承受地震或其他不规则荷载的结构或构件、建筑框架和桥梁等。

功率谱密度(Power Spectrum Density)：是结构在随机动态荷载激励下响应的统计结果，是一条功率谱密度值-频率值的关系曲线，其中 PSD 可以是位移 PSD、速度 PSD、加速度 PSD、力 PSD 等形式。数学上，PSD-频率关系曲线下面的面积就是方差，即响应标准偏差的平方值。

Ansys 谱分析分为 3 种类型：

1) 响应谱分析(SPRS or MPRS)

Ansys 响应谱分为单点响应谱和多点响应谱，前者指在模型的一个点集(不局限于一个点)定义一条响应谱；后者指在模型的多个点集定义多条响应谱。

2) 动力设计分析(DDAM)

动力设计分析是一种用于分析船舶装备抗振性的技术。

3) 随机振动分析(PSD)

随机振动分析主要用于确定结构在具有随机性质的荷载作用下的响应。与响应谱分析类似，随机振动分析也可以是单点的或多点的。在单点随机振动分析时，要求在结构的一个点集上指定一个 PSD；在多点随机振动分析时，则要求在模型的不同点集上指定不同的 PSD。

12.4 材料非线性问题

对于前面讨论的各种问题，材料的本构关系(应力-应变关系)都是线性的。本节将讨论材料非线性问题，所谓材料非线性问题是指材料的本构关系是非线性的。材料非线性问题可以分为两类。第一类是非线性弹性问题，例如橡皮、塑料、岩石、土壤等材料就属于这一类，它的非线性性质是十分明显的。第二类是非线性弹塑性问题，材料超过屈服极限以后就呈现出非线性性质，如低碳钢材料承受的应力达到屈服极限后，应力和应变的关系就变为非线性的,各种结构的弹塑性分析就是这类问题。这两类材料非线性问题在加载过程中本质上是相同的,非线性本构关系在计算方法上是完全一样的。但是卸载过程就会出现不同的现象,非线性弹性问题是可逆过程,卸载后结构的变形消失,结构会恢复到加载前的位置;而非线性弹塑性问题是不可逆的,它将会出现残余变形。

随着许多领域高新技术的发展,进一步挖掘材料潜力,以提高结构的承载能力,材料非线性问题的应力和应变分析,在工程实践中有着极其重要的意义。例如金属的压力加工、燃气轮机叶轮的超速工艺处理、塑料部件的应用、岩土力学的发展等问题,都需要进行精确的非线性弹性和塑性分析。

对于材料非线性问题进行有限元分析。在小变形的前提下,平衡方程和几何方程仍然成立,即:

$$\int [B]^T \{\sigma\} dV = \{R\} \tag{12-11}$$

$$\{\varepsilon\} = [B]\{\delta\} \tag{12-12}$$

但本构方程是非线性的,可以写成如下一般形式:

$$f(\{\sigma\}, \{\varepsilon\}) = 0$$

得到的结构刚度方程可以表示为:

$$[K(\{\delta\})]\{\delta\} = \{R\} \tag{12-13}$$

式(12-13)是非线性方程,一般由适当的叠加方法求解。

1. 变刚度法

1)割线刚度法(直接迭代法)

如果材料的本构关系可以表示成:

$$\{\sigma\} = [D(\{\varepsilon\})]\{\varepsilon\} \tag{12-14}$$

于是由式(12-12),应力向量可以写成:

$$\{\sigma\} = [D(\{\varepsilon\})][B]\{\delta\} = [D(\{\delta\})][B]\{\delta\}$$

将上式代入式(12-11),得到单元刚度矩阵为:

$$[K(\{\delta\})] = \int [B]^T [D(\{\varepsilon\})][B] dV \tag{12-15}$$

可以把式(12-13)写成迭代公式:

$$[K]_{n-1}\{\delta\}_n = \{R\} \tag{12-16}$$

迭代步骤如下:

首先取 $\{\delta\}_0 = 0$,算出 $[K(\{\delta\}_0)] = [K]_0$,由迭代公式(式 12-16)解出:

$$\{\delta\}_1 = [K]_0^{-1}\{R\}$$

作为第一次近似,再由已知的 $\{\delta\}_1$ 算出 $[K]_1$,再由式(12-16)解出 $\{\delta\}_2$ 作为第二次近似。重复以上步骤,多次迭代直至 $\{\delta\}_n \approx \{\delta\}_{n-1}$ 为止。$\{\delta\}_n$ 就是非线性方程组(式 12-13)的解。这个迭代过程中的单元应力变化如图 12-1(a)所示,逐步逼近到真值。其中,弹性矩阵 $[D(\{\varepsilon\})]$ 表示应力-应变曲线的割线斜率,所以这种变刚度方法称为割线刚度法或直接迭代法。

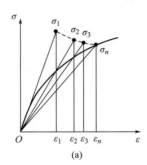 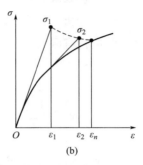

图 12-1 迭代过程中单元应力变化

2) 切线刚度法

如果材料的本构关系可以表示成增量的形式:

$$d\{\sigma\} = [D_T(\{\varepsilon\})]d\{\varepsilon\}$$

就可以利用切线刚度法,其中 $[D_T(\{\varepsilon\})]$ 是切线弹性矩阵。

将式(12-11)改写为:

$$\{\Psi(\{\delta\})\} = \int [B]^T\{\sigma\}dV - \{R\} = 0 \tag{12-17}$$

现在计算位移增量 $d\{\delta\}$ 引起的 $\{\Psi\}$ 变换,有:

$$d\{\Psi\} = \int [B]^T d\{\sigma\}dV = \left(\int [B]^T [D_T(\{\varepsilon\})][B]dV\right) d\{\delta\} = [K_T]d\{\delta\}$$

其中:

$$[K_T] = \int [B]^T [D_T(\{\varepsilon\})][B]dV \tag{12-18}$$

是切线刚度矩阵。

如果利用非线性方程组的常用解法牛顿-拉夫森(Newton-Raphson)方法,得到迭代公式为:

$$[K_T]_n \Delta\{\delta\}_{n+1} = -\{\Psi\}_n$$
$$\{\delta\}_{n+1} = \{\delta\}_n + \Delta\{\delta\}_{n+1} \tag{12-19}$$

12.4 材料非线性问题

其中：

$$\{\Psi\}_n = \int [B]^T \{\sigma\}_n dV - \{R\} \tag{12-20}$$

迭代步骤如下：如果已知位移的第 n 次近似值 $\{\delta\}_n$，由式(12-12)算出 $\{\varepsilon\}_n$，再通过应力-应变的增量关系得到切线弹性矩阵 $[D_T(\{\varepsilon\}_n)]$，代入式(12-18)，算出切线刚度矩阵 $[K_T]_n = [K_T(\{\delta\}_n)]$，再由式(12-20)算出 $\{\Psi\}_n$。把 $[K_T]_n$、$\{\Psi\}_n$ 代入式(12-19)，求解 $\Delta\{\delta\}_{n+1}$ 和 $\{\delta\}_{n+1}$。经过多次迭代，直至收敛为止。迭代过程中单元中的应力变化，如图 12-1(b)所示。

2. 初应力法

如果材料的物理方程可以取为如下形式：

$$\{\sigma\} = f(\{\varepsilon\}) \tag{12-21}$$

即由给定的应变值可以确定相应的应力值。

假设式(12-21)可以表示为具有初应力的线弹性物理方程：

$$\{\sigma\} = [D]\{\varepsilon\} + \{\sigma_0\} \tag{12-22}$$

式中 $\{\sigma_0\}$ ——初应力向量；

$[D]$ ——线性弹性矩阵，它是非线性材料在 $\{\delta\}=0$ 时的切线弹性矩阵。调整初应力值 $\{\sigma_0\}$，使它用式(12-22)表示为：

$$\{\sigma_0\} = \{\sigma\} - [D]\{\varepsilon\} = f(\{\varepsilon\}) - [D]\{\varepsilon\}$$

引进假想的线性弹性应力 $\{\sigma\}^{el} = [D]\{\varepsilon\}$，则：

$$\{\sigma_0\} = -(\{\sigma\}^{el} - \{\sigma\}) \tag{12-23}$$

如图 12-2 所示。

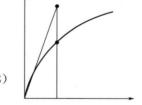

图 12-2 初应力的含义

把式(12-22)代入式(12-11)，得到：

$$\left(\int [B]^T [D] [B] dV\right)\{\varepsilon\} = \{R\} - \int [B]^T \{\sigma_0\} dV \tag{12-24}$$

令：

$$[K_0] = \int [B]^T [D] [B] dV$$

它是由线性弹性矩阵所定义的结构整体刚度矩阵。式(12-24)可以表示为：

$$[K_0]\{\delta\} = \{R\} - \int [B]^T \{\sigma_0\} dV \tag{12-25}$$

式(12-25)还可以写为：

$$[K_0]\{\delta\}_{n+1} = \{R\} - \{R\}_n$$
$$\{R\}_n = \int [B]^T (\{\sigma\}_n - \{\sigma\}_n^{el}) dV \tag{12-26}$$

因此，如果已知位移的第 n 次近似值 $\{\delta\}_n$，可以由式(12-12)和式(12-21)算出 $\{\sigma\}_n$，再由已知的 $[D]$ 和 $\{\varepsilon\}_n$ 计算 $\{\sigma\}_n^{el}$。利用式(12-26)的第二式计算 $\{R\}_n$，再由第一式求解 $\{\delta\}_{n+1}$。重复迭代，直到收敛为止。第一次近似解通常取 $\{R\}_0 = 0$，即线弹性问题的解。

由于在整个迭代过程中高度矩阵 $[K_0]$ 保持不变，因此也称为等刚度方法。

单元中应力和应变的变化如图 12-3 所示，最后收敛到真实解 $\{\sigma\}_m$ 和 $\{\varepsilon\}_m$。从图中可以看出，如果把 $\{\sigma_0\} = \{\sigma\}_m - \{\sigma\}_m^{el}$ 当作单元的初应力，那么使用线性关系(式 12-22)和非线性关系(式 12-21)是一致的，因此整个迭代过程相当于调整所有单元的初应力过程。$\{R\}_n$ 即对应于某初应力场的等效结点力或称为矫正荷载。一旦调整到初应力 $\{\sigma_0\} = \{\sigma\}_m - \{\sigma\}_m^{el}$ 值时，这个具有初应力场 $\{\sigma_0\}$ 的线性弹性解就是原来的非线性弹性问题的解，所以也称为初应力法。

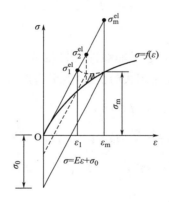

图 12-3 初应力法迭代过程

第 13 章　Ansys Workbench 入门知识

13.1　Ansys Workbench 概述

自 Ansys 7.0 开始，Ansys 公司同时推出 Ansys 经典版（Mechanical APDL）和 Ansys Workbench 版两个版本，现在已开发至 2023 R1 版本。Ansys Workbench 是 Ansys 公司开发的新一代协同仿真环境，用于解决企业产品研发过程中 CAE 软件的异构问题。面对制造业信息化大潮、仿真软件的百家争鸣、企业智力资产的保留等各种工业需求，Ansys 公司的对策是：保持核心技术多样化的同时，建立协同仿真环境。Ansys Workbench 就是 Ansys 这一策略的产物。

Ansys 仿真协同环境的目标是，通过对产品研发流程中仿真环境的开发与实施，搭建一个具有自主知识产权的、集成多学科异构 CAE 技术的仿真系统。以产品数据管理 PDM 为核心，组建一个基于网络的产品研制虚拟仿真团队，基于产品数字虚拟样机，实现产品研制的并行仿真和异地仿真。所有与仿真工作相关的人、技术、数据在这个统一环境中协同工作，各类数据之间的交流、通信和共享皆可在这个环境中完成。开发这个协同仿真环境的平台便是 Ansys Workbench。

Ansys Workbench 的设计思想

Ansys 公司长期以来为用户提供成熟的 CAE 产品，后来决定把自己的 CAE 产品拆散形成组件。公司不只提供整合的、成熟的软件，而且提供软件的组件（API）。用户可以根据本企业产品研发流程将这些拆散的技术重新组合，并集成为具有自主知识产权的技术，形成既能够充分满足自身的分析需求，又充分融入产品研发流程的仿真体系。Ansys Workbench 则是专门为重新组合这些组件而设计的专用平台。它提供了一个加载和管理 API 的基本框架。在此框架中，各组件（API）通过 Jscript、VBscript 和 HTML 脚本语言组织并编制适合自己的使用界面（GUI）。另外，第三方 CAE 技术和用户具有自主知识产权的技术也可以像 Ansys 的技术一样编制成 API 融入这个程序中。

Ansys 公司提供各类与仿真相关 API 以及用户自己知识产权的 API 在 Ansys Workbench 环境下集成，形成应用程序。希望对某 CAD 虚拟样机分析时，从 CAD 系统中链接虚拟样机模型，在 Ansys Workbench 开发的应用程序中设置计算参数，如设计尺寸、工程材料或运行工况等，然后提交给希望的底层求解器求解。计算结果返回 Ansys Workbench 程序进行结果显示。若用户对当前的设计方案不满意，可重新设置参数，再求解，直到对当前的设计方案满意为止。这些满意的设计参数在此处通过双向互动参数传递功能，可以直接返回对应此模型的 CAD 软件中，生成候选的设计方案。

与传统对比

基于 Ansys Workbench 的仿真环境与传统仿真环境有三点不同：

（1）客户化：Ansys Workbench 像 PDM 那样，利用与仿真相关的 API，根据用户的产品研发流程特点开发实施形成仿真环境，而且用户自主开发的 API 与 Ansys 已有的 API 平等，这一特点也称为"实施性"。

（2）集成性：Ansys Workbench 把求解器看作一个组件，不论由哪个 CAE 公司提供的求解器都是平等的，在 Ansys Workbench 中经过简单开发都可直接调用。

（3）参数化：Ansys Workbench 对 CAD 系统的关系不同寻常。它不仅直接使用异构 CAD 系统的模型，而且建立与 CAD 系统灵活的双向参数互动关系。

当我们结合世界制造业信息化主旋律，在数字化工程背景下审视这三个特点时，会发现 Ansys Workbench 将给产品研发流程带来革命性的变化。

13.1.1　Ansys Workbench 的特点

与经典的商业有限元软件相比，Ansys Workbench 的特点如下：

1）协同仿真，项目管理

Ansys Workbench 集设计、仿真、优化、网格划分等功能于一体，并对各种数据进行项目协同管理。

2）强大的实体建模和兼容能力

Ansys Workbench 内置功能强大的 CAD 模块，具有先进和强大的实体建模能力，并兼容多种主流的三维 CAD 实体建模软件。

3）双向的参数传输功能

Ansys Workbench 支持 CAD 和 CAE 之间的双向的参数传输功能。

4）高级的部件装配处理工具

Ansys Workbench 的 Mechanical 模块可以对复杂装配件的接触关系自动识别，进行接触建模。

5）先进的网格处理功能

可以对复杂的三维实体模型进行高质量的网格处理。

6）强大的分析功能

Ansys Workbench 支持几乎所有 Ansys 的有限元分析功能。

7）内嵌可定制的材料库

Ansys Workbench 自带常用的工程材料数据库，且该数据库可以修改和编辑，方便操作者建立自己的定制材料数据库。

8）更加容易上手应用

在 Ansys Workbench 环境中，Ansys 公司的所有软件模块都可以运行，协同仿真与数据管理环境、工程应用的整体性、流程性都大大增强。完全的 Windows 友好界面，方便工程设计人员工程化应用。

13.1.2　Ansys Workbench 分析模块介绍

Ansys Workbench 支持适用于各个领域的几乎所有 Ansys 的有限元分析功能，常用的分析模块集成在 Ansys Workbench 工具箱的 Analysis Systems 中，按字母顺序排列，如图 13-1 所示。

图 13-1　Analysis Systems

1. Coupled Field Harmonic

耦合场谐响应分析。确定结构及其周围流体在正弦激励荷载作用下的稳态响应。

2. Coupled Field Modal

耦合场模态分析。建立结构及其周围流体模型，确定结构的频率及驻波形式。系统支持 2D 及结构-电场耦合。

3. Coupled Field Static

耦合场静力分析。计算没有显著惯性和阻尼效应的荷载作用下的位移、应力、应变、反作用力。假定荷载和响应是稳态的，随时间缓慢变化。系统支持 2D 和结构-热耦合。

4. Coupled Field Transient

耦合场瞬态分析。计算瞬态荷载下随时间变化的位移、应变、应力和反作用力，本系统支持 2D 和结构-热耦合物理场。

5. Eigenvalue Buckling

特征值屈曲分析。预报理想弹性结构的理论屈曲强度，此方法使用弹性屈曲分析的经典理论，例如，柱体的特征值屈曲分析与经典欧拉方法匹配。然而，缺陷和非线性往往导致实际结构达不到其理论弹性屈曲强度。特征值屈曲分析通常求解快速，但结果不保守。

6. Electric

电学系统分析。支持稳态电传导分析，主要用于确定导体中由外部电压或电流荷载产生的电势。通过处理，其他结果类型，如传导电流、电场和焦耳热，得以计算。

7. Explicit Dynamics

显式动力学分析。显式动力学系统执行多种工程仿真，包括固体、流体、气体的非线性动力学行为及其交互作用。使用 AutoDYN 或 LS-DYNA 求解器。

8. Harmonic Acoustics

谐响应声学分析。声音信号产生的声场、声压作用在结构上产生的谐响应分析。

9. Harmonic Response

谐响应分析。用于分析线性结构在随时间呈正弦或余弦变化的简谐荷载下的稳态响应，验证设计结构能否克服共振、疲劳和其他强迫振动的影响。

谐响应分析中所有的荷载以及结构的响应在相同的频率下呈正弦变化。谐响应分析只计算结构的稳态强迫振动。在激励开始时发生的瞬态振动，在谐波分析中不考虑。

10. LS-DYNA 和 LS-DYNA Restart

著名的显式动力学分析程序。LS-DYNA 是显式动力学程序的鼻祖。软件功能齐全，涵盖几何非线性（大位移、大转动和大应变）、材料非线性（300 多种材料动态模型）和接触非线性等问题。2019 年 Ansys 收购利弗莫尔软件技术公司（LSTC），将其主打的显式动力学占统治地位的显式动力学分析程序 LS-DYNA 纳入旗下，并集成至 Ansys Workbench 环境中。

11. Magnetostatic

静磁场分析。

12. Modal

模态分析。模态分析用于确定设计结构或机器部件的振动特性，即结构的固有频率和振型，它们是承受动态荷载结构设计的重要参数，同时，也可以作为其他动力学分析问题的起点。

13. Modal Acoustics

模态声学分析。用于分析结构的湿模态。通常我们所说的结构模态，都是在真空中的结构模态，不考虑周围流体的影响下的模态，这种模态可以称为干模态，即不受流体影响的模态。而实际中，我们通常计算的结构都是被流体包围着的，例如在水中行驶的船，周围被水包围着，或者部分被水包围着。由于水的密度比较大，水对结构模态的影响比较大,如果忽略水的影响,那么计算出来的模态(干模态)与实际的船的模态误差就很大,此时就必须考虑水的影响,计算湿模态。

14. Motion

多体动力学(MBD)仿真分析。分析互相连接的多体系统的动力学行为。

15. Random Vibration

随机振动分析。

16. Response Spectrum

响应谱分析。响应谱分析是一种频域分析,其输入荷载为响应幅值关于频率的曲线。常用的频谱有加速度频谱、速度频谱和位移频谱等。响应谱分析从频域的角度计算结构的峰值响应。这一最大响应是响应系数和振型的乘积,然后将这些响应以某种方式进行模态组合,就得到了结构的总体响应。因此响应谱分析需要首先进行模态分析,得到结构的固有频率和振型,然后再进行模态组合,得到结构的最大响应。

17. Rigid Dynamics

刚体动力学分析。在 Ansys Structural 所具有的柔性体动力学(瞬态动力学)分析功能的基础上,基于全新的模型处理方法和求解算法(显式积分技术),专用于模拟由运动副和弹簧连接起来的刚性组件的动力学响应。

18. Static Acoustics

静态声学仿真。主要用于模拟声压波在声介质中的生成、传播、辐射、吸收和反射。随着有限元软件的发展和人们对噪声问题的重视,声学有限元仿真在越来越多的行业得到广泛应用。

19. Static Structural

静力结构分析。在没有显著惯性和阻尼效应的荷载作用下,分析结构的位移、应力、应变、反作用力、模态等。

20. Steady-State Thermal

稳态热分析。用于分析稳定的热荷载对结构或部件的影响,即稳态热分析可以计算不随时间变化的热荷载(对流、辐射、热流率、热流密度、热生成率等)引起的温度、热梯度、热流率、热流密度等参数。

21. Structural Optimization

结构优化。在给定约束条件下,按某种目标(如重量最轻、成本最低、刚度最大等)求出最好的设计方案。

22. Substructure Generation

子结构生成。Ansys 2022 R1 版本中新增功能模块。对于传统有限元方法求解结构动力问题,面对复杂大型结构进行求解时,通常存在下列问题:网格数量大、计算时间长、高度依赖计算机资源。例如飞机、车辆、船舶、高层建筑、工程机械等结构通常模型规模宏大,为了获取较准确的模态参数,往往要求结构划分较多单元,直接求解耗费大量资源,效率低下。

模态综合法(Component Mode Synthesis)就是在这样的背景下发展起来的一种缩减自由度方法。通过将复杂模型分解成若干个较简单的子结构,对每个子结构分别进行模态分析,然后通过一定的模型组装规则进行模态综合。所谓综合指的是将彼此分开独立的结构组合成一个整体,综合过程需要满足各个子结构间的兼容性和平衡约束条件。

23. Thermal-Electric

稳态的热-电传导分析,计算电阻材料的焦耳热,以及热电学中的Seebeck效应、Peltier效应和Thomson效应。

24. Transient Structural

瞬态结构分析(时间历程分析)。计算结构在随时间变化荷载作用下的动态响应。

25. Transient Thermal

瞬态热分析,用于计算随时间变化的温度和其他热工程量。

13.1.3 Ansys Workbench 分析过程

Ansys Workbench 分析过程包括四个主要的步骤:初步确定、前处理、加载及求解、后处理,如图 13-2 所示。其中初步确定为分析前的蓝图设计,后三个步骤为一个实际的有限元项目操作步骤。

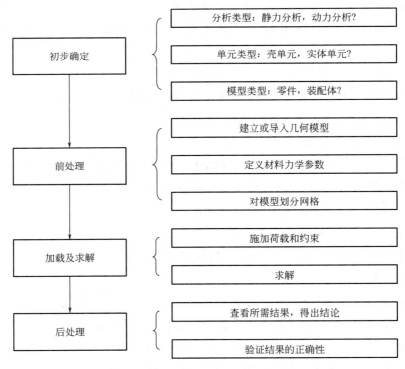

图 13-2 Ansys Workbench 有限元分析的基本过程

1. 前处理

前处理过程是指创建实体模型和形成有限元模型,它包括创建实体模型、定义单元类型、定义材料属性、划分网格、修改完善单元划分等几项内容。

和如今大多数商业有限元软件一样,Ansys Workbench 也是先创建实体模型,过程和方法与 SolidWorks、Inventor、SolidEdge、CREO(原 Pro-E)、CATIA、NX/UG 等主流三维机械设计软件类似,用数学的方法来表示实体模型。接着在实体模型上进行单元划分,形成各个单元的所有结点,这样就生成了有限元数学模型。荷载和约束条件也可以直接施加在几何实体模型的边界上,Ansys Workbench 会自动把它们传递到有限元模型上。Ansys Workbench 有四种途径创建有限元模型:

1)在 Ansys Workbench 仿真环境中内嵌的 CAD 模块 SpaceClaim 或 DesignModeler 中创建实体模型,然后划分网格。其中 SpaceClaim 是 Ansys 新收购并加入的模块,实体建模能力也非常强悍。

2)用 SolidWorks、Inventor、SolidEdge、CREO、CATIA、NX/UG 等三维 CAD 软件创建实体模型,然后用 Ansys Workbench 读入,经过适当修正后,划分有限元网格。Ansys Workbench 和这些主流三维 CAD 软件的兼容性很好,几乎可以做到无缝对接。

3)在 Ansys Workbench 环境中直接创建结点和单元,直接生成有限元模型。这种方法只适用于比较简单的模型。

4)用专业的有限元前处理软件,如 Altair 公司的 HyperMesh、BETA CAE Systems 公司的 ANSA、MSC 公司的 Patran 等,创建有限元模型,然后将结点和单元数据导入 Ansys Workbench。

前处理过程首先要确定单元类型。在前面初步确定阶段,针对要分析的物体,进行力学模型简化,看简化模型属于杆件类结构、板壳类结构还是三维实体结构。再根据模型的几何复杂程度,考虑是否采用高阶精确单元,最后确定单元类型。接着针对要分析的问题,定义材料属性。杆单元的截面积、梁单元的截面形状和尺寸、板壳单元的厚度等也都要在前处理过程中定义好。

2. 加载及求解

作用在模型上的荷载有集中力、面荷载、体荷载、惯性荷载等。其中集中力作用在特定结点上,需要指定力矢量的大小和方向。面荷载是作用在模型某个表面区域的分布荷载。体荷载是体积分布荷载,如重力荷载。惯性荷载是物体由于惯性加速度产生的荷载。根据要分析的物体受到的约束,在某些边界线段或表面施加位移约束,也可以在某些边界结点上定义自由度数值来定义约束边界条件。

在进行求解之前,还需要仔细检查已生成的有限元模型,如单位制是否设置合适?在已设置的单位制下,材料属性参数、物体尺寸、荷载数值是否输入正确?如果是从其他 CAD 软件导入的模型,模型中是否存在不应有的空隙?荷载和约束是否设置正确?这些都确保无误后,就可以计算求解。

3. 后处理

后处理过程主要验证分析结果是否正确,查看所需结果,如结构位移场、应力场等,及是否满足强度条件。

Ansys Workbench 拥有两种后处理器:通用后处理器 Post1 和时间历程后处理器 Post26。通用后处理器 Post1 用来查看模型在某个时刻的结果,而时间历程后处理器 Post26 用来查看模型随时间变化的结果。

13.1.4 基本菜单栏和工具栏

Ansys Workbench 启动后,会呈现如图 13-3 所示的用户界面。其上层为基本菜单栏和工具栏,下面的图形界面主要内容分为两部分,左边为工具箱,右边为项目概图。

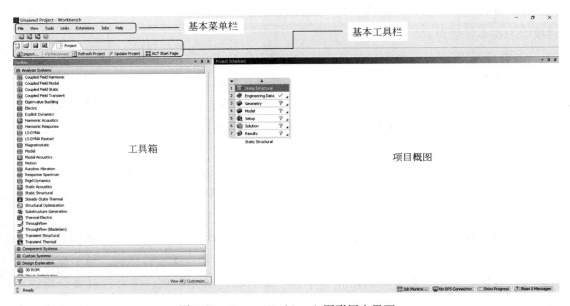

图 13-3 Ansys Workbench 图形用户界面

基本菜单栏是经典的 Windows 菜单栏布置。其中菜单【File】为文件操作,包括 New (新建)、Open(打开)、Save/Save as(保存/另存为)、Import(导入项目)等。菜单【View】为窗口显示,包括 Refresh(刷新显示)、Reset Workspace(重置工作空间)、Reset Window Layout(重置窗口布置)、Toolbox(显示工具箱)、Toolbox Customization(显示定制工具箱)、Project Schematic(显示项目概图)、Files(文件显示,即在项目概图下面显示项目的各个文件的名称、大小、类型、创建和修改时间、文件所在目录)等。菜单【Tools】为工具选项,包括 Refresh Project(刷新项目,参数或模型更改了,但是后面的计算结果还是以前的)、Update Project(更新项目,参数或模型更改了,重新计算,计算结果更新)、Options(选项,提供众多选项供选择和修改)。菜单【Units】为单位制,显示了国际单位制、美国工程单位制、米制单位制等众多单位制供项目分析选择。菜单【Extensions】为扩展管理。菜单【Jobs】为工作监测。菜单【Help】为帮助。

13.2 Ansys Workbench 项目管理

Ansys Workbench 项目管理是定义一个或多个系统所需要的工作流程的图形体现，一般情况下项目管理的工作流程，通常放在 Ansys Workbench 图形界面的右边，即项目概图中。

13.2.1 工具箱

Ansys Workbench 图形界面左边的工具箱列举了可以使用的系统和应用程序，可以通过工具箱将这些应用程序和系统添加到项目概图中。工具箱包括 4 个子组：Analysis Systems（图 13-4）、Component Systems（图 13-5）、Custom Systems（图 13-6）和 Design Exploration（图 13-7）。Analysis Systems 如前所述，包含了众多有限元应用或分析系统，是最常用到的子组。Component Systems 可以存取多种程序来建立和扩展分析系统。Custom Systems 为耦合应用预定义分析系统。Design Exploration 是参数管理和优化工具。需要提醒的是，工具箱列出的 4 个子组所包含的各项应用，取决于用户订购安装的 Ansys 产品，而且使用菜单 View 中 Toolbox Customization 窗口的复选框，可以展开或闭合工具箱中的各项应用，如图 13-8 所示。

图 13-4 Analysis Systems

图 13-5 Component Systems

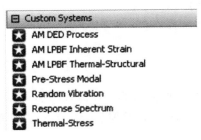
图 13-6 Custom Systems

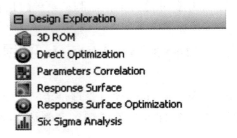
图 13-7 Design Exploration

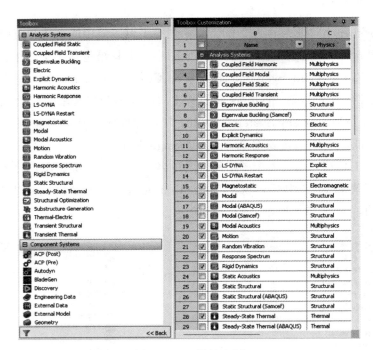
图 13-8 工具箱定制

13.2.2 单位系统

单位系统是一个基本、常用及其他数量类型的集合。基本单位：最基本的单位，所有其他单位均由基本单位导出，基本单位有角度、化学量、电流、长度、亮度、质量、立体角、时间、温度等。常用单位：从基本单位导出并用作其他单位的基本单位，常用单位有电量、能量、力、功率、压强、电压等。其他单位：从基本单位和常用单位导出的单位。

Ansys Workbench 提供下列预定义单位系统：

- 公制(kg, m, s, ℃, A, N, V)，默认单位系统。
- 公制(tonne, mm, s, ℃, mA, N, mV)。
- 美国千量单位(lbm, in, s, ℉, A, lbf, V)。

- 国际单位制（kg, m, s, K, A, N, V）。
- 美国工程单位（lbm, in, s, R, A, lbf, V）。

这些预定义单位系统是不能编辑或删除的。

Ansys Workbench 也提供下列附加单位系统，这些单位系统默认抑制：

- 公制（g, cm, s, ℃, A, dyne, V）。
- 公制（kg, mm, s, ℃, mA, N, mV）。
- 公制（kg, μm, s, ℃, mA, μN, V）。
- 公制（decatonne, mm, s, ℃, mA, N, mV）。
- 美国干量单位（lbm, ft, s, F, A, lbf, V）。
- Consistent CGS。
- Consistent NMM。
- Consistent μMKS。
- Consistent BIN。
- Consistent BFT。

从主菜单选择 Unit 中的 Unit System…，则可以打开 Ansys Workbench 单位系统，根据要分析项目的实际情况，选择适当的单位系统，如图 13-9 所示。

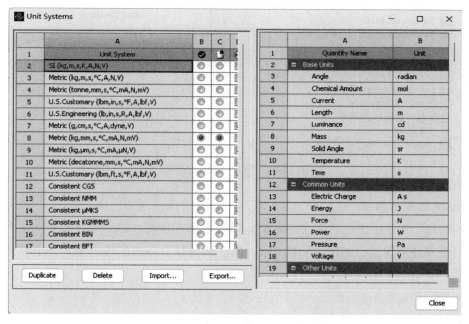

图 13-9　Ansys Workbench 单位系统

13.2.3　项目概图

项目概图是通过放置应用或系统到项目管理区的各个区域，来定义全部分析项目。它表示了项目的结构和工作的流程。为项目中各对象和它们之间的相互关系提供了一个可视化的图示。

项目概图因分析项目不同而不同，可以仅由一个单一分析模块（系统）组成，也可以由包含一套复杂链接的多模块（系统）组成。项目概图中的模块是将工具箱中的应用或分析系统直接拖动到右边的 Project Schematic（项目概图）中，或者直接在选项上双击载入。以结构静力分析为例，可以将 Analysis Systems 中的 Static Structural 分析系统直接拖动到项目概图中，也可以直接简单的双击载入，如图 13-10 所示。对于项目概图中的每个分析模块，操作者要知晓模块的结构组织、各个模块之间的数据交互和模块的状态。

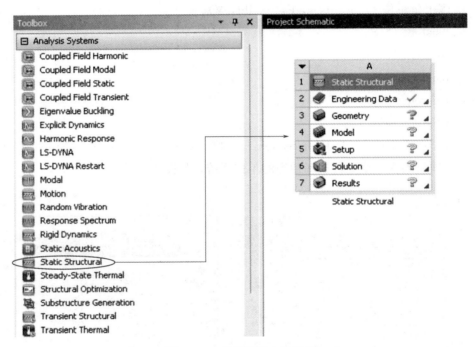

图 13-10　项目概图中的模块

1. 模块的结构组织

载入的每个模块一般包含多个单元格，以表格形式呈现，每个单元都有一个与它相关联的应用程序或工作区，如图 13-10 所示。仍以结构静力分析模块为例，介绍模块的结构组织。

1) Static Structural

第一行单元格为标题栏，显示分析模块的名称。

2) Engineering Data

第二行单元格为工程数据。此模块组件用于定义材料的各种力学和物理参数。双击工程数据的单元格或单击鼠标右键，打开右键快捷菜单，从中选择编辑，以显示工程数据的工作区。Ansys Workbench 具有一个小巧的工程材料数据库，包含一些常用的工程材料的

（A4）（包括几何模型输入和确定、划分网格、形成有限元模型）。

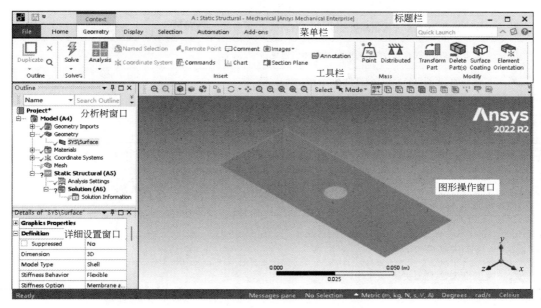

图 13-14　Mechanical 有限元应用界面

5）Setup

第五行单元格为设置。双击此单元格同样可以打开 Mechanical 有限元应用软件。设置包括定义荷载和边界条件等。荷载是指施加在有限元模型的力（力偶）、温度、热、电磁等物理量。Ansys Workbench 也可以先将荷载施加在实体模型上，然后自动转化到有限元模型上。边界条件包括物体受到的各种约束。第五行单元格 Setup 对应分析树的 Static Structural（A5）。

6）Solution

第六行单元格为解决方案。在所有的前处理工作完毕后，进行求解，求解过程包括选择求解器、对求解进行检查、求解的实施及对求解过程中出现问题的解决等。

7）Results

第七行单元格为结果，即对求解所得到的结果进行查看、分析和操作，这也就是有限元的后处理过程。第七行单元格 Results 对应分析树的 Solution（A6）。

2. 模块状态

各种模块状态列于表 13-1 中，在操作 Ansys Workbench 时，应时刻关注模块的状态信号，以便及时解决。

各种模块状态　　　　　　　　　　　　　　　　表 13-1

典型的模块状态	
？	无法执行：丢失上行数据
？	需要注意：可能需要更改本单元或是上行单元。

续表

	典型的模块状态
⟳	需要刷新：上行单元数据发生改变，需要刷新单元（更新也会刷新单元）
⚡	需要更新：数据改变，单元的输出也要相应地更新
✓	最新的：更新已经完成，并且没有执行失败的过程
✓	发生输入变动：单元是局部刷新的，上行数据发生变化，导致其发生改变
	解决方案特定的状态
⌇	中断：表示已经中断的解决方案。此选项执行的求解器正常停止，即将完成当前迭代，并写一个解决方案文件
⌇	挂起：标志着一个批次或异步解决方案正在进行中。当一个模块进入挂起状态，可以与项目的其他部分退出 Ansys Workbench 或工作
	故障状态
⟳✗	刷新失败，需要刷新
⚡✗	更新失败，需要更新

3. 模块间的数据交互

如果一个分析系统已拖动到项目概图中，另外一个分析系统再拖动到项目概图中，则可以在两个系统之间出现交互链接。下面的例子是先把稳态热分析（Steady-State Thermal）模块拖动或双击载入项目概图中（模块标号 A），再拖动结构静力分析（Static Structural）模块到稳态热分析模块（A 模块）的 A2：A4 位置，如图 13-15 所示，形成如图 13-16 所示的两个分析模块之间的链接，这说明 A 模块的 A2、A3 和 A4 数据将分别传输到 B2、B3 和 B4。如果拖动 Static Structural 模块到稳态热分析模块（A 模块）的 A2：A4＋A6 位置，如图 13-17 所示，则形成如图 13-18 所示的两个分析模块之间的链接，这说明除了 A 模块的 A2、A3 和 A4 数据将分别传输到 B2、B3 和 B4 外，A 模块的解（A6）将传输到 B 模块的设置（B5），作为 B 模块的设置条件。每个分析模块（系统）按出现先后次序，按 A、B、C 等编号。

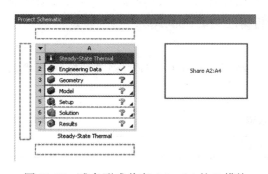

图 13-15　准备形成共享 A2：A4 的 B 模块

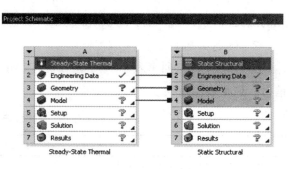

图 13-16　两模块三条数据共享链

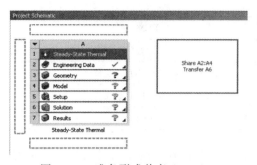

图 13-17　准备形成共享 A2：A4、
传输 A6 的 B 模块

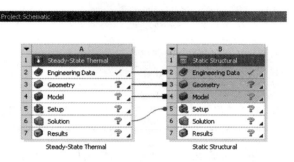

图 13-18　两模块三条数据共享链、
一条数据传输链

13.2.4　Ansys Workbench 文档管理

Ansys Workbench 生成一个项目后，会自动创建所有相关文件，包括一个项目文件和一系列的子目录。Ansys Workbench 还会自动管理这些目录的内容，用户最好不要手动修改项目目录的内容和结构，否则可能会引起程序读取出错。

使用 Ansys Workbench 在本地磁盘指定文件夹保存了一个项目后，系统会在此文件夹生成一个项目文件（*.wbpj）和一个文件夹（*_files）。Ansys Workbench 文件管理系统在一个项目中存储不同的文件，以目录树的形式管理每个系统及与系统中的应用程序对应的文件，项目文件夹目录结构如图 13-19 所示，该文件夹下主要的子文件夹为 dp0 和 user_files。

1. dp0 子文件夹

Ansys Workbench 指定当前项目为零设计点，生成子文件夹 dp0。设计点文件夹包含每个分析系统的系统文件夹，而系统文件夹又包含每个应用系统，如 Mechanical、Fluent 等。这些文件夹包含特定应用的文件和文件夹，如输入文件、模型路径、工程数据、源数据等。部分系统文件夹如表 13-2 所示。

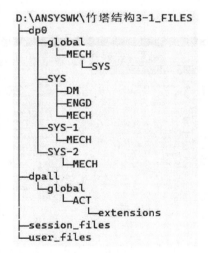

图 13-19　项目文件夹目录结构

表 13-2　部分系统文件夹

AutoDYN	ATD
BladeGen	BG
Design Exploration	DX
Engineering Data	ENGD

	续表
FE Modeler	FEM
Geometry	GEOM
Mesh	SYS(顶层)/MECH(子文件夹)
Mechanical	SYS(顶层)/MECH(子文件夹)
Mechanical APDL	APDL

除了系统文件夹以外，dp0 文件夹也包括 global 文件夹，其下的子文件夹用于所有系统，可由多个系统共享，包含所有数据库文件及其关联文件，比如 Mechanical 应用程序的图片和接触工具等。

2. user_files 子文件夹

该文件夹包含输入文件、参考文件等，这些文件由 Ansys Workbench 生成图片、图表、动画等。

3. 显示文件

在 Ansys Workbench 程序界面中选择菜单 View 中的 Files，可以查看项目所创建的所有文件及其文件属性，包括名称、大小、类型、创建时间等，如图 13-20 所示。

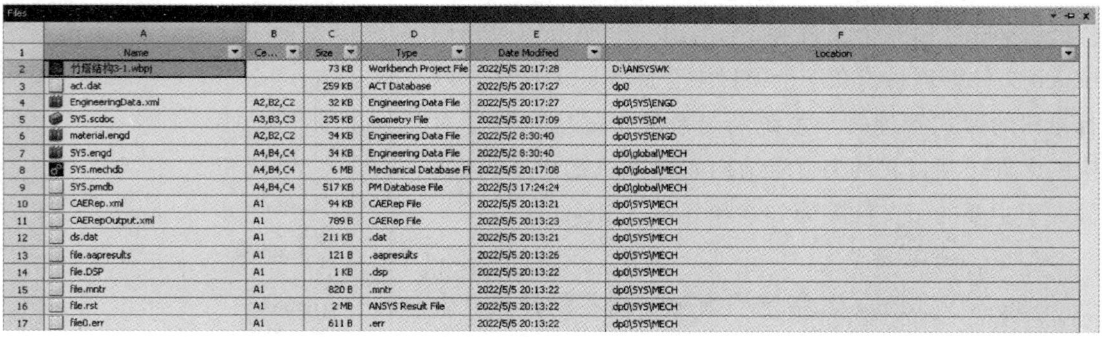

图 13-20　项目文件及属性

可以确定或修改用于永久文件的默认文件夹，确定或修改用于临时文件的默认文件夹、项目打包的压缩水平等，如图 13-21 所示。

4. 文件归档及复原

为了便于文件的管理与传输，Ansys Workbench 还具有打包文件功能。在 Ansys Workbench 程序界面中选择菜单 File 中的 Archive，可以将项目中所有的文件进行打包，生成 *.wbpz 压缩文件；并可在 Archive Options 中选择所要打包的文件。在项目中也可以通过菜单 File 中的 Open 将归档的 *.wbpz 压缩文件打开恢复。

13.2　Ansys Workbench 项目管理

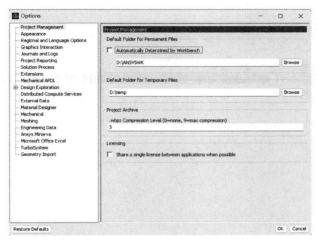

图 13-21　项目管理选项

13.2.5　Ansys Workbench 选项设置

在主菜单 Tools 中点击 Options...，可以查看 Ansys Workbench 的一些选项，并予以选择或修改。

1. Project Management（项目管理选项）

可以确定存储永久文件的默认文件夹、存储临时文件的默认文件夹、项目存档级别。

2. Regional and Language Options（地区和语言选项）

Ansys Workbench 的默认语言是 English，可以选 Deutsch（德语）、Francais（法语）、Japanese（日语）或 Chinese，如图 13-22 所示，选择了 Chinese 后，退出 Ansys Workbench 再重新启动后选择生效，将变为中文版的 Ansys Workbench，图形界面如图 13-23 所示。

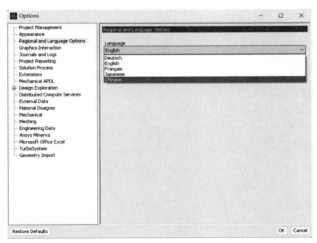

图 13-22　地区和语言选项

第 13 章 Ansys Workbench 入门知识

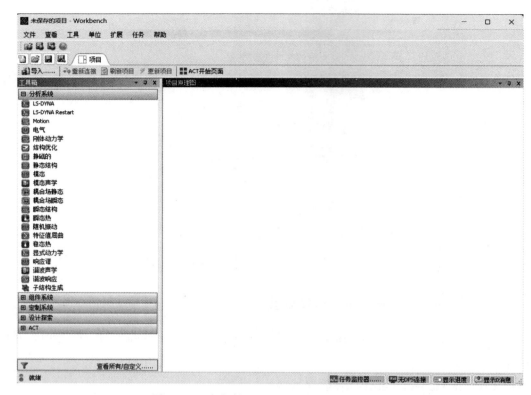

图 13-23 中文版 Ansys Workbench 图形界面

另外还有一些选项，除了 Geometry Import 选项外，基本不用修改，采用系统默认的就好。

第 14 章　SpaceClaim 几何建模与前处理

Ansys 早期版本中只集成了 DesignModeler 作为常用的三维几何建模软件（模块）。它可以自顶向下或自底向上建模，有严格的建模逻辑和历史顺序，精度较高，但操作比较繁琐，新手上手掌握的难度较大。自 Ansys 18.0 版本以后，Ansys 和 SpaceClaim 公司合作，将 SpaceClaim 软件集成进来，作为另外一个三维几何建模软件。

SpaceClaim 公司成立于 2005 年 9 月，位于美国马萨诸塞州的康科德镇。当时主流的三维实体建模方法是基于特征的参数化建模方法，建模造型核心系统有 Parasolid 和 ACIS 两种，但 SpaceClaim 软件另辟蹊径，采用独特的直接建模的方法。这种具有创意的三维直接建模的方法是当今世界上较快的三维建模方法，代表了过去一段时间 3D 工程技术最显著的发展，可以极大改善设计工程流程，大大扩展 3D 模型在产品设计和工程中的利用率。Ansys 于 2014 年收购 SpaceClaim，彻底解决了 Ansys 几何造型的短板问题。在 2015 年之前，Ansys 的前处理还比较难用，并购 SpaceClaim 后，脱胎换骨一跃成为最好用的前处理软件之一。

14.1　SpaceClaim 功能特点

1. 智能化菜单图标

SpaceClaim 的图形界面如图 13-12 所示，它提供了优秀的菜单结构，用户在模型操作区和菜单区之间移动光标的次数要远少于一般三维实体建模软件。菜单层次极少，直观简明，菜单项排列根据使用频率自动组合、调节位置，操作指令结构极其简化。

SpaceClaim 没有复杂的菜单结构，因为只有在存在大量命令需求的情况下才需要菜单，当命令被精简到少数的几个或十几个时，层叠的菜单就没有必要存在了，这样可以实现最快的操作速度。

SpaceClaim 的主要命令只有四个：拉动、移动、填充和组合，如图 14-1 所示。

图 14-1　SpaceClaim 主要命令

2. 拖曳式造型

SpaceClaim 采用的是拖曳式操作，直观、快速、所见即所得。在变量化技术的支持下，充分利用了形状约束和尺寸约束可以分开处理的灵活性，实现了对零件上常见的特征直接以拖曳的方式直观、实时地进行图示化编辑和修改的功能。

3. 动态引导器

SpaceClaim 会在操作过程中，根据需要在光标的上方弹出一个半透明的微型工具栏，在操作此微型工具栏上的命令时，鼠标所移动的距离极少，智能且方便快捷。

4. 动态建模技术

动态建模技术提供了一个具有高度适应性的灵活设计环境，支持具有大量偶然性因素的设计模式，这种高度的灵活性使得 SpaceClaim 成为概念定义、设计创造和模型修改的理想工具。但这种高度灵活性也对操作者的三维建模能力提出更高的要求。

14.1.1 直接建模特性

传统的 3D 实体建模软件都是基于特征的参数化建模系统，但随着几何模型越来越复杂，这些软件复杂的模型特征树以及特征之间的约束条件等关联，经常造成模型修改困难，并导致重建失败，这已很难满足工程领域日益受到重视的创新设计、概念设计以及仿真驱动设计的要求。有别于其他基于特征的传统 CAD 建模工具，基于直接建模技术的 SpaceClaim 摒弃了传统的特征树及隐藏的约束条件等建模概念，为工程和工业设计人员提供了充分的自由和空间以轻松表达最新的创意，使得设计人员可以直接编辑模型而不用担心模型的来源，它还为 CAE 分析、快速原型和制造提供简化而准确的模型。SpaceClaim 目前是全球相对较快的三维实体直接建模软件，与传统 3D 软件相比，可以提升建模、编辑效率 5～10 倍。它还能使设计和工程团队更好地协同工作，降低项目成本并加速产品上市周期。SpaceClaim 让操作者按自己的意图修改已有设计，不用在意它的创建过程，也无需深入了解它的设计意图，更不会困扰于复杂的参数和限制条件，所见即所得。

但是这种直接建模方法也不是没有缺点，直接建模由于没有草图、特征等逻辑树目录结构，导致建模逻辑不清，无法通过草图和特征修改模型，所以一般较少直接用于工程设计，而比较适用于概念设计或结构分析前的处理。另外，SpaceClaim 给予操作者足够的自由度的代价是对操作者三维建模的能力要求更高，所以现阶段 SpaceClaim 主要用来简化模型。

14.1.2 丰富的数据接口

SpaceClaim 拥有充足的数据交换接口，可以直接读取各种 CAD 系统的原始文档，也可以读取各种标准格式的 3D 模型，直接扩大了 3D 模型的使用范围，使跨行业设计合作成为可能。

目前在 SpaceClaim 中可以直接读取、编辑和调用的数据格式包括：ACIS、AutoCAD、ECAD、Inventor、NX、Parasolid、CREO、SketchUp、SolidWorks、STL、JPEG、Ansys、CATIA、IGES、JT、OSDM、PDF、Rhino、SolidEdge、STEP、VDA等。在 SpaceClaim 中可以导出的数据格式包括：ACIS、AutoCAD、CATIA、Fluent Mesh、Icepak Project、IGES、JT、OBJ、Parasolid、PDF、POV-Ray、Rhino、SketchUp、STEP、STL、VDA、Bitmap、GIF、JPEG 等。

14.1.3 三维几何建模功能

SpaceClaim 可以直接打开 DXF、DWG 数据格式的二维图形，并直接将其用于后续的三维模型构建，方便快捷。

SpaceClaim 进入任意方位的剖面编辑模式，通过对二维剖面的编辑，实现三维设计的修改，这比较符合平面图形设计人员的习惯。另外模型复杂时，在剖面模式可以清晰地看到组件之间的局部装配关系，检查可能存在的装配间隙及干涉问题。

SpaceClaim 的建模工具可以在草图模式、三维模式及剖面视图模式下工作，甚至可以在 SpaceClaim 的 3D 标注环境下工作。

SpaceClaim 集成的工作空间提供了单一的设计环境，既可以针对零件进行工作，也可以针对装配体进行工作。这样的工作空间适合自上而下的工作方式，因为随着设计的推进，零件可以根据需要方便地合并与拆分，此外使用鼠标左键在设计结构树上拖曳，即可实现装配结构与层次关系的快速调整。

14.1.4 适合 CAE 仿真的模型修改

CAD 模型虽然能够准确表达研发产品的几何形状、尺寸和特征，但是有一些几何特征往往不适合现在的 CAE(Computer Aided Engineering)仿真分析。因此在用于 CAE 模型网格划分操作之前，通常要对 CAD 模型进行清理工作，清除不需要的孔，小的倒圆、倒角、凸台等。在常规三维实体建模软件中做这些清理工作需要很大的工作量，但在 SpaceClaim 中，这些操作可以变得十分简单和快捷。

SpaceClaim 提供了快速的模型修改与清理工具，比如填充工具，适合去除凸台、凹孔、倒角等部位，它可以智能判断选取面所属的部位特性，然后施加不同的操作：比如对凸台执行的是去除任务，而对凹孔执行的却是填充任务。一个命令，就可以完成绝大多数的清理任务。

下面是使用 SpaceClaim 进行 CAD 模型清理的一些典型应用：1)批量去除倒圆角；2)去除凸台类特征；3)批量去除同直径圆孔；4)批量抽取中面；5)批量抽取梁模型。

14.1.5 辅助制造的利器

综上所述，SpaceClaim 是目前比较快速的实体建模商业软件，借助其高效的模型创建能力，可以直接对扫描数据进行操作，并将处理的数据与已有数据结合，从而快速地形成新的设计，它可以在以下几个方面为逆向工程设计建模提供便利：

1）将扫描特征变为实体。
2）对数据进行整合，形成即时设计方案。
3）把不精确的图纸数据转化为精确的表面，如圆柱面、锥面、抛物面等。
4）利用添加或切除材料功能对扫描数据进行编辑，进而用于模型装配及修改。
5）不会出现隐含约束、重建错误及外部关联性问题。
6）极大提升建模速度，明显缩短模型构建周期。

夹具、模具设计是产品制造前的一项重要工作，但客户提供的 3D 模型往往数据格式各异，SpaceClaim 可以打开不同格式的三维实体模型文件，设计师还可以直接在 3D 模型上设计，按照制造和加工工程师的意图输出加工图纸。

14.2 SpaceClaim 使用简介

14.2.1 概述

在 SpaceClaim 基于直接建模思想的集成工作环境中，CAD 工程师能够以最直截了当的方法进行工作，不必承受模型修改后重建失败而带来的困扰，也无需考虑错综复杂的特征约束关联关系，进而可以最大程度地提升设计效率。

Ansys SpaceClaim 提供了一种全新的 CAD 几何模型的交互方式，使得对于基于特征建模的 CAD 系统（如 SolidWorks、Inventor、NX/UG、CATIA 等）不熟悉的 CAD 工程师可以快速地创建或者修改 3D 实体结构模型。SpaceClaim 集成在 Ansys Workbench 平台中，适用于多种数据来源的三维 CAD 模型的快速修改、中性 CAD 模型的参数化、CAE 仿真模型的快速建立等情况。

本书以 Ansys SpaceClaim 2022R2 版本的图形界面为基础，介绍其直接建模的主要功能和操作方法。

14.2.2 交互图形界面

SpaceClaim 作为 Ansys Workbench 有限元分析软件的几何建模工具之一，既可以通过 Ansys Workbench 分析模块中的 Geometry 启动，也可以在 Windows 开始菜单中直接打开 SpaceClaim。

SpaceClaim 的图形用户界面符合 Microsoft Office 的操作习惯，在中文版 Windows 操作系统中 SpaceClaim 可以设置为中文版，操作界面完全中文显示，如图 14-2 所示。

1. 快速访问工具栏

默认情况下，在快速访问工具栏上有打开、保存、撤销、重做等选项按钮。撤销

14.2 SpaceClaim 使用简介

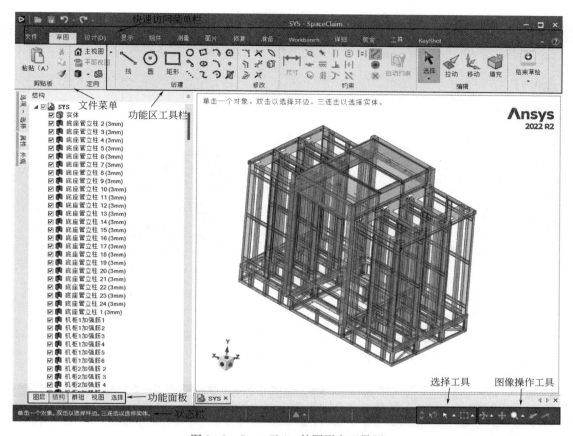

图 14-2 SpaceClaim 的图形交互界面

(Ctrl-Z)可用于撤销最后一个操作。可使用重做(Ctrl-Y)来重复该操作。大多数操作将显示在快速访问工具栏中，用户可以撤销到显示的任何操作。

2. 文件菜单

文件菜单包括新建、打开、保存、另存为、打印、关闭等命令，还包括 SpaceClaim 选项按钮。在右侧区域列出了最近打开的文档，方便操作者继续工作，如图 14-3 所示。

3. 功能区工具栏

主要按照设计阶段将工具放置在不同区域，通过标签对功能区进行分类，有草图、设计、显示、组件、测量、准备等功能区。当鼠标光标停留在功能区工具栏的某个工具按钮上时，会浮出该工具的快捷键、主要功能描述和操作提示。如拉动工具(命令)的快捷键为 P，操作提示如图 14-4 所示。下面介绍有限元前处理常用的几个功能区。

草图功能区包括剪贴板、定向、创建、修改、约束及编辑等区域。剪贴板区域包括剪切、复制、格式刷、粘贴等命令。定向区域包括主视图、平面视图、视图方向等不同方位视图命令。创建区域包括画线、圆、矩形、弧、点、样条曲线等命令。修改区域包括创建圆角、倒角、偏移曲线、剪裁、镜像、投影到草图等命令。约束区域包括尺寸约束、水平

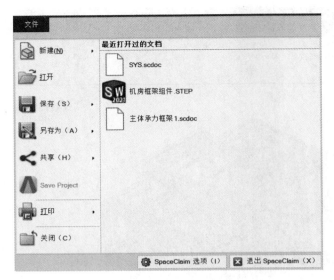

图 14-3 SpaceClaim 文件菜单

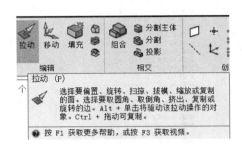

图 14-4 拉动工具的操作提示

约束、垂直约束、同心约束、相切约束、对称约束等命令。编辑区域包括选择、拉动、移动、填充等操作图形最为常用的命令，如图 14-5 所示。

图 14-5 草图功能区

设计功能区包括剪贴板、定向、模式、编辑、相交、创建、主体、记录等区域。其中剪贴板、定向、编辑区域与草图功能区中重复。模式区域包括草图模式、剖面模式和三维模式。相交区域包括组合、分割主体、分割、投影等。创建区域包括创建平面、轴、坐标系、阵列、壳体、偏移、镜像等，如图 14-6 所示。

图 14-6 设计功能区

组件功能区包括定向、零件、装配、编辑等区域。零件区域包括文件、标准零件等，用于调入生成的零件和标准零件。装配区域包括相切、对齐、定向等命令，用于组装零件成为装配体，如图 14-7 所示。

准备功能区包括定向、分析、移除、横梁等区域。分析区域包括体积抽取、中间面、

图 14-7　组件功能区

外壳、按平面分割、延伸等功能，其中中间面是抽取板壳中面的，对于板壳结构的有限元分析，前处理特别有用。横梁区域包括轮廓、抽取、定向、连接、分割等功能，是杆系结构简化分析常用的功能区域，如图 14-8 所示。

图 14-8　准备功能区

14.2.3　选项设置

通过文件菜单，进入 SpaceClaim 选项。可以对这些选项进行设置，使 SpaceClaim 更符合使用习惯。

1. 常用

常用(Popular)选项可以更改图形性能选项、启动选项、界面选项和控制选项，如图 14-9 所示。

2. 细节设计

细节设计(Detailing)选项对应详细选项卡的设置，可以更改视图选项、注释选项和线型选项。可以自定义单个设计中注释的样式，或者设置某种自定义样式为所有设计的默认样式，如图 14-10 所示。

3. 外观

外观(Appearance)选项可以定义工具栏样式及颜色方案。其中重置停放布局按钮可以重置交互界面的窗口布局，如图 14-11 所示。

4. 选择

选择(Selection)选项可以设置鼠标点击时的容差半径，也可以设置选择面板自动选择时的相对公差，默认为 1%，如图 14-12 所示。

5. 靠齐

靠齐(Snap)选项可以设置草图模式和三维实体模式下鼠标的各种吸附对象，也可以设置用鼠标进行拖曳操作时的线性增量和角增量，如图 14-13 所示。

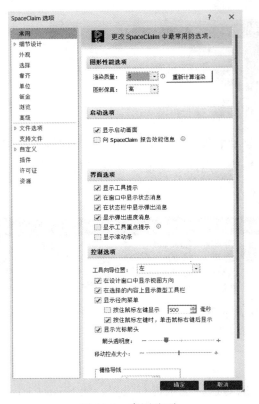

图 14-9 常用选项

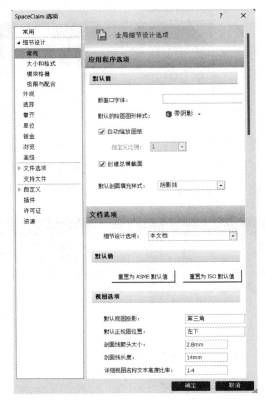

图 14-10 细节设计选项

图 14-11 外观选项

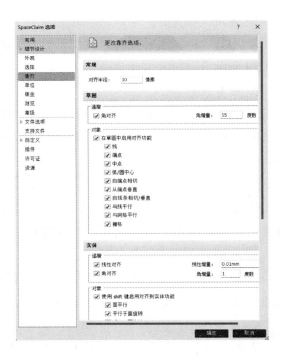

图 14-12 选择选项

14.2 SpaceClaim 使用简介

6. 单位

单位（Unit）可以针对所有的新设计或当前设计设置单位、草图栅格和文本高度单位。下列对象的单位设置中，所有新文档为所有设计的默认细节样式，这些设置不会影响当前打开的任何文档；本文档仅为当前设计设置选项，如图 14-14 所示。

图 14-13 靠齐选项

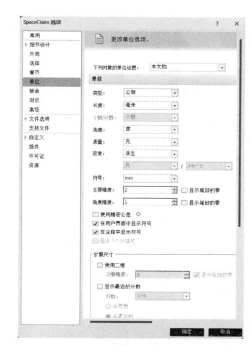

图 14-14 单位选项

单位可以选择英制或者公制类型及对应的显示符号，以及主要精度、角度精度和使用精密公差。

7. 钣金

钣金（Sheet Metal）选项可以设置钣金组件的厚度、折弯、止裂槽的默认值，也可以对每个组件或每处折弯更改这些默认值，如图 14-15 所示。

8. 浏览

浏览（Navigation）选项可以设置鼠标操作的交互方式。如图 14-16 所示。

9. 高级

高级（Advance）选项中最大撤销步骤数可设置撤销的数量，默认为 50，Ansys 2022 版本可以最多保存 999 步。目前 SpaceClaim 是 Ansys 旗下唯一支持中文界面的软件。语言选项可以切换各种国际主要语种，如图 14-17 所示。

10. 文件

文件（File）选项可以设置多个文件类型的导入或导出选项，如 ACIS、CATIA、CREO、IGES 等常用的数据格式，如图 14-18 所示。

第 14 章 SpaceClaim 几何建模与前处理

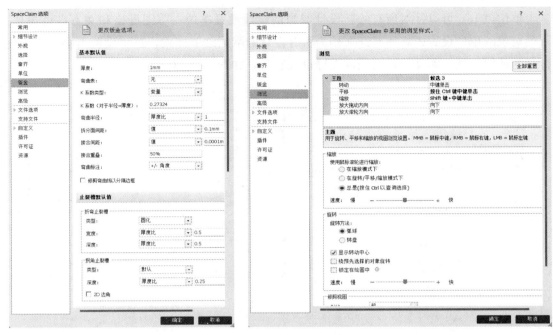

图 14-15 钣金选项　　　　　图 14-16 浏览选项

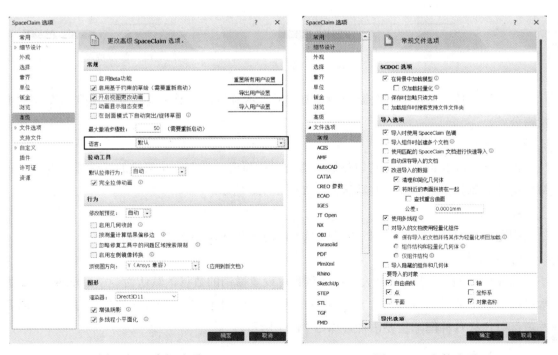

图 14-17 高级选项　　　　　图 14-18 文件选项

14.2.4 板面操作

面板是 SpaceClaim 管理设计对象和实现功能选项的窗口，面板默认显示在应用程序窗口的左侧，也可以拖曳和拆分这些面板。面板布局重置如 14.2.3 选项设置中的外观选项所示。

1. 图层

图层（Layers）面板将对象按照图层分组并设置其视觉特性，如可见性和颜色。图层是视觉特性的一种分组机制，该对象可以是几何特征，也可以是工程图纸的标注。

2. 结构

结构（Structure）面板用于统一管理结构树中的对象，可以显示或隐藏设计中的各个对象，也可以重命名、创建、修改、替换和删除对象以及使用组件。

在设计窗口中选择一个实体、面或其他对象时，该对象在设计树中是高亮的。可以用快捷键 Ctrl 或 Shift 加鼠标左键单击同时选中多个对象。

3. 选择

选择（Selection）面板提供了丰富的筛选条件，可用于批量选择对象。筛选结果在设计窗口中高亮显示，状态栏的选择信息中列出了被选中对象的数量。表 14-1 列出了常用的选择对象集。

常用的选择对象集　　　　　　　　　　　　　　　　　表 14-1

对象	筛选条件	示例
体	等于、小于等于或大于等于所选零件的体积	可以快速筛选螺栓等连接件
同轴面	同轴孔 同轴圆柱 同轴凸台	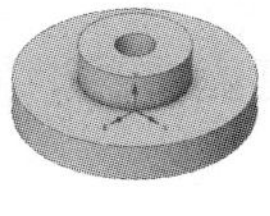
边	相同长度的边 相同长度和方向的边 同一面上相同长度的边 面的环边	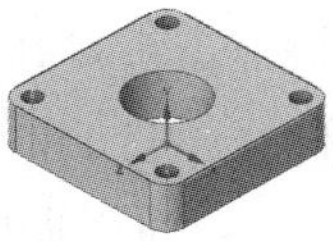
特征	凸台 外缩凹孔 内表面 封闭	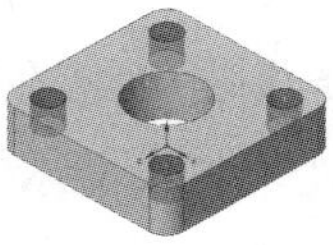
阵列	阵列成员 间距	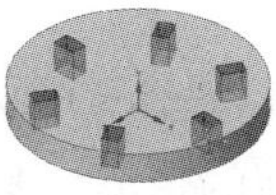

续表

对象	筛选条件	示例
圆角	圆角 倒角	
同尺寸	等于、小于等于或大于等于面积的面 等于、小于等于或大于等于半径的面	
同颜色	同颜色的面	—
壳	等于、小于等于或大于等于厚度的壳	—
梁	同一配置	相同截面轮廓

4. 群组

群组(Group)面板与 Ansys Workbench 的 Named Selections 对应,可以创建任何所选对象的集合,也可以是参数化的驱动尺寸。

1) 创建群组

选择一个或多个对象,鼠标左键单击群组板中的 创建NS 创建群组(系统默认名为组1、组2等),快捷键是 Ctrl+G。

鼠标左键单击面板中的组,将选中这些对象,并在设计窗口中高亮显示,同时在底部的状态栏中会显示对象的数量和种类。

2) 重新命名组

鼠标右键点击组,在弹出的菜单中选重命名选项,快捷键为 F2,键入新名称,回车键。

3) 删除群组

鼠标右键点击组,在弹出的菜单中选删除选项,快捷键为 Delete。

5. 视图

视图(Views)面板提供了一些常用的视图,用户也可以创建自定义视图。

6. 选项

选项(Options)面板在默认状态下位于软件界面左边,可以选择工具的扩展功能,部分选项会在微型工具栏中显示。例如,在草图模式下,欲画一矩形,在选项中可以选择从中心定义矩形;使用拉动工具选择一条边时,选择倒角选项可以在拉动此边时创建倒角。

7. 属性

属性(Properties)面板同样位于软件界面左边,可以查看或编辑所选对象的属性,如实体材料、面的形状、阵列参数、点焊参数、实体颜色等。

14.3 SpaceClaim 建模指南

14.3.1 概述

SpaceClaim 建模主要使用设计（Design）选项卡中的工具，细节（Detail）选项卡和测量（Measure）选项卡里的工具作为设计辅助工具有时也会用到。设计选项卡中提供了用于二维、三维草绘和编辑的工具，可以在二维模式中绘制草图，在三维模式中创建和编辑实体，并创建装配关系。细节选项卡可以为设计添加注释，创建图纸和查看设计更改。测量选项卡可以提取模型的几何信息和物理数据。

如图 14-19 所示，设计选项卡主要分为下列几个功能区：

剪贴板：剪切、复制、粘贴和样式刷。

定向：提供了各种视图，以及用转动、平移、缩放等工具调整视图。

模式：提供了草图模式、三维模式和剖面模式三种模式，并可以从一种模式转换到另外一种模式。

编辑：其中的选择、拉动和移动是创建和编辑三维模型最常用的工具。

相交：组合或拆分实体或表面。

创建：创建参考面、参考轴、参考系等辅助设计的工具，以及阵列、壳体、偏移和镜像等工具。

图 14-19　设计选项卡

14.3.2 视图模式

在创建和编辑设计的过程中，可以使用以下三种视图模式，且三种视图模式可以随时相互切换。

草图模式（Sketch Mode）：可以显示草图栅格，以便在二维模式下使用各种草图工具绘制草图，快捷键为 K。

剖面模式（Section Mode）：可以在贯穿整个模型的任意界面上使用所有草图工具创建和编辑横截面中的实体和曲面，也可以通过操作横截面的边和顶点来编辑实体或曲面，快捷键为 X。

三维模式（3D Mode）：可以直接处理三维空间中的实体对象，快捷键为 D。

14.3.3 建模

建模主要使用设计选项卡中编辑功能区的工具。

选择(Select) ：用鼠标左键选中设计中的二维或三维对象，为下一步的编辑做好准备。在三维模式下，可以选择顶点、边、轴、表面、曲面、实体和组件；在二维模式下，可以选择点和线。有时也可以用此工具来更改对象属性。

选择模式有使用方框、使用套索、使用多边形、使用画笔等。快捷键是 S。

拉动(Pull) ：最常用的建模工具，可以偏置、拉伸、旋转、扫掠、拔模和过度表面和实体，还可以直接将边转化为圆角或倒角，快捷键是 P。

移动(Move) ：可以移动或转动点、线、面、梁、表面、实体、组件、平面、局部坐标系等对象，快捷键为 M。

填充(Fill) ：可以使用相邻或简单的几何结构填充所选区域，快捷键为 F。

融合(Blend) ：在所选面、剖面、边或曲线之间创建过渡。

替换(Replace) ：单击要替换的面或曲线，然后再单击要替换成的面或曲线，完成替换。

调整面 ：显示用于对所选面执行剖面编辑的控件。

1. 选择

SpaceClaim 提供了形式多样的选择方式，便于用户快速选定所关心的对象。选择工具 是选择对象的主要工具。选择工具的特点是：

1) 使用范围广泛

可以在结构树中直接选择对象，也可以在设计窗口中的多种模式下选择对象，例如可以选择三维实体的顶点、边、平面、轴、表面、曲面、圆角、实体本身和部件等，也可以选择草图模式或剖面模式的点、边中点、线中点、圆心、椭圆圆心、直线、样条曲线的啮合点等。

2) 使用方式多样

鼠标左键单击以选择高亮显示的对象；鼠标左键双击边以选择环边，再次双击边以循环选择下一组环边；鼠标左键双击面以选择环面；鼠标左键三连击以选择零件实体。Ctrl＋鼠标滚轮滚动＋左键单击，选择被遮挡对象。Ctrl＋左键单击，添加选择对象；Ctrl＋左键再次单击，去除该对象。

3) 可以激活状态栏中选择模式 的箭头来切换选择模式

框选模式 ：在设计窗口中，鼠标左键拖曳绘制选框。如果选框是从左到右，则框内所有对象都被选中；如果选框是从右到左，则与选框有接触的所有对象都会被选中。这种选择方式与常用的 AutoCAD 的选择方式相同。

索套模式 ◯：鼠标左键拖曳绘制任意形状图案，封闭图案内的所有对象都被选中。

油漆模式 ✏：鼠标左键拖曳，光标经过的边和面被选中，放开鼠标左键完成选择。

4）可以使用选择面板批量筛选与当前选定的对象相似或相关的对象。

5）可以使用辐射菜单进行简单的选择和切换，快捷键为 O。

鼠标左键按住＋鼠标右键单击，或者点击快捷键 O，显示辐射菜单，如图 14-20 所示。可以在此使用整个方框、索套、部分方框和油漆中的任一个。

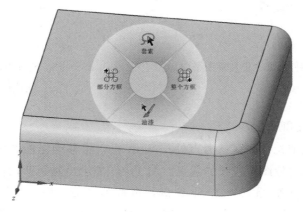

图 14-20　辐射菜单

2. 草图

草图功能区包括草图创建工具和草图编辑工具两部分，如图 14-21 所示。草图创建工具可以用于绘制直线、圆、矩形、三点圆、三点矩形、相切弧、多边形、切线、椭圆、三点弧、点、参考线、样条曲线、扫掠弧、表面曲线等。草图编辑工具可以用于更改已创建的草图，如创建角和圆角，分割、裁剪、偏置和折弯曲线，投影到草图按钮 ✎ 可以将三维实体的边投影到草图栅格上来创建草图直线。创建草图时，以下两点要特别关注。

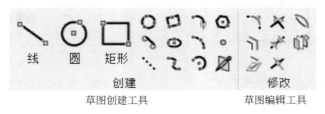

图 14-21　草图工具

1）创建草图平面

先选择一个面，或选择一个点和一条线，或选择一个面和一条线等，再点击草图模式 ▦，系统自动创建草图平面。前两种情况如图 14-22 和图 14-23 所示。在草图平面上，可以使用各种草图创建工具来绘制各种平面曲线及构成各种平面图形，也可以使用草图编辑工具更改已创建的草图。

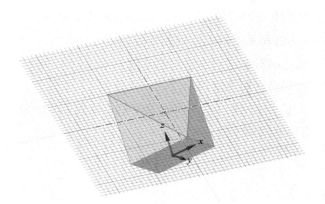 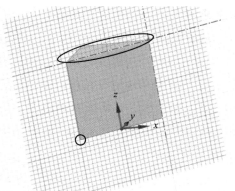

图 14-22　在零件斜面上创建草图平面　　　图 14-23　通过零件的底角点和上边
　　　　　　　　　　　　　　　　　　　　　　　　创建草图平面

2）确定图形位置和尺寸

草图绘制时，先把光标放在参考点处按 Shift 键，再移动光标，可以给出光标到该点之间的距离尺寸，以定位图形或线的起点。图 14-24 表示绘制矩形，首先按创建功能区的矩形键，将光标放在坐标原点处按 Shift 键，再移动光标，键入水平位移尺寸，再通过 Tab 键，键入垂直位移尺寸，确定矩形的第一个角点。接着移动光标以创建矩形，键入水平边和垂直边尺寸，以确定矩形大小，如图 14-25 所示。如果要修改现有图形尺寸，在详细选项卡标注功能区中选尺寸工具 ，单击一条边或一个面，然后拖动以形成尺寸标注。点击标志数值进行修改，如图 14-26 所示。

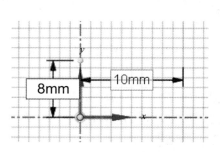 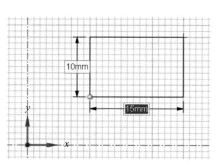

图 14-24　定位图形起点　　　　　图 14-25　图形位置和尺寸确定

3. 拉动

设计选项卡编辑功能区中的拉动工具 ，是 SpaceClaim 最为独特和最令人赞叹的工具之一，它集成了参数驱动的普通三维 CAD 软件的实体建模和编辑功能，可以将点拉成线、线拉成面、面拉成实体。可以偏移、拉伸、旋转、扫掠、拔模、缩放和过渡面或实体，将边转化为圆角、倒角或拉伸边等，功能极其多样且强大，快捷键为 P。创建和编辑对象的通用操作步骤如下：

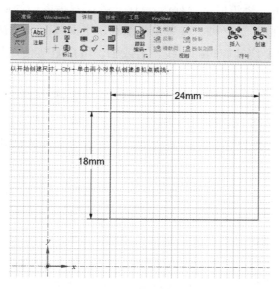

图 14-26 修改图形尺寸

1）激活设计选项卡编辑功能区中的拉动工具。
2）选择要拉动的面、边或点。
3）使用方向向导 更改方向。
4）向拉动箭头的方向拖曳。
5）键入拉动尺寸。
6）点击 Esc 键完成拉动。

图 14-27 是用拉动工具分别对面、边和点进行拉动的结果。激活拉动工具，在设计窗口的左侧将出现工具向导，如图 14-28 所示，其功能及用途如下：

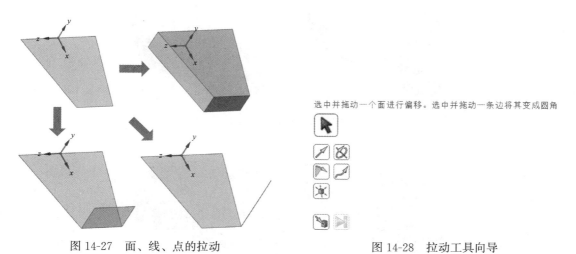

图 14-27 面、线、点的拉动   图 14-28 拉动工具向导

选择 ：默认情况下处于激活状态。用于选择曲面、平行面、曲面边、平行面边、点

等图形元素。Alt＋双击一条边以选择环边，Alt＋再次双击以循环选择各种环边。

方向：以选择直线、边、轴、参考坐标系轴、平面或面来设置拉动方向。

旋转：用来选择要绕其旋转的直线、边或轴。可以直接使用快捷键 Alt＋鼠标左键单击。

脱模斜度（Draft）：在同一个主体上选择任意数量的连续面，然后选择要围绕其拔模的平面、平表面或边。可以直接使用快捷键 Alt＋鼠标左键单击。

扫掠（Sweep）：先选择要扫掠的面或边，再选定多个相连的线或边以构成一条扫掠轨迹。

缩放（Scale Body）：用来缩放实体和曲面，可以同时缩放不同组件中的多个对象。

直到（Up To）：单击一个对象，以指定要移动所选对象的终点，快捷键为 U。

使用拉动工具时，系统会自动弹出微型工具栏 供选择使用。

添加：仅能添加材料，如果向负方向拉动，则不会发生更改。

去除：仅能去除材料，如果向正方向拉动，则不会发生更改。

不合并：可以实现新拉动生成的对象与原有对象不进行合并。

双向拉动：可以实现同时向该边或曲面的两侧方向拉动。

刻度尺：可以设置拉动特征与参考几何特征之间的距离，比如可以选定参考位置。

直到：指定拉动的终止位置。

1）面的拉动

如果选定一个面，直接拉动，则拉动的面随着位置变化，形状或大小也发生变化，如图 14-29 所示；如果选定一个面，接着用 Ctrl＋鼠标左键点选此面的各边，再拉动，则此面的形状不变，位置改变，如图 14-30 所示；如果选定一个面，接着用 Ctrl＋鼠标左键点

 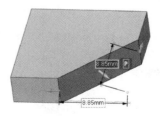

图 14-29 面的直接拉动

 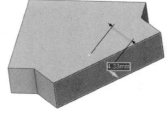

图 14-30 面的不变形拉动

选此面的各边,再使用 ⬚ 方向向导选定某边(显示为蓝色,带有转动和方向标志),再拉动,将沿此边方向,移动选定面,如图14-31所示。

图14-31 面的不变形定向拉动

2) 拉动边形成圆角或倒角

如果选定一条边,在跳出的选项条中选圆角,再沿指向拉动此边的话,则边逐渐退化为一个圆角,键入数值确定圆角半径,形成圆角,如图14-32所示;如果选定一个表面的两条边,拉动直到相交可以创建一个全圆角;如果选定一条边,在跳出的选项条中选倒角,再沿指向拉动此边的话,则边逐渐退化为一个倒角,依次键入数值确定两个倒角距离,形成倒角,如图14-33所示。

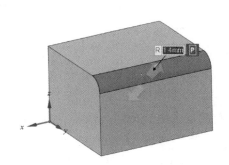

图14-32 拉动边形成圆角

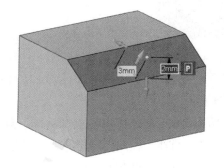

图14-33 拉动边形成倒角

3) 转动面

如果选定一个面,再使用方向向导选定某边(显示为蓝色,带有转动和方向标志),选择转动,则该面绕此边转动,键入转动角度,完成面的转动,如图14-34所示。

4) 转动边

如果选定一条边,再使用方向向导选定某边(显示为蓝色,带有转动和方向标志),选择转动,则前边绕此边(轴)转动,键入转动角度,形成曲面,完成边的转动,如图14-35所示。

5) 拔模表面

在同一个主体上先选择任意数量的连续面,然后点击拔模 ⬚ ,再选择要围绕其拔模的平面,键入拔模角度,形成表面拔模,如图14-36所示。

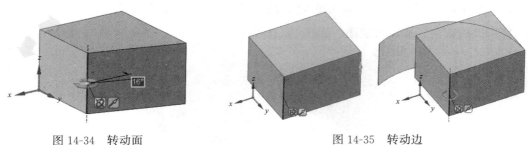

图 14-34　转动面　　　　　　　　　图 14-35　转动边

6）扫掠面

如果选定一个面，接着点击扫掠![图标]，再选择一条轨迹，拉动此面，沿轨迹进行扫掠，此时拉动选项的扫掠选项中垂直于参考轴系轨迹是默认勾选的，意思是扫掠面始终垂直轨迹线，扫掠结果如图 14-37(b)所示；如果扫掠选项中垂直于参考轴系轨迹没有勾选，扫掠结果如图 14-37(c)所示。

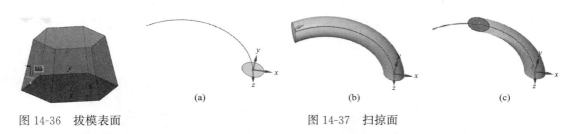

图 14-36　拔模表面　　　　　　　　　图 14-37　扫掠面

7）螺旋扫掠

使用拉动工具还可以生成螺旋体，首先鼠标左键点选螺旋截面，接着点击![图标]，再选中要绕其旋转的轴，在此时拉动选项的螺旋选项中勾选旋转螺旋，确定是左手螺旋还是右手螺旋，在弹出的对话框中确定螺旋体高度、节距和尖角的数值。图 14-38 是螺旋体示意图，其中图 14-38(a)尖角为 0°，图 14-38(b)尖角不为 0°，这里尖角就是螺旋体的锥度。如果在一个圆柱的表面，按照以上步骤，以圆柱轴线为旋转轴，螺旋扫掠一个圆面，可以在圆柱表面开出一个螺旋槽，如图 14-39 所示。

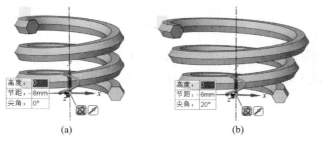

图 14-38　拉动面形成螺旋体

图 14-39　圆柱表面螺旋槽

8）旋转边

可以使用拉动工具的旋转边选项 旋转任意实体的边，如使用旋转边选项后，拉动圆柱体上圆边，这样可以将圆柱体转化为圆锥体，如图 14-40 所示。

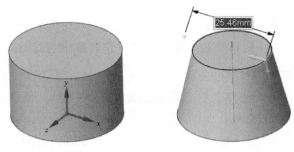

图 14-40　旋转边形成圆锥体

9）图形的缩放

可以用拉动工具来缩放实体和面。激活拉动工具中的缩放主体向导 ，用鼠标左键单击一个点或顶点作为缩放锚点，然后用鼠标左键拖曳以动态缩放或使用空格键并键入缩放比例，图 14-41 显示的是实体的缩放。

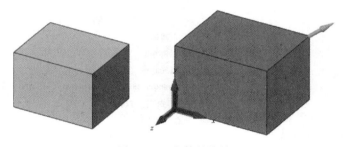

图 14-41　实体的缩放

4. 移动

设计选项卡编辑功能区中的移动工具 ，也是 SpaceClaim 令人赞叹的工具之一，它在草图模式、剖面模式或三维模式下都可以使用。可以移动或转动任何对象，甚至包括图纸视图，快捷键为 M。可以按 Ctrl 键复制选择移动的对象，并将其放在拖曳或设定移动的位置。

激活移动工具，在设计窗口的左侧将出现工具向导，如图 14-42 所示，其功能及用途如下：

选择 ：默认情况下处于激活状态，可以选择需要移动的任何对象，包括曲面、实体、组件或平面等。

选择组件 ：在设计窗口中，鼠标左键单击零件所属组件的所有对象，也可以在结构树中直接鼠标左键点击零件。

移动方向◢：选择点、顶点、线、轴、平面或表面，可以定向移动手柄并设置移动的初始方向，也可以直接使用 Alt＋鼠标左键点击。

定位（Anchor）◢：将移动手柄定位于表面、边或顶点，这样移动对象时，以此作为起始位置。

沿迹线移动◢：选择一组线或边，可以沿该迹线移动所选对象。

围绕轴轴向移动◢：选择边、线或坐标轴，选定对象围绕其轴向移动。

支点◢：绕其移动其他对象。

直到（Up To）◢：一旦选择了要移动的对象和移动手柄，使用该向导移动到目标对象，快捷键为 U。

鼠标左键放在设计窗口的左侧选项上，可以显示此次操作可用的移动选项，如图 14-43 所示，常用的如下：

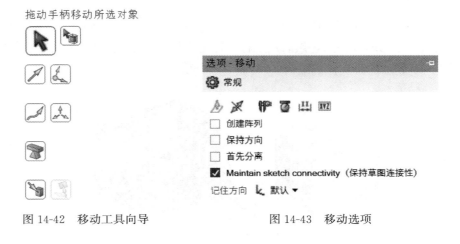

图 14-42　移动工具向导　　　　　图 14-43　移动选项

移动格栅：在草图模式或剖面模式下，将移动控点放置在草图移动格栅上。

标尺：激活要移动方向的移动手柄箭头，点击标尺，键入所选对象与目标参照物的移动距离或角度。

创建阵列：激活此选项，可以创建阵列。

如果选中一个实体，接着选择一个移动手柄箭头（方向），再键入移动距离，则可以使实体移动位置，如图 14-44 所示。如果选中实体的一个面，接着选择一个手柄移动箭头（方向），再键入移动距离，效果和拉动一样，如图 14-45 所示。如果选中实体的一个面，接着选择一个手柄转动箭头，再键入转动角度，结果如图 14-46 所示。如果选中实体的一条边，接着选择一个手柄移动箭头进行移动，结果如图 14-47 所示。如果选中实体某面的一条环边，接着选择一个手柄转动箭头进行转动，则实体和此面相接的侧面变形为曲面，如图 14-48 所示。如果选中一个对象，接着在移动选项中勾选创建阵列，选择一个手柄移动箭头，拖曳鼠标左键，然后键入计数和长度，完成一行或一列的创建，如图 14-49 所示。

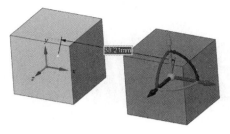
图 14-44　实体的移动

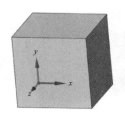
图 14-45　实体的面的移动

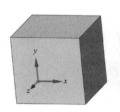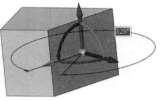
图 14-46　实体的面的转动

图 14-47　实体边的移动

图 14-48　实体环边的转动

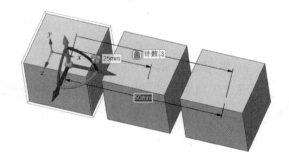
图 14-49　实体的阵列

5. 填充

设计选项卡编辑功能区中的填充工具，使用相邻或简单的几何结构填充所选区域。填充的实质是选中面进行填充时，先把此面移除，然后与此面相邻的面自动延伸，形成可封闭的空间，完成填充。实体中的孔和圆角选择后，可以使用填充工具填充和消除，如图 14-50 所示。如果选择封闭边进行填充，则形成面，如图 14-51 所示。

6. 融合

设计选项卡编辑功能区中的融合工具，可以创建点、线、面之间相互过渡的光滑线、面或体。如图 14-52 所示，选择位于不同高度平面的正六边形面、圆和正方形，点击融合工具，SpaceClaim 自动在三个平面图形之间形成光滑的过渡面和线，并形成实体。曲线之间融合可以形成曲面，如图 14-53 所示。

图 14-50 填充孔和消除圆角　　　　图 14-51 填充封闭边

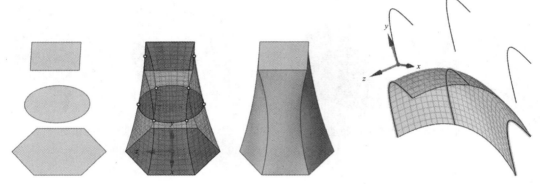

图 14-52 平面图形之间融合形成实体　　　　图 14-53 曲线之间融合形成曲面

7. 布尔操作

设计选项卡相交功能区可以合并或拆分体和面，这就是所谓的布尔操作。其中组合工具 是一个功能强大、应用全面的工具，既可以合并对象，也可以将对象进行分割。这里所指对象的范围很广，可以是实体、曲面、曲线，也可以是基准平面。图 14-54 所示是一个开槽圆柱体放置在一个平板上，点击组合工具，按照提示，选择平板作为目标对象，再选择开槽圆柱体作为要合并的主体，结果是两个实体合并，形成一个新的实体，如图 14-55 所示。图 14-56 所示是一个带底座的支架支撑一个平板，点击组合工具，按照提示，选择带底座的支架作为目标对象，再点击选择刀具（默认），选上边平板，选择移除的区域，得到的实体如图 14-57 所示。

分割主体工具 可以用曲面、平面和环边来分割主体。图 14-58 所示是一个椭圆柱和穿过它的曲面，点击分割主体工具，选椭圆柱为目标对象，再选曲面作为切割器，此时椭圆柱被曲面分割成两部分，如图 14-59 所示。

8. 参数化

SpaceClaim 中的参数化可以通过创建组来实现，前提是拉动工具或者移动工具被激活的状态下选择几何的相关尺寸，通过创建组保存为驱动尺寸，以备后续在 Access 中做参数化分析。

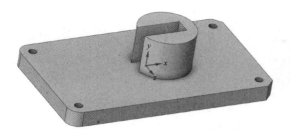
图 14-54 板及开槽圆柱体

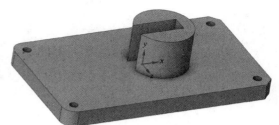
图 14-55 板及开槽圆柱体合体

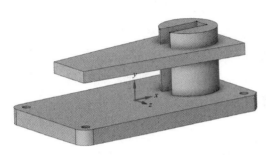
图 14-56 带底座的支架和平板

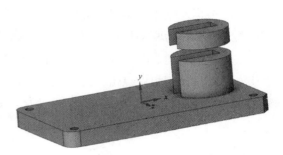
图 14-57 移除部分的带底座支架

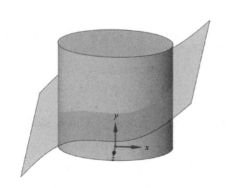
图 14-58 椭圆柱和曲面

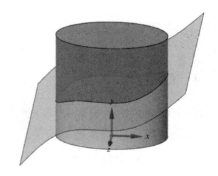
图 14-59 椭圆柱的分割

1) 尺寸参数化

通过拉动工具可以保存距离（偏置）或者半径的驱动尺寸。操作步骤如下：

(1) 鼠标左键单击编辑功能区的拉动工具。

(2) 选择作为驱动尺寸的点、边、面或者轴。

(3) 输入拉伸距离。

(4) 再鼠标左键单击弹出框的 P 工具，创建驱动尺寸参数，或者在群组面板中点击创建参数工具。在群组面板中可以看到驱动尺寸已经参数化，如图 14-60 所示。更改参数数值，实体拉伸距离也随着变化，如图 14-61 所示。

图 14-60　创建驱动尺寸参数　　　　　　图 14-61　参数驱动拉伸距离变化

2）位置参数化

通过移动工具可以保存平移或者旋转的驱动尺寸。操作步骤如下：

（1）鼠标左键单击编辑功能区的移动工具。

（2）选择作为驱动尺寸的点、边、面或者轴。

（3）鼠标左键单击几何上显示坐标的平移方向或者旋转方向，做适当的平移或者旋转。

（4）在群组面板中点击创建参数工具，可以看到标尺尺寸已经创建，如图 14-62 所示。更改参数数值，实体移动距离也随着变化，如图 14-63 所示。

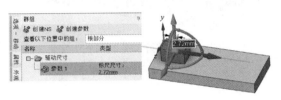  

图 14-62　创建位置尺寸参数　　　　　　图 14-63　参数驱动移动距离变化

14.3.4　创建

设计选项卡创建功能区可以创建参考平面、参考轴、参考点、阵列和局部坐标系，并可以在实体和面之间创建偏置和镜像关系。它包含以下工具：

平面 ▱：根据所选对象创建一个平面，或者创建一个包含所选草图实体的布局。

轴 ↘：从所选线条或边创建一个参考轴。

点 ✥：从当前选择创建一个空间参考点。

原点 ⤢：在选定对象中心或选定平面的相交处创建坐标系。

线性阵列 ⋰：创建一个线性一维或二维阵列。

圆形阵列 ⋰：创建一个圆形阵列。

填充阵列 ⊞：创建填充阵列。

壳体 壳体：将实体转换为壳体。

偏移 偏移：创建各表面之间的偏移关系。

镜像 镜像：单击一个平面或平表面以设置镜像平面，然后再单击一个对象以镜像此对象。

1. 平面

平面可以用于创建草图或放置布局，也可以作为拆分体工具的切割器，还可以作为注释平面放置工程图纸的尺寸或注释，还可以作为隐藏的约束条件，用于几何编辑或参数驱动的参考面，除此之外可以作为镜像平面用于镜像对象。

可以通过选择设计中的各种表面、边、轴或直线来创建平面，当选择对象不同时，创建的位置也不同，参考表 14-2。

平面的各种创建方法　　表 14-2

鼠标左键单击	创建位置
平面	包含该表面
平面和点	经过该点与该平面平行
平面和边	经过该边与该平面垂直
两个平行的面	位于这两个面中间
圆柱面	与该圆柱表面的单击点相切
两个平行轴的圆柱面	与两个表面相切，并尽可能接近选择点
轴	包含此轴
两个平行轴	通过这两个轴
两个参考坐标系的轴	通过这两个轴
轴（或直线）和一个点	通过该轴（或直线）和该点
任何直线的端点	经过该端点且与该端点所在直线垂直
三个点	经过这三个点
平面内的两条线	经过这两条平面线
Alt＋Shift＋对象	临时对象

2. 轴

轴可以用于旋转或编辑对象时的距离参照。可以通过选择设计中的各种表面、边或直线来创建轴，当选择对象不同时，创建的位置也不同，参考表 14-3。

轴的各种创建方法　　表 14-3

鼠标左键单击	创建位置
圆柱面	该圆柱面的轴心线
两个不平行的平面	两平面延伸相交处
直边	该边
圆柱体和切平面	圆柱体和该平面的相切处
直线	该线
圆或弧	经过圆心或弧心并与该线垂直
两个点	经过这两个点

3. 点

可以在三维模式或剖面模式下于实体或面的任何位置创建空间点，还可以用移动工具移动其位置。需要注意的是，空间点不同于草图点，不能作为工作点（Work Point）导入 Ansys Workbench 中。

4. 局部坐标系

在二维或三维模式下均可以插入原点（局部坐标系），可导入 Ansys Workbench 中作为局部坐标系。

5. 阵列

阵列模式包括线性阵列、圆形阵列和填充阵列。它们是对编辑功能区中移动工具的创建阵列选项的拓展，能够快速创建一维或二维线性阵列模式。在阵列预览情况下，任何不能创建的成员会显示为红色，可以创建的成员显示为蓝色。

阵列对象可以是一个零件或组件，也可以是一个特征，如凸台或凹孔。图 14-64 所示是一块平板上的六边形凹孔的线性阵列。操作步骤是：先鼠标左键单击线性阵列工具，选择原始六边形凹孔作为阵列对象，然后在窗口左侧的选项面板中选择一维阵列或二维阵列，并输入阵列计数和节距。如果要对阵列进行修改，在左侧结构树中鼠标右键点击 Pattern（阵列）选属性，可以对阵列计数和节距进行修改。图 14-65 所示是一个圆柱上沿圆周的凸台圆形阵列。操作步骤是：先鼠标左键单击圆形阵列工具，选择原始凸台作为阵列对象，然后在窗口左侧的选项面板中选择图案类型是一维还是二维，以及圆计数和角度。如果要对阵列进行修改，同样在左侧结构树中鼠标右键点击 Pattern（阵列）选属性，可以对计数和角度进行修改。图 14-66 所示是一块平板上的六边形凹孔的填充阵列。操作步骤是：先鼠标左键单击填充阵列工具，选择原始六边形凹孔作为阵列对象，然后在窗口左侧的选项面板中选择图案类型是栅格、偏移还是偏斜，并输入 x 间距、y 间距和边距等数值。

图 14-64　凹孔的线性阵列

14.3 SpaceClaim 建模指南

图 14-65　凸台的圆形阵列　　　　图 14-66　凹孔的填充阵列

6. 壳体

壳体命令通过单击要移除的面以创建壳体，然后测量该壳体的厚度尺寸。壳体可以是开放的，也可以是封闭的。在壳体或偏移部分增加或改变一个圆角，同时内部的面也随着改变。一个立方体，如图 14-67(a)所示，使用壳体命令，移除面选上表面，形成封闭壳体，如图 14-67(b)所示；再拖动一棱边，形成圆角，如图 14-67(c)所示。如果移除面选上表面及前面两侧面，则形成开放壳体，如图 14-68(b)所示；可以改变壳体厚度尺寸，如图 14-68(c)所示。

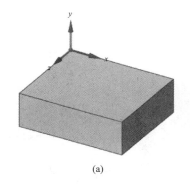 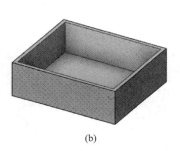 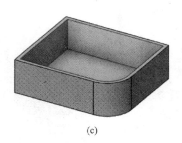

　　　(a)　　　　　　　　　　　(b)　　　　　　　　　　　(c)

图 14-67　创建封闭壳体

可以对创建的壳体进行编辑修改，用编辑功能区的选择命令，选择要修改的面，在弹出的微型工具栏中指定面键入厚度，或者在窗口左侧的属性窗口中修改所选面的偏移值（厚度），如图 14-69 所示。

特别需要注意的是，使用壳体命令创建壳体后将转换为钣金设计，如图 14-70 所示，拉动壳体的某个面，整个厚度的壳体将随之移动。

7. 偏移

偏移工具 偏移 在两个表面之间创建偏置关系，此关系将在二维和三维编辑过程中保持。如图 14-71 所示，凹陷处两个圆柱面建立了偏置关系，拉动其中一个圆柱面，另外一

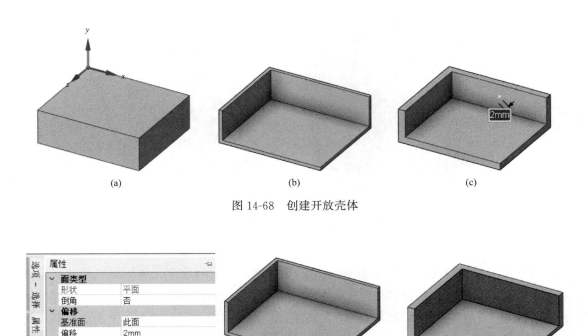

图 14-68 创建开放壳体

图 14-69 改变壳体厚度

图 14-70 拉动壳体

个圆柱面也随之变动，保持着这种偏置关系。如果要取消偏移关系，激活设计选项卡的编辑功能区中的拉动工具，鼠标单击已设置偏移关系的曲面，在窗口左侧的选项面板中点击取消偏移，如图 14-72 所示。

8. 镜像

镜像工具 用来镜像任何可以用移动工具移动的几何对象。实施步骤：先选择镜像平面，再选择要镜像的实体或剖面，其中在窗口左侧选项面板中，常规选项合并镜像实体和创建镜像关系是默认勾选的。图14-73所示是一个实体的镜像及合并。当实体带有阵列特征时，镜像后阵列特征保留，如果修改源几何对象的特征，镜像对象的特征也随之改变，如图14-74所示。

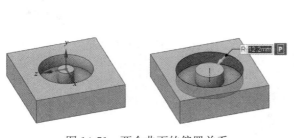

图14-71 两个曲面的偏置关系

图14-72 取消两个曲面的偏置关系

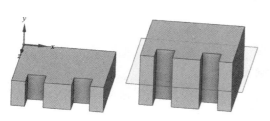

图14-73 实体的镜像及合并

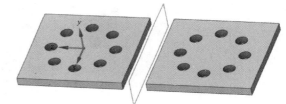

图14-74 带阵列实体的镜像

14.3.5 装配

组件选项卡装配功能区中的工具用于对不同组件中的两个对象进行操作，可以指定它们彼此对齐的方式，即创建装配关系。在SpaceClaim中，组件由许多零件（实体和曲面）组成。组件还可以包含任意数目的子组件，为组件创建多个装配关系。

装配功能区包括下列工具：

相切 ![相切]：对齐两个不同零件中对象的所选表面，以保证它们相切或一个面与线、点等相切。对象可以是平面、柱面、球面以及圆锥面。

对齐 ![对齐]：对齐两个点、线、平面或这些对象的组合，如果选择一个圆柱形或圆锥形的面，则使用轴；如果选择一个球面，则使用中心点。

定向 ![定向]：围绕组件的对齐轴旋转零件，以使所选表面指向同一方向。

如图14-75所示是两个圆柱面的相切配合；如图14-76所示是两个回转体轴线的对齐配合；如图14-77所示的则是两个回转体轴线的定向配合（同一个方向）。

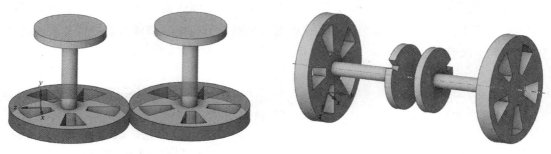

图 14-75　相切配合　　　　　图 14-76　轴线对齐配合

图 14-77　定向配合

14.4　SpaceClaim 有限元前处理应用

14.4.1　概述

SpaceClaim 现在已成为 Ansys Workbench 的首选有限元分析前处理软件,被广泛用于结构、流体、电磁的有限元建模。它不仅能够进行通用的几何特征简化,处理结构分析特有的抽梁、抽壳及流体、电磁场模型简化,还可以将处理后的几何模型双向无缝地传输给 Ansys Workbench,重要的是,辅助 CAE 的相关数据,如参数、集合、坐标等,一并传递给 Ansys Workbench。

有限元前处理的几何模型来源主要有三种:SpaceClaim 建模、第三方 CAD 建模、CAE 导出或逆向数据。本书主要讨论前两种建模方法。

14.4.2　几何接口

很多工程零件、机械和结构是由三维 CAD 软件设计的。基于历史特征建模的 CAD 模型文件包括参数、尺寸、特征和拓扑等信息,而直接建模的模型文件只包括几何模型,这大幅降低了文件的数据量,所以 SpaceClaim 模型文件对大型且复杂设计的处理会较传统三维 CAD 软件模型文件占有明显更少的硬件和软件资源。因此将 CAD 文件保存为 *.scdoc 格式意味着用户可以更快地加载、存储和更新模型，而且更加有效地使用计算机内存资源。

SpaceClaim 使用 3D ACIS 内核开发，可以导入和导出其他内核的 CAD 格式文件。

1. 导入

SpaceClaim 可以直接打开主流 CAD 软件的源文件、ACIS 或 Parasolid 内核文件、Ansys DesignModeler、中性格式文件、三角面片文件等，如 SolidWorks、Inventor、SolidEdge、CREO、CATIA、NX/UG 等三维 CAD 软件的源文件，可以打开（导入）的文件格式有：SpaceClaim 文件（*.scdoc）、Discovery 文件（*.dsco）、ACIS（*.sat；*.sab；*.asat；*.asab）、AMF（*.amf）、Ansys（*.agdb；*.pmdb；*.meshdat；*.mechdat；*.dsdb；*.cmdb）、Ansys Electronics Database（*.def）、AutoCAD（*.dwg；*.dxf）、CATIA V4（*.model；*.exp）、CATIA V5（*.CATPart；*.CATProduct；*.cgr）、CATIA V6（*.3dxml）、CREO（*.prt*；*.xpr*；*.asm*；*.xas*）、DesignSpark（*.rsdoc）、ECAD（*.idf；*.idb；*.emn）、Fluent 网格（*.tgf；*.msh）、Fusion360（*.f3d；*.f3z）、ICEM CFD（*.tin）、IGES（*.igs；*.iges）、Inventor（*.ipt；*.iam）、JT Open（*.jt）、NX（*.prt）、OBJ（*.obj）、OpenVDB（*.vdb）、OSDM（*.pkg；*.bdl；*.ses；*.sda；*.sdp；*.sdac；*.sdpc）、OtherECAD（*.anf；*.tgz；*.xml；*.cvg；*.gds；*.sf；*.strm）、Parasolid（*.x_t；*.xmt_txt；*.x_b；*.xmt_bin）、PDF（*.pdf）、PLMXML（*.plmxml；*.xml）、PLY（*.ply）、QIF（*.QIF）、Revit（*.nvt；*.rfa）、Rhino（*.3dm）、SketchUp（*.skp）、SolidEdge（*.par；*.psm；*.asm）、SolidWorks（*.sldprt；*.sldasm）、SpaceClaim Template（*.scdot）、SpaceClaim 脚本（*.scscript；*.py）、STEP（*.stp；*.step）、STL（*.st）、VDA（*.vda）、VRML（*.wrl）、所有文件（*.*）。

导入外部几何模型的方式有以下两种：

1) 在 SpaceClaim 文件菜单中，使用打开命令选择合适的文件格式，就可以打开已有的设计文件。

2) 使用组件选项卡中文件命令，选择合适的文件格式，就可以打开已有的设计文件。

2. 导出

用 SpaceClaim 做成的模型文件，既可以保存为自己的 *.scdoc 格式，也可以导出为上述的其他 CAD 文件格式。

14.4.3 几何模型前处理

SpaceClaim 本身就是功能强大的三维实体建模软件，可以使用它直接把零件（构件）、机械或结构的三维实体模型创建出来。如果欲进行分析的零件（构件）、机械或结构的三维实体模型，是由其他 CAD 软件创建出来的，则在导入 SpaceClaim 过程中，由于软件之间格式不兼容或精度不匹配等原因,几何模型可能会出现如丢面、自由面、额外边、分割边、尖角、硬边等问题,这些问题需要修复才能保证划分单元的质量。SpaceClaim 基于直接建模的思路,可以无视建模过程使用多种方法直接修复上述问题。

1) 轮毂三维模型

轮毂三维模型如图 14-78 所示,使用 SpaceClaim 直接三维实体建模。步骤如下:

(1) 用鼠标左键点击草图选项卡的创建功能区中的线工具,然后在窗口左侧选项面板中选笛卡尔坐标尺寸,如图 14-79 所示。然后按照图 14-80 所示,依次输入各线段的起点和终点坐标,绘制草图。其中草图右边可以用矩形工具绘制,在窗口左侧选项面板中选择从中心定义矩形并选笛卡尔坐标尺寸,然后用裁剪工具裁剪掉多余线段,最终草图如图 14-81 所示。

图 14-78 轮毂三维模型

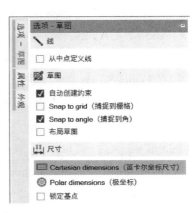

图 14-79 线段选项

(2) 用鼠标左键点击设计选项卡的编辑功能区中的拉动工具,选择草图中截面,然后点击旋转工具,选择最左边竖边为旋转轴,拉动截面旋转 360°,形成如图 14-82 所示的旋转体。

(3) 仍然用鼠标左键点击设计选项卡的编辑功能区中的拉动工具,选择实体中间圆柱凸台底边,然后在弹出的快速工具栏中选圆角,拉动底边,输入圆角半径 10mm,形成凸台底部圆角,如图 14-83 所示。接着在凸台顶边创建 1mm 半径圆角。

(4) 用鼠标左键点击设计选项卡编辑功能区中的选择工具,选择实体中间圆柱凸台顶面,再点击模式功能区的草图模式,形成草图平面,如图 14-84 所示,按图 14-85 所示,用鼠标左键点击草图选项卡的创建功能区中的圆工具,然后在窗口左侧选项面板中选笛卡尔坐标尺寸,先绘制圆心距回转体轴线 40mm,直径为 16mm($R=8mm$) 的圆,再在右边绘制直径为 20mm($R=10mm$) 的大圆。左边小圆用草图选项卡的约束功能区中的固定约束工具将其位置固定,选中小圆和大圆的圆心,再用约束功能区中的水平约束工具将两个圆心连线固定为水平位置。接着使用草图选项卡的创建功能区中的线工具随意绘制一段斜线,用草图选项卡的约束功能区中的相切约束工具使斜线分别和两个圆相切,再用草图选

14.4 SpaceClaim 有限元前处理应用

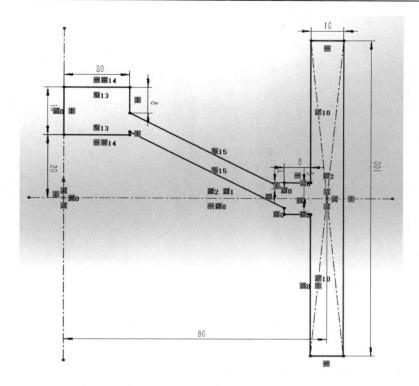

图 14-80 截面草图及标注尺寸（单位：mm）

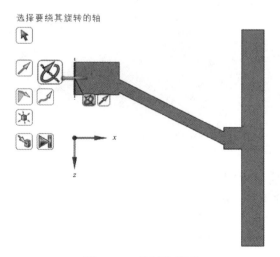

图 14-81 绘制的草图

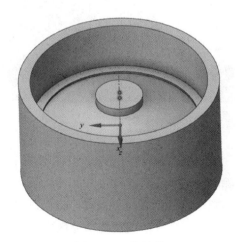

图 14-82 旋转体

项卡的修改功能区中的裁剪工具裁去斜线和两个圆相切点外的线段，随后用约束功能区中的尺寸工具将斜线段长度更改为 10mm，再用设计选项卡中创建功能区中的镜像工具，对斜直线进行镜像操作，最后使用草图选项卡的修改功能区中的裁剪工具裁去多余弧线，创建如图 14-86 所示的草图。

 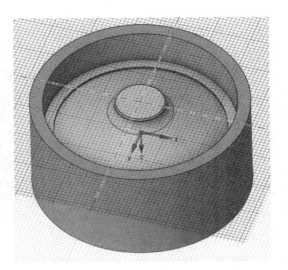

图 14-83　创建圆角　　　　　　　　　图 14-84　创建草图平面

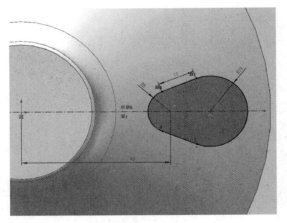 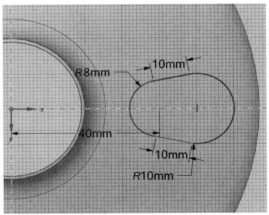

图 14-85　需开孔位置和尺寸(单位：mm)　　　图 14-86　创建开孔草图

（5）用鼠标左键点击设计选项卡编辑功能区中的拉动工具，选中所绘图形，贯通切除，然后用设计选项卡中编辑功能区中的选择工具，选择通孔的壁面，点击创建功能区中的圆形阵列工具，创建 6 个通孔的圆形阵列，如图 14-87 所示。

（6）交替使用创建功能区中的线和圆工具，辅助以约束功能区中的尺寸工具和修改功能区中的剪裁工具，创建典型凹坑草图，如图 14-88 所示。

（7）使用设计选项卡编辑功能区中的拉动工具，切除出 5mm 深度的凹坑；另外创建一个直径 3mm 的贯穿圆孔。此时实体模型如图 14-89 所示。

（8）用设计选项卡编辑功能区中的选择工具，选择凹坑的壁面、底面和贯穿圆孔的柱面，再使用创建功能区中的圆形阵列工具，以回转体中心轴线为轴线，创建 5 个圆形阵列，如图 14-90 所示。

14.4 SpaceClaim 有限元前处理应用

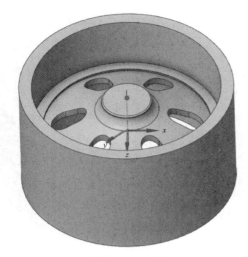

图 14-87 创建通孔圆形阵列

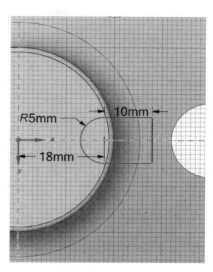

图 14-88 创建凹坑草图

图 14-89 创建凹坑和贯通孔

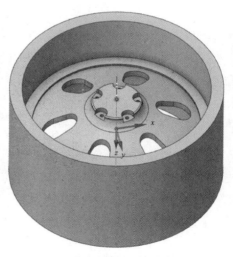

图 14-90 创建凹坑和贯通孔圆形阵列

（9）用设计选项卡编辑功能区中的选择工具，选择回转体中间圆柱凸台的顶面，再点击模式功能区中的草图模式，将此顶面设置为草图平面，绘制直径为 10mm 的圆，如图 14-91 所示。再使用设计选项卡的编辑功能区中的拉动工具，创建轴心贯通孔，如图 14-92 所示。

（10）点击模式功能区中的草图模式，将过中心轴线的某一直径平面作为草图平面，绘制如图 14-93 所示的草图，然后用设计选项卡的编辑功能区中的拉动工具，选择草图中截面，在弹出的快捷工具栏中点击去除，然后点击旋转工具，选择中心轴线为旋转轴，拉动截面旋转 360°，形成如图 14-94 所示的轮辋凹槽（切除特征）。

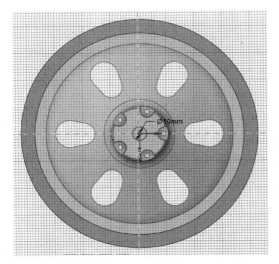 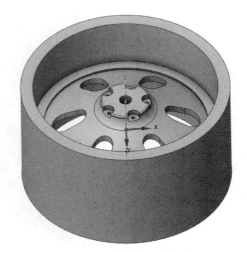

图 14-91　创建轴心贯通孔草图　　　　图 14-92　创建轴心贯通孔

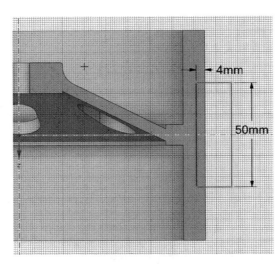 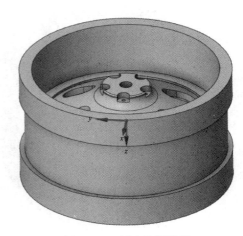

图 14-93　创建轮辋凹槽草图　　　　图 14-94　创建轮辋凹槽

(11) 使用设计选项卡的编辑功能区中的拉动工具，分别选择上述轮辋凹槽的 4 条边线，创建半径为 2mm 的圆角，如图 14-95 所示。

(12) 用设计选项卡编辑功能区中的选择工具，选择实体中的 x 轴（径向）和 z 轴（中心轴线），然后点击设计选项卡的创建功能区中的平面工具，创建一个过回转体中心轴线的直径参考平面，再点击这个直径参考平面和回转体外圆柱面，创建一个与直径参考平面平行且与回转体外圆柱面相切的参考平面，如图 14-96 所示。

(13) 以此参考平面为草图平面，绘制一直径为 35mm 的圆，如图 14-97 所示。然后使用设计选项卡的相交功能区中的投影工具，将此圆投影到圆柱面上，如图 14-98 所示。然后用设计选项卡的编辑功能区中的拉动工具,创建 2mm 深的凹坑[在其他的三维实体建模软件如 SolidWorks 中,这是所谓的包裹(蚀雕)功能],如图 14-99 所示。

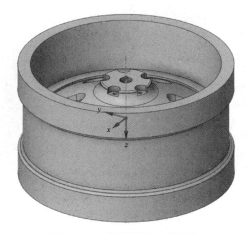

图 14-95 创建轮辋凹槽圆角

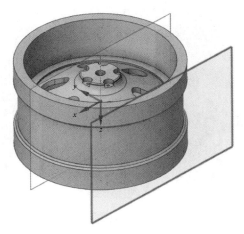

图 14-96 创建参考平面

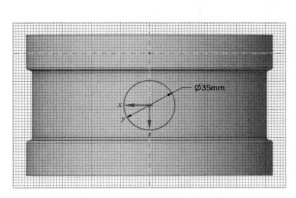

图 14-97 创建轮辋凹坑草图

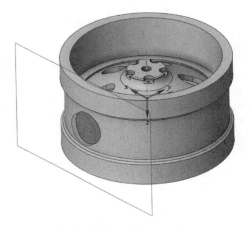

图 14-98 圆平面的投影

(14) 用设计选项卡编辑功能区中的选择工具,选择上述凹坑的壁面和底面,再使用创建功能区中的圆形阵列工具,以回转体中心轴线为轴,创建 10 个圆形阵列。最后用设计选项卡的编辑功能区中的拉动工具,拉动实体上缘内边线,在弹出的快速工具栏中选倒角,创建 2mm×45°的倒角。创建的实体轮毂如图 14-100 所示。

2) 桌子支架三维模型

某种型号的桌子支架结构如图 14-101 所示,结构是杆系结构,所有杆的截面为 400mm×400mm×4mm 的带圆角方管。桌子支架结构属于三维实体模型的装配体。用 SpaceClaim 先对桌子支架结构的各个杆件进行零件建模,然后再装配成整体结构组件。具体步骤如下:

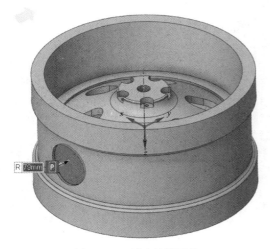
图 14-99 创建轮辋凹坑

图 14-100 三维实体轮毂

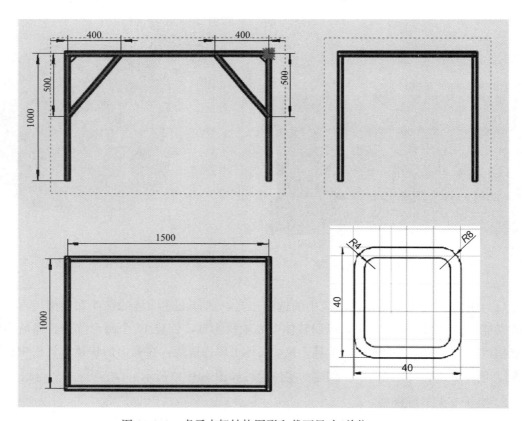
图 14-101 桌子支架结构图形和截面尺寸(单位:mm)

(1)首先任选一草图平面,点击草图选项卡的创建功能区中的矩形工具,然后在窗口左侧选项面板中选从中心定义矩形,绘制矩形。绘制过程中,在弹出的长、宽尺寸框中分别输入 40mm、40mm，或者先画任意一个矩形，再用约束功能区中的尺寸工具，将矩形的长和宽均定义为 40mm，这样绘制了 40mm×40mm 的正方形。

(2) 点击修改功能区中的偏移曲线工具，同时选中正方形四条边，向内偏移 4mm。或者直接用矩形工具，同样在窗口左侧选项面板中选从中心定义矩形，绘制和前一矩形同中心的 32mm×32mm 的正方形，如图 14-102 所示。

(3) 点击修改功能区中的创建圆角工具，创建 4 个半径为 8mm 的外圆角和 4 个半径为 4mm 的内圆角，形成带圆角方管截面如图 14-103 所示，保存此截面为文件。

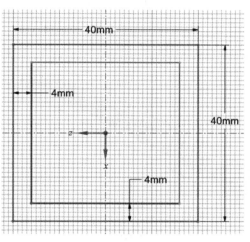
图 14-102　方管截面草图

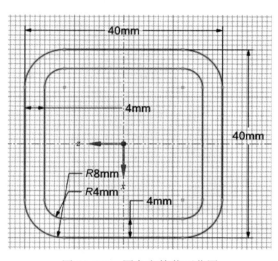
图 14-103　圆角方管截面草图

(4) 使用设计选项卡编辑功能区中的拉动工具，拉伸此截面，拉伸长度 980mm，形成方管(桌腿)，保存为文件；使用拉动工具，同样拉伸此截面，拉伸长度 1000mm，形成方管，再用设计选项卡编辑功能区中的移动工具，选择方管一端面，然后绕端面某一对称轴旋转 45°，形成 45°斜截面，如图 14-104 所示。对方管另一端面进行同样操作，这样创建了桌面短边管，保存为文件。用同样方法，形成长度为 1500mm，两端 45°斜截面的桌面长边管，保存为文件。

(5) 桌腿的斜撑也是先用拉动工具，拉动带圆角方管截面，拉伸长度需稍大于 $\sqrt{(400-40)^2+(500-40)^2}=584.1$mm，比如 900mm。选择方管的一对外侧面，点击创建功能区中的平面工具，创建一个参考面；再选择方管的另一对外侧面，同样操作，创建第二个参考面。这样形成了方管的两个纵向对称面，如图 14-105 所示。点击其中一个参考平面，再点击模式功能区中的草图模式，在此草图平面上绘制直角边长度为 360mm 和 460mm 的直角三角形，如图 14-106 所示。结束草图编辑，在窗口左侧结构树中隐去此参考平面，然后用设计选项卡编辑功能区中的拉动工具，将直角三角形的三条边沿垂直三角面方向分别拉伸一定距离(距离可以不同)，形成直角三角形柱面，如图 14-107 所示。接着再用组件选项卡装配功能区中的对齐工具 对齐，选择三角柱面的斜边平面，再选择另外一个参考平面，这样此三角柱面将运动到新位置以使斜边平面和图中显示的参考平面重合，如图 14-108 所示。用设计选项卡编辑功能区中的移动工具，沿方管轴线把三角柱面移动到方管中间位置（如果移动的箭头指向没有沿方管轴线的，则用移动方向工具 调整一个箭头到沿轴线方向），如图 14-109 所示。使用设计选项卡相交功能区中的分割主体工具，选择目标对象为方管，两个直角柱面为切割器，如图 14-110 所示，将方管切割成三段，如图 14-111 所示。删除两端的两段方管，保留中间段，保存为文件。

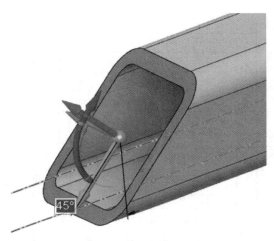

图 14-104　形成 45°斜截面

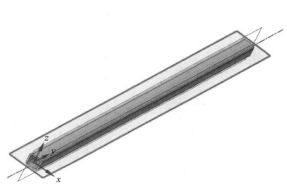

图 14-105　生成两个纵向对称面

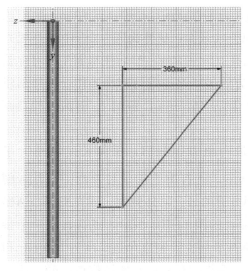

图 14-106　纵向对称面内绘制直角三角形

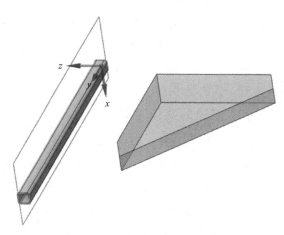

图 14-107　方管和直角三角形柱面

14.4 SpaceClaim 有限元前处理应用

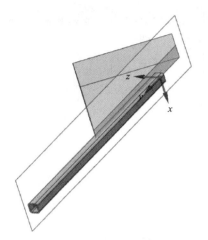 

图 14-108　三角柱面和方管纵向对称面重合　　图 14-109　拖动三角柱面到方管中间

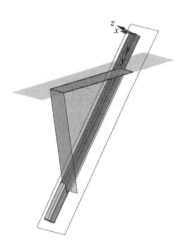 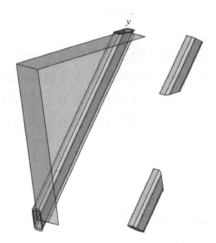

图 14-110　分割方管　　　　　　　　图 14-111　方管被切割成三段

（6）点击组件选项卡的零件功能区中的文件工具（图 14-112），依次选择桌子短边管和长边管，使用编辑功能区的移动工具，移动或转动这两个零件，使它们处于靠近的位置。使用编辑功能区的选择工具，同时选择两个管的一个侧面（Ctrl 键），再点击装配功能区中的对齐工具，使这两个侧面处于同一水平面，如图 14-113 所示。再同时选择两个方管的斜切面，点击装配功能区中的相切工具，使两根方管斜切面相切并拼接在一起。接着同时选择两个方管的斜切面的外边，点击装配功能区中的对齐工具，使两根方管斜切面重合并对接在一起，如图 14-114 所示。

用零件功能区中的文件工具，再调入桌子短边管和长边管，重复上述过程，拼装桌面成矩形管状结构，如图 14-115 所示。

图 14-112　组件选项卡

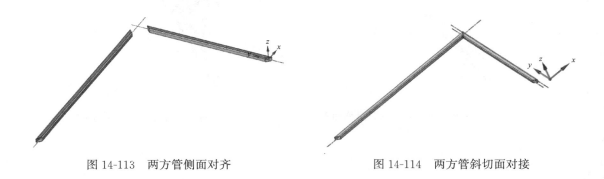

图 14-113　两方管侧面对齐　　　　　　图 14-114　两方管斜切面对接

(7) 点击组件选项卡的零件功能区中的文件工具，选择桌子腿调入，然后使用装配功能区中的对齐工具，使桌腿的两个外侧面分别和矩形管状结构的两个外侧面对齐，桌腿上面和矩形管状结构的下面相切。重复上述过程，把另外三个桌腿和桌面矩形管对接（也可以使用移动工具，把桌腿移动复制到另外三个桌角位置），如图 14-116 所示。

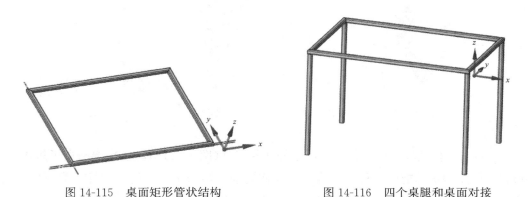

图 14-115　桌面矩形管状结构　　　　　　图 14-116　四个桌腿和桌面对接

(8) 点击组件选项卡的零件功能区中的文件工具，选择斜撑调入，反复移动和转动斜撑，使它靠近桌面一角，如图 14-117 所示。使用装配功能区中的对齐工具，使斜撑外侧面和桌腿外侧面对齐；使用装配功能区中的相切工具，使斜撑两个斜切面分别和桌面底面及桌腿侧面相切。然后利用移动工具，把斜撑复制移动到 y 方向另一桌角位置，再利用镜像功能，镜像出另外两个斜撑。装配好的桌子，如图 14-118 所示。

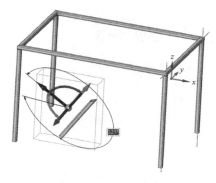 

图 14-117　移动和转动斜撑　　　　　　图 14-118　四个桌腿和桌面对接

3) 几何模型前处理

用于生产的三维实体模型，有时并不利于直接创建有限元模型，这时需要对其进行适当的简化处理，去掉无需关注的小特征以避免单元质量不好或分布不均。

本实例是一个复杂的机器零件，如图 14-119 所示。其针对几何模型的修复，主要包括填充铺台、批量处理、螺栓孔删除普通圆角、顺序删除相贯圆角等常见特征。

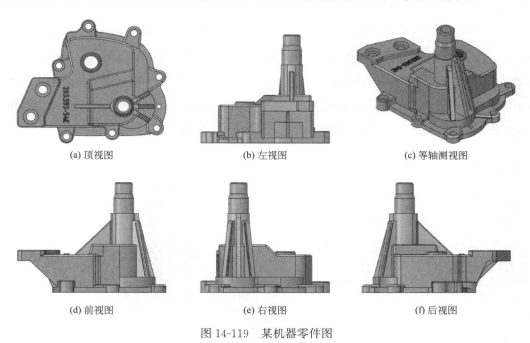

图 14-119　某机器零件图

(1) 填充凸台

将此零件实体模型导入 SpaceClaim，鼠标左键框选部分需要移除的凸台特征，激活设计选项卡的编辑功能区中的填充工具，将凸台移除(方法一)，如图 14-120 所示。

鼠标左键框选部分需要移除的凸台特征，激活准备选项卡的移除功能区中的面工具 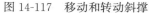，鼠标左键单击 ✓ 将所选凸台移除(方法二)，如图 14-121 所示。

图 14-120　填充工具移除凸台

图 14-121　面工具移除凸台

(2) 批量删除圆角

选择半径相同的圆角。单击一处圆角，如图 14-122 所示。在选择面板中选择所有圆角＝2mm，在状态栏中看到已选中 51 个圆角，激活准备选项卡的移除功能区中的圆角工具 圆角 ，左键单击 将所选圆角删除(方法一)，如图 14-123 所示。重复以上步骤，在选择面板中选择所有圆角＝1.05mm，激活设计选项卡的编辑功能区中的填充工具，将所有圆角移除，如图 14-124 所示。重复以上步骤，在选择面板中选择所有圆角＝1mm(共 31 个面)，激

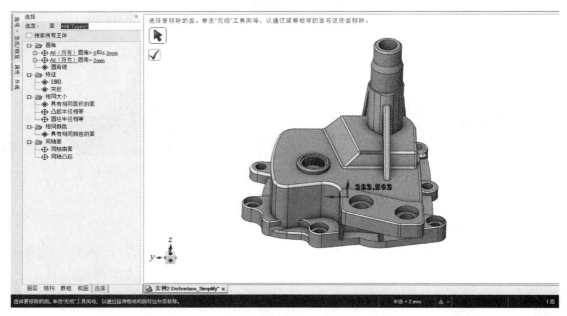

图 14-122　选择某半径为 2mm 的圆角

14.4 SpaceClaim 有限元前处理应用

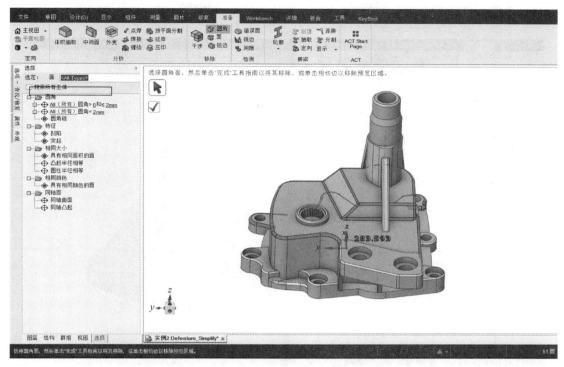

图 14-123　选择所有半径为 2mm 的圆角删除

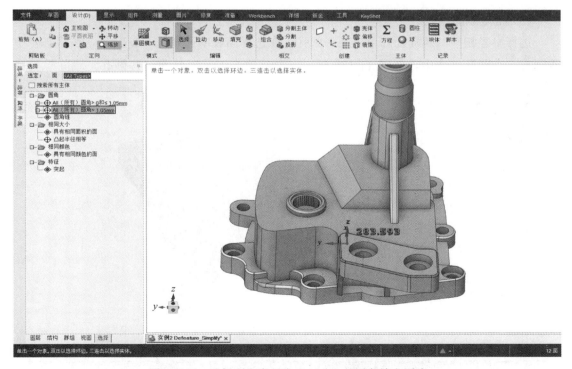

图 14-124　选择所有半径为 1.05mm 的圆角填充删除

活设计选项卡的编辑功能区中的填充工具,将这些圆角移除,如图14-125所示。

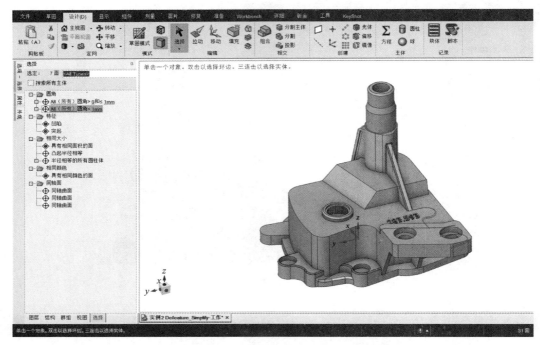

图 14-125　选择所有半径为 1mm 的圆角填充删除

(3) 批量删除圆孔

选择半径相同的螺栓孔。单击某一圆孔,在选择面板中选择孔=4.1mm,在状态栏中看到有 7 个圆孔已选中,如图 14-126 所示。激活填充工具以删除这些圆孔,删除螺栓孔

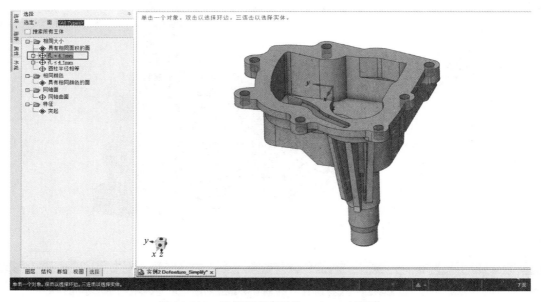

图 14-126　选择所有半径为 4.1mm 的圆孔

后的零件如图 14-127 所示。在上面的过程中，如果误选了一些面或孔的话，可使用 Ctrl+鼠标左键单击误选的面或孔进行移除。

（4）删除相贯圆角

Ctrl+鼠标左键依次单击相贯圆角，如图 14-128 所示，然后激活填充工具删除所选圆角或者使用 Delete 键删除。

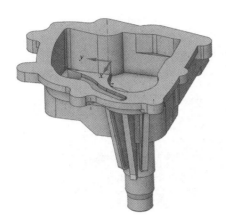

图 14-127 删除螺栓孔后的零件

图 14-128 选择相贯圆角

思考及练习题

14-1 试用 SpaceClaim 画出如图 14-129 所示底座轮廓线的草图。

14-2 试用 SpaceClaim 画出如图 14-130 所示垫片轮廓线的草图。

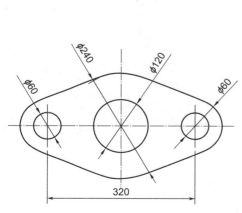

图 14-129 习题 14-1 图（单位：mm）

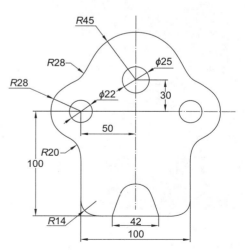

图 14-130 习题 14-2 图（单位：mm）

14-3 试用 SpaceClaim 画出如图 14-131 所示工程图所表示的台座实体模型。

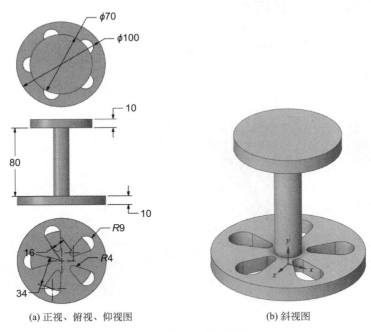

(a) 正视、俯视、仰视图　　(b) 斜视图

图 14-131　习题 14-3 图（单位：mm）

14-4 试用 SpaceClaim 画出如图 14-132 所示工程图所表示的轴承座实体模型，边缘圆角可以自定。

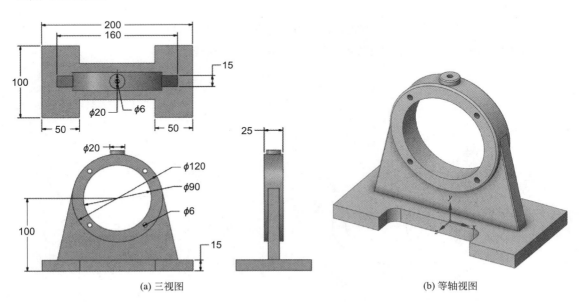

(a) 三视图　　(b) 等轴视图

图 14-132　习题 14-4 图（单位：mm）

第 15 章　Ansys Workbench 网格划分

几何模型创建完毕后，需要对其进行网格划分，以便生成包含结点和单元的有限元模型，进而用于后续的计算分析。对于 Ansys Workbench，网格划分功能既可以在 Mechanical 模块中实现，也可以在专用的 Mesh 模块中实现。专用的 Mesh 模块可以为 Ansys Workbench 不同的求解器提供对应的网格文件(有限元模型)。网格划分是有限元分析的一个重要步骤，在整个有限元分析过程中占据了相当大的时间比例，网络划分的好坏将直接关系到求解的准确度以及求解的速度。另外，网格划分是非常专业的有限元技术之一，实现高质量的网格划分需要有限元软件的强有力的网格划分功能。一些有限元软件公司开发了专业的功能强大的有限元前处理软件，如 HyperMesh、ANSA 等，但这些前处理软件价格不菲，操作复杂，需要较长时间的培训。经过多年的不断更新迭代，Ansys Workbench 中集成了很多网格划分软件及应用程序，有 ICEM CFD、Tgrid、CFX、Gambit、Ansys Prep/Post 等，其网格划分能力在现有的流行的商业有限元软件中名列前茅。

15.1　网格划分概述

Ansys Workbench 提供了 Ansys Meshing 应用程序，即网格划分模块，其目的是提供通用的网格划分平台，形成的有限元模型可以用于结构类和流体类两种有限元分析类型：

FEA 仿真：结构静力学分析、结构动力学分析、显式动力学分析(AutoDYN、Ansys、LS-DYNA)、电磁场分析等。

CFD 分析：包括 Ansys CFX、Ansys Fluent 等。

近年来，Ansys Workbench 的网格划分技术有了很大提高，其采用了分解与克服(Divide & Conquer)的策略，在几何体不同部分可以采用不同的划分方法，亦即不同部件的体网格可以不一致或不匹配。图 15-1 显示的是三维立体网格的几种基本形状。其中四面体是非结构化网络，自动划分时常用到的立体网格；六面体通常为结构化网格；棱锥是四面体和六面体之间的过渡网格；棱柱是六面体网格的畸变。

网格划分步骤如下：
1) 设置目标物理环境(结构、CFD、电磁等)，自动生成对应的网格。
2) 设置全局网格控制。
3) 定义局部网格控制(方法、尺寸、控制、膨胀等)。
4) 预览网格，必要时进行网格设置调整。

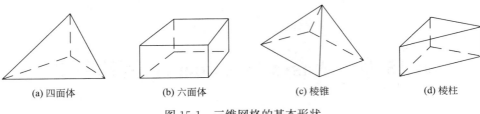

图 15-1　三维网格的基本形状

5）生成网格。

6）检查网格质量，如质量不佳，进行网格设置调整，重新生成网格。

7）准备分析的网格。

15.2　全局网格控制

本章以 Ansys Workbench 2023R1 为基础介绍，对于 2020 版本往后基本没什么变化，2020 版本以前的会有些许不同。

全局网格控制作用：

1）对网格策略进行全局调整。

2）为网格细化进行全局调整。

3）高级尺寸功能用来对曲面网格和狭窄区域的网格进行控制和调整。

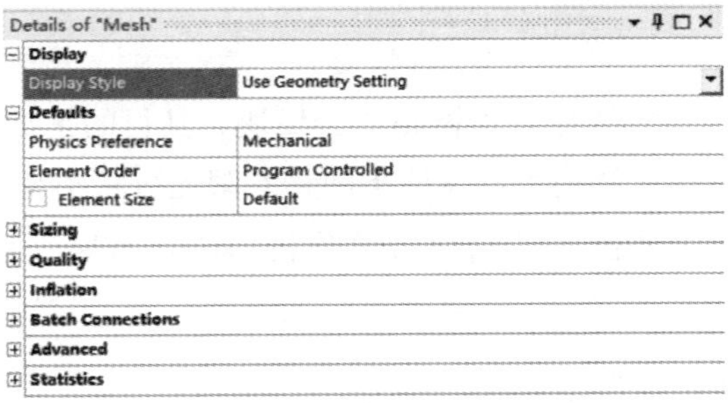

4）输入必要的值，默认尺寸是基于最小的几何实体，自动计算全局单元尺寸的大小，而默认值是根据物理偏好设定的。

全局网格控制包含 Display（显示控件）、Defaults（默认设置控件）、Sizing（全局尺寸控件）、Quality（质量控制）、Inflation（膨胀控制）、Batch Connections（分批连接）、Advanced（高级控制）、Statistics（网格信息统计）等信息，如图 15-2 所示。

图 15-2　全局网格控制内容

15.2.1　Display Style（显示风格）

此选项可以调整窗口模型显示风格，如图 15-3 所示。选项有：Use Geometry Setting（使用几何体设置-默认）、Element Quality（单元质量）、Aspect Ratio（纵横比）、Jacobian Ratio（Corner Nodes）[雅可比比率（角结点）]、Jacobian Ratio（Gauss Points）[雅可比比率（高斯点）]、Maximum Corner Angle（最大拐角角度）、Skewness（偏斜度）、Minimum Tri Angle（最小三角形角度）、Maximum Tri Angle（最大三角形角度）、Minimum Quad Angle（最小四边形角度）、Maximum Quad Angle（最大四边形角度）、Warping Factor（翘曲因

子)、Tet Collapse(四面体坍塌系数,这个系数不能太小,高质量网格要求此系数要大于一定数值)、Minimum Element Edge Length(最小单元边长)、Maximum Element Edge Length(最大单元边长)等。除了使用几何体设置以显示真实的网格外,其余各个选项均属于划分的网格质量范畴,为评判网格质量的某种准则。

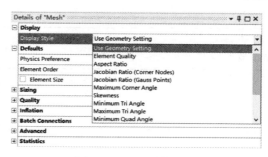

图 15-3　显示风格选项

15.2.2　Defaults(默认设置)

1. Physics Preference(设置物理环境)

一般不用改变,如从 Static Structural 模块进入,物理环境就自动变为 Mechanical;如从 Fluent 模块进入,物理环境则自动变为 CFD(Computational Fluid Dynamics,即计算流体动力学);如果在 Mesh 模块,选项有 Mechanical(力学)、Nonlinear Mechanical(非线性力学)、Electromagnetics(电磁学)、CFD、Explicit(显式动力学)、Hydrodynamics(水动力学)等,如图 15-4 所示。

2. Element Order(单元阶数)

这个选项包括 Program Controlled(程序控制):由 Ansys Workbench 自己决定单元阶数;Linear(线性):无中间结点;Quadratic(二次):有中间结点,如图 15-5 所示。单元阶次和网格结点如表 15-1 所示。

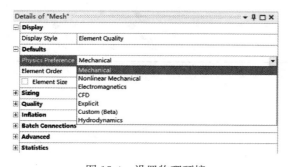

图 15-4　设置物理环境

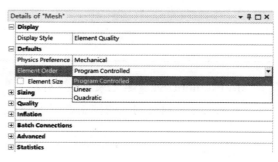

图 15-5　单元阶数

表 15-1　单元阶次和网格结点

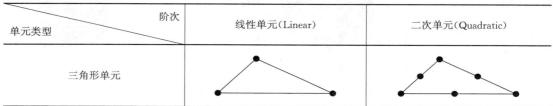

单元类型	阶次	线性单元(Linear)	二次单元(Quadratic)
三角形单元			

续表

单元类型 \ 阶次	线性单元(Linear)	二次单元(Quadratic)
四边形单元	▭	▭
四面体	△	△
六面体	▭	▭
楔形(棱柱)单元	△	△
棱锥体单元	△	△

3. Element Size[单元尺寸(全局)]

单元尺寸对网格划分的控制如图 15-6 所示。

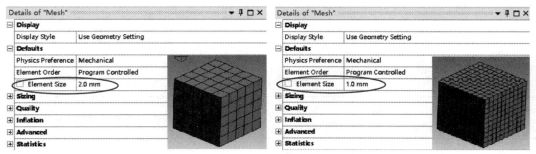

(a) 单元尺寸为2mm时的网格划分　　　　(b) 单元尺寸为1mm时的网格划分

图 15-6　单元尺寸对网格划分的控制

15.2.3 Sizing(全局尺寸控件)

1. Use Adaptive Sizing(使用自适应尺寸)

此选项默认值为 Yes。此时网格控制的规则为先从边开始划分网格,在曲率比较大的地方自动细化网格,然后产生面网格,最后产生体网格。

2. Resolution(分辨率)

可控制全局网格疏密程度,其值可取 $-1\sim7$,其中 -1 为程序自动,默认值一般为 2。分辨率设置对网格划分的影响如图 15-7 所示。

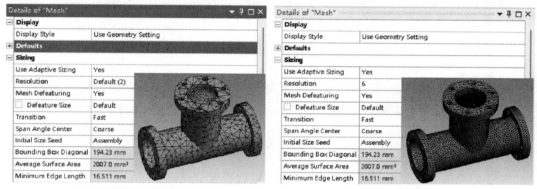

(a) 分辨率为2时的网格划分　　　　　　(b) 分辨率为6时的网格划分

图 15-7　分辨率设置对网格划分的影响

3. Mesh Defeaturing(网格失真)

可以设置忽略特征尺寸,针对微小特征。小于等于其设定的特征值的特征将被自动移除,以提高网格质量。从外部导入模型时可能会生成额外的微小特征,而这些微小特征会使网格质量较差,故通过设置特征值来忽略微小特征。

4. Transition(过渡)

用来控制邻近单元增长比。Fast:快速产生网格过渡;Slow:缓慢产生网格过渡,如图 15-8 所示。

5. Span Angle Center(跨度中心角)

设定基于边的细化的曲度目标。网格在弯曲区域细分,直到单独单元跨越这个角。有以下几种选择:

Coarse(粗糙): $-91°\sim60°$。

Medium(中等): $-75°\sim24°$。

Fine(细密): $-36°\sim12°$。

6. Initial Size Seed(初始尺寸种子)

用来控制每一部件的初始网格种子,此时已定义单元的尺寸会被忽略。默认初始种子是 Assembly(装配体),一般我们不需要去设置。

(a) Transition=fast时的网格划分

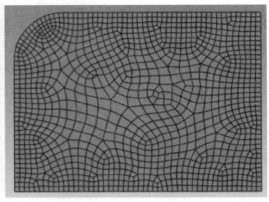
(b) Transition=slow时的网格划分

图 15-8 过渡设置对网格划分的控制

Assembly(装配体)：基于这个设置，初始种子放入未抑制部件，网格可以改变。

Part(零件)：由于抑制部件网格不改变，因此基于此设置，初始种子在进行网格划分时可放入个别特殊部件。

7. Use Adaptive Sizing(使用自适应尺寸)

当 Use Adaptive Sizing 被设置为 No 时，可以设置 Growth Rate(生长率)，其效果与 Transition(过渡)相似，用来控制邻近单元增长比，通常保存默认即可。图 15-9 和图 15-10 分别显示了 Growth Rate=5 和 2 时的网格划分。可以看出 Growth Rate 的值越小，网格过渡越平滑。还可以设置 Capture Curvature(捕捉曲率)和 Capture Proximity(捕捉邻近)，当两者被设置为 Yes 时，面板就会增加捕捉曲率和捕捉邻近的网格控制设置相关选项，如图 15-11 所示。Capture Curvature(捕捉曲率)：在有曲率变化的地方网格会自动加密，可以控制曲面处网格的变化，使转角处或孔洞的曲边的网格细化(对直角边不起作用)，主要通过控制 Curvature Normal Angle(曲率法向角度)实现。Capture Proximity(捕捉邻近)：控制狭窄区域和薄壁处网格。其中，由 Proximity Gap Factor 控制狭窄处的网格层数，默认为 3 层。

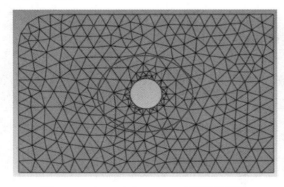
图 15-9 Growth Rate=5 时的网格划分

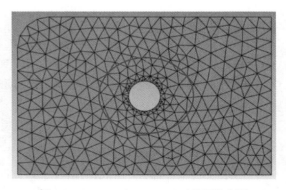
图 15-10 Growth Rate=2 时的网格划分

15.2.4 Quality(质量控制)

完成网格的全局和局部设置并划分结束后,需要对划分的结果进行检查,只有在网格质量满足分析要求后,才能够进行后续的求解设置,如图 15-12 所示。

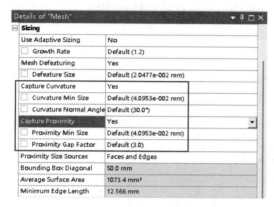

图 15-11 捕捉曲率和捕捉邻近的设置

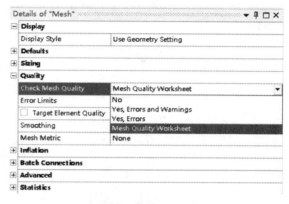

图 15-12 检查网格质量选项

1. Check Mesh Quality(网格质量检查)

默认选择为网格质量工作表,其中可以设置为不检查、检查错误和警告、检查错误。图 15-13 为某个划分好的网格质量工作表,其列出了多项质量准则,并给出了警告、失效的比例。

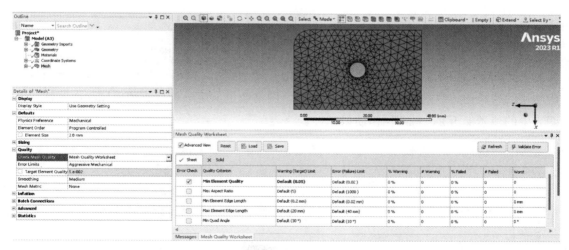

图 15-13 网格质量工作表

2. Error Limits(错误限制)

有两个选项,Standard Mechanical:适用于线性模型;Aggressive Mechanical:适用于大变形模型。

3. Target Element Quality(目标单元质量)

默认值为 0.05mm, 可自定义大小。

4. Smoothing(平滑)

通过移动周围结点和单元的结点位置来改进网格质量, 平滑有助于获得更均匀尺寸的网格, 通常默认为 Medium。Medium 用于结构、流体与电磁计算, High 用于显示动力学计算。

5. Mesh Metric(网格质量评估)

Mesh Metric 有以下选项: None、Element Quality、Aspect Ratio、Jacobian Ratio (Corner Nodes)、Jacobian Ratio(Gauss Points)等, 如图 15-14 所示。

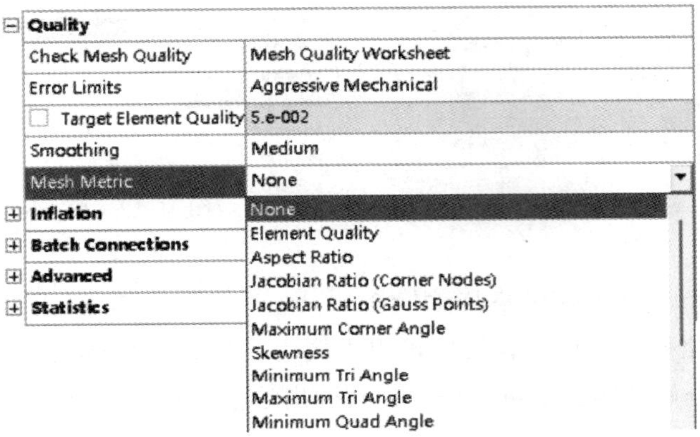

图 15-14 Mesh Metric 的选项

1) Element Quality(单元质量)

网格综合质量评价标准, 范围为 0~1, 1 最佳, 0 最差。某网格划分的单元质量-网格质量分布图表如图 15-15 所示。其中横坐标由 0 增加到 1, 网格质量由坏到好, 衡量准则为网格的边长比; 纵坐标显示的是网格数量, 网格数量与矩形条呈正比。Element Quality 图表中的值越接近 1, 说明网格质量越好。

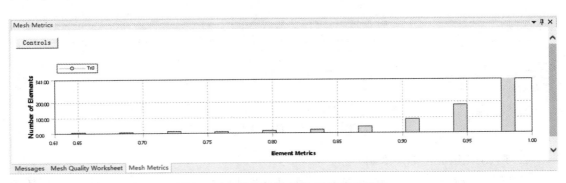

图 15-15 单元质量-网格质量分布图表

2) Aspect Ratio（纵横比/长宽比）

依据单元中点计算的长宽比，最佳为 1，即正方形和正三角形。1～5 较好，结构分析时必须小于 20，大于 20 将发生警告，大于 10^6 将发生错误。三角形和矩形的纵横比如图 15-16 所示。

某网格划分的长宽比-网格质量分布图表如图 15-17 所示。其中横坐标由 1 开始增大，网格质量由好到坏；纵坐标显示的是网格数量，网格数量与矩形条呈正比。Aspect Ratio 图表中的值越接近 1，说明网格质量越好。

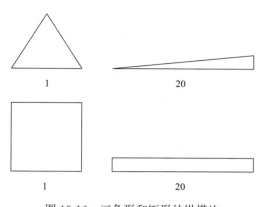

图 15-16　三角形和矩形的纵横比

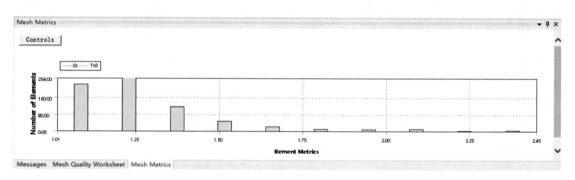

图 15-17　长宽比-网格质量分布图表

3) Jacobian Ratio（雅可比比率）

雅可比比率是一种常用的评估网格质量的参数，通常用来评估带有中结点的单元。Ansys Workbench 中 Jacobian Ratio 的计算法则如下：计算单元内样本点雅可比矩阵的行列式值 R，雅可比值是样本点中行列式最大值与最小值的比值。若两者正负号不同，雅可比值将为 -100，此时该单元不可接受。雅可比比率一般用于处理带有中结点的单元，适应性较广；雅可比比率可理解为单元的扭曲度。

如果三角形的每个中间结点都在三角形边的中点上，那么这个三角形的雅可比比率为 1。任何一个矩形单元或平行四边形单元，无论是否含有中间结点，其雅可比比率都为 1，如果沿垂直一条边的方向向内或者向外移动这一条边上的中间结点，会加大雅可比比率。图 15-18 为三角形和四边形的雅可比比率。雅可比比率在结构分析时必须小于 40。

某网格划分的雅可比比率-网格质量分布图表如图 15-19 所示。其中横坐标由 0 开始增大，网格质量由坏到好；纵坐标显示的是网格数量，网格数量与矩形条呈正比。图表中的值越接近 1，说明网格质量越好。

4) Maximum Corner Angle（单元最大顶角）

最大顶角指的是三角形或四边形单元的内角最大值。最佳三角形单元为 60°，即正三

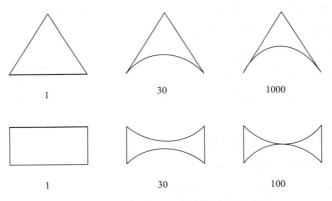

图 15-18 三角形和四边形的雅可比比率

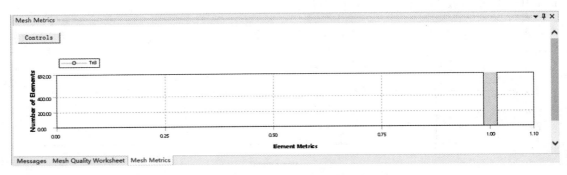

图 15-19 雅可比比率-网格质量分布图表

角形；最佳四边形单元为 90°，即长方形，超过 155°出现警告，超过 179.9°出现错误提示。

5) Skewness（倾斜度）

倾斜度为单元质量检查的基本项，倾斜度在 0~1 范围内，值越小表明单元质量越好，0 最佳，1 最差。

偏斜度官方定义如下：

偏斜度＝(等边单元的外接圆半径－单元尺寸)/等边单元的外接圆半径

高质量的网格，对于 2D 仿真小于 0.1，对于 3D 仿真小于 0.4。

某网格划分的倾斜度-网格质量分布图表如图 15-20 所示。其中横坐标由 0 开始增大，网格质量由好到坏；纵坐标显示的是网格数量，网格数量与矩形条呈正比。图表中的值越接近 0，说明网格质量越好。

6) Warping Factor（翘曲度）

翘曲度是指单元与其投影之间的高度差，用于检查四边形壳单元及三维实体单元的面的翘曲程度。0 代表最好，0 说明四边形位于同一个平面上，值越大说明翘曲越厉害，网格质量越差，扭曲系数过大可能会出现网格无法计算的情况。四边形壳单元的扭曲系数如图 15-21 所示。

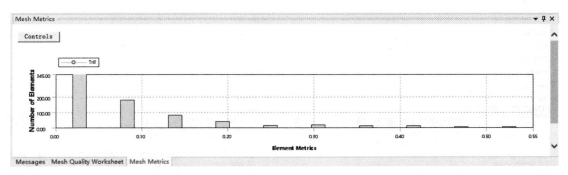

图 15-20　倾斜度-网格质量分布图表

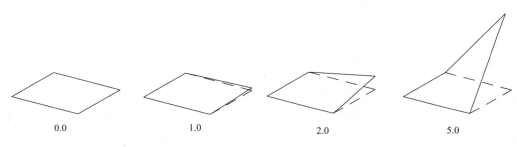

图 15-21　四边形壳单元的扭曲系数

15.2.5　Inflation(膨胀控制)

当分析项目中关注边界位置处的结果时，尤其是在流体分析中模拟不同边界层之间的作用关系时，需要在边界位置进行网格的细化，保证在边界位置生成细化的高质量网格，可以采用 Inflation 进行参数控制，如图 15-22 所示。

1. Use Automatic Inflation(使用自动膨胀)

是否自动划分边界层，一般按默认设置的 None。此处有三个选项：None、Program Controlled 和 All Faces in Chosen Named Selection。

1) None(不使用自动控制膨胀层)：程序默认选项，即不需要人工控制程序自动进行膨胀层参数控制。

2) Program Controlled(程序控制膨胀层)：人工控制生成膨胀层的方法，通过设置总厚度、第一层厚度、平滑过渡等来控制膨胀层生成的方法。

3) All Faces in Chosen Named Selection(在命名选择中的所有面)：通过选取已经被命名的面来生成膨胀层。

2. Inflation Option(膨胀选项)

膨胀层选项对于二维分析和四面体网格划分的默认设置为平滑过渡(Smoothing Transition)，除此之外，膨胀层选项还有以下几项可以选择，如图 15-23 所示。

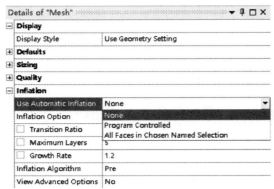 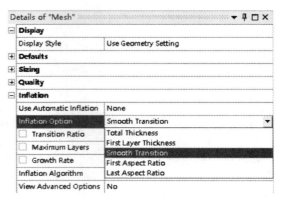

图15-22　使用自动膨胀的选项　　　　　　图15-23　膨胀选项

1) Total Thickness(总厚度)：可用 Number of Layers(边界层数的值)、Growth Rate(边界增长率)和 Maximum Thickness(最大厚度)来控制。不同于 Smooth Transition 选项的膨胀，Total Thickness 选项的膨胀的第一膨胀层和下列每一层的厚度都是常量。Growth Rate(边界增长率)：相邻两侧网格中内层与外层的比例，默认值为1.2，可根据需要对其进行更改。图15-24显示的是不同 Growth Rate 对各层网格划分的影响。

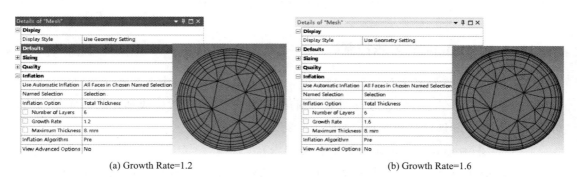

(a) Growth Rate=1.2　　　　　　(b) Growth Rate=1.6

图15-24　Growth Rate 对各层网格划分的影响

2) First Layer Thickness(第一层高度)：可使用 First Layer Height(第一层高度)、Maximum Layers(最大边界层数)和 Growth Rate(边界增长率)来控制生成膨胀网格。不同于 Smooth Transition 选项的膨胀，First Layer Thickness 选项的第一膨胀层和下列每一层的厚度都是常量。图15-25显示的是 First Layer Thickness(第一层高度)对网格划分的影响。

3) Smoothing Transition(平滑过渡)：该选项为默认选项，需要输入 Transition Ratio(边界层过渡比)、Maximum Layers(最大边界层数)、Growth Rate(边界增长率)，如图15-26所示。

4) First Aspect Ratio(第一层纵横比)：需要输入 First Aspect Ratio(第一层纵横比)、Maximum Layers(最大边界层数)和 Growth Rate(边界增长率)，如图15-27所示。

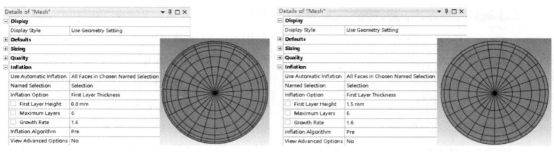

(a) First Layer Height=0.8mm　　　　　　(b) First Layer Height=1.5mm

图 15-25　First Layer Thickness 对网格划分的影响

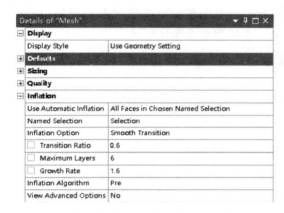

图 15-26　膨胀选项：平滑过渡

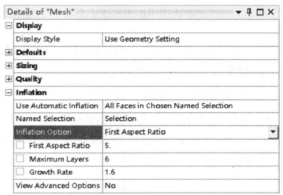

图 15-27　膨胀选项：第一层纵横比

5）Last Aspect Ratio（最后一层纵横比）：需要输入 First Layer Height（第一层高度）、Maximum Layers（最大边界层数）和 Last Aspect Ratio（最后一层纵横比）。此方法能够控制第一层网格高度不变，最后一层网格通过纵横比控制。

Inflation Algorithm（膨胀运算法则）

Inflation Algorithm 包括 Pre（前处理）、Post（后处理）两个选项。Pre（前处理）：基于 Tgrid 算法，首先表面网格膨胀，然后生成体网格，可应用扫掠和二维网格的划分，但是不支持邻近面设置不同的层数。Post（后处理）：基于 ICEM CFD 算法，使用一种在四面体网格生成后作用的后处理技术，后处理选项只对 Patching Conforming 和 Patch Independent 四面体网格有效。

View Advanced Options（显示高级选项）

默认为 No，当此选项为 Yes 时，Inflation（膨胀层）设置会增加如图 15-28 所示的显示高级选项。

Collision Avoidance（避免碰撞）：检测相邻区域并调整边界层单元。选项：None——

Inflation	
Use Automatic Inflation	All Faces in Chosen Named Selection
Named Selection	Selection
Inflation Option	Smooth Transition
Transition Ratio	0.6
Maximum Layers	6
Growth Rate	1.6
Inflation Algorithm	Pre
View Advanced Options	Yes
Collision Avoidance	Stair Stepping
Gap Factor	0.5
Maximum Height over Base	1
Growth Rate Type	Geometric
Maximum Angle	140.0°
Fillet Ratio	1
Use Post Smoothing	Yes
Smoothing Iterations	5

图 15-28　显示高级选项

不检测相邻区域；Layer Compression——在相邻区域压缩边界层，保持相邻区域的层数不变(不同面的膨胀层面扩展有可能冲突，故膨胀层就要受到压制，以给四面体层留足够的空间。如果层压缩不能解决冲突，层级会由于以下描述的 Stair Stepping 而去除，产生一警告信息，用户特别关心的网格质量会受到影响)；Stair Stepping——在相邻区域的边界层呈阶梯交错状，逐步地移除层，避免冲撞及尖角处产生质量差的网格(即对冲突边界层减少层数)。

Gap Factor(空隙)：相冲撞的两个边界层之间的空隙，数值范围 0～2，默认 0.5，表示空隙为一个四面体网格的边界的高度。

Maximum Height over Base(边界层允许的最大宽高比)，数值范围 0.1～5，默认 1，当边界层的宽高比达到此值，边界层之后的所有层停止增长。

Growth Rate Type(边界增长率类型)：默认选项 Geometic(指数增长)、Exponential(幂函数增长)、Linear(线性增长)。

Maximum Angle(最大转角)：数值范围 90°～180°，默认 140°。当边界层网格延伸到一个不需要划分边界层网格的转角时设置此项。

Fillet Ratio(圆角率)：数值范围 0～1，默认为 1，0 代表没有圆角。

Use Post Smoothing(使用 Pose 平滑)：默认为 Yes，用于提高网格质量。

Smoothing Iterations(平滑处理)：数值范围 1～20，默认为 5。用于当 Use Post Smoothing 选择 Yes 时，设置平滑迭代步数。

15.2.6　Advanced(高级控制)

一些网格划分的高级选项如图 15-29 所示。

1. Number of CPUs for Parallel Part Meshing(用于零件网格划分并行计算的 CPU 数量)

默认是单核计算，可以设置为 0～256，根据电脑实际情况设置。一般核数越多，划分网格所用时间越短。

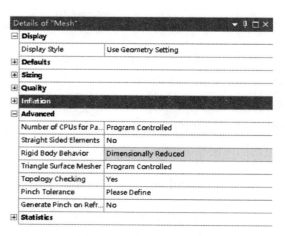

图 15-29　高级控制选项

2. Straight Sided Elements(直边单元)

默认为 No，改为 Yes 后网格的曲边将变为直边(不是删除中结点)。对于流体单元，选项为不可设置状态。

3. Rigid Body Behavior(刚体行为)

默认选项为 Dimensionally Reduced，只生成表面网格；Full Mesh 将生成所有网格。结构网格为灰色不可更改状态。

4. Triangle Surface Mesher(三角面网格)

有 Program Controlled 和 Advancing Front 两个选项可供选择，主要用于网格修补。默认为 Program Controlled(程序控制)，程序会根据模型表面形状，来确定是否使用三角剖分算法或高级前沿算法。如果设置为 Advancing Front，则优先使用高级前沿算法，能为几何体提供更光滑的过渡。如果网格划分过程失败，则自动转换为三角剖分算法。

5. Topology Checking(拓扑检查)

默认设置为 No，可调置为 Yes，即使用拓扑检查。

6. Pinch Tolerance(收缩容差)

网格生成时会产生缺陷，收缩容差定义了收缩控制，用户自己定义网格收缩容差控制值，收缩只能对顶点和边起作用，对于面和体不能收缩。以下网格方法支持收缩特性。

1)(Patch Comforming)四面体。

2) 薄实体扫掠。

3) 六面体控制划分。

4) 四边形控制表面网格划分。

5) 所有三角形表面划分。

7. Generate Pinch on Refresh(重新刷新时产生收缩)

默认为 Yes。

15.2.7　Statistics(网格信息)

网格信息包括 Nodes(结点数量)、Elements(单元数量)。

15.3　局部网格控制

Ansys Workbench 全局网格控制是通过 Mesh 分支来实现的，但对于部件中比较关注的部分往往需要细化网格，这时候就需要 Ansys Workbench 局部网格控制，局部网格控制通过 Mesh 局部网格控件来实现。局部网格控制主要用于细化仿真中比较关注的部位，同时对于存在大曲率、多连接相贯等位置处的网格进行细化处理，保证获得质量较高的网格单元。

在结构树中鼠标右键选中 Mesh,再点击 Inset(插入),弹出的菜单中包含了众多网格划分设置工具,其中比较重要的是 Method(网格划分方法)、Sizing(网格尺寸调整)、Contact Sizing(接触网格尺寸)、Refinement(细化加密)、Face Meshing(映射面网格)、Match Control(匹配控制)、Pinch(收缩)、Inflation(膨胀)等,如图 15-30 所示。

15.3.1 Method(网格划分方法)

在结构树的 Mesh 项下面插入 Method(网格划分方法),可以设置合适的网格划分方法。Ansys Workbench 的网格划分技术,在几何体不同部分可以采用不同的划分方法。对于三维几何体,Ansys Workbench 提供了几种网格划分方法,如图 15-31 所示。

1. Automatic(自动划分)

程序基于几何实体的复杂性,自动检测实体,对可以扫掠的实体采用扫掠方法划分六面体网格,对不能扫掠划分的实体采用协调分片算法划分四面体网格。自动划分法是软件默认的网格划分技术,通常简单的分析模型可以直接使用自动划分技术。复杂模型为了获得较高质量的网格,不建议直接自动划分。

Element Order(单元的阶)用来设置是否采用高阶单元来划分网格。

某实体采用自动划分方法划分的网格如图 15-32 所示。

图 15-30 局部网格控制选项

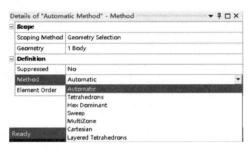

图 15-31 三维网格的几种划分方法

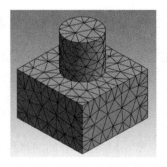

图 15-32 某实体采用自动划分方法划分的网格

2. Tetrahedrons(四面体划分)

四面体网格划分适用于几乎所有几何体,尤其是几何模型比较复杂,无法直接生成六面体网格的模型。其优点是：适用于任意体，适应性强，能快速生成；在关键区域容易使用曲率和近距细化网格；可使用膨胀细化实体边界的网格。其缺点是：在近似网格密度下，单元结点数高于六面体网格；不能使网格在一个方向排列；不适合于薄实体或环形体。

四面体网格生成提供两种算法，分别为 Patch Conforming（协调修补算法/补丁适形）和 Patch Independent（独立修补算法/补丁独立）。

Patch Conforming（协调修补算法/补丁适形）基于自下而上的网格划分技术，在划分过程中充分考虑几何体的微小特征，对于包含倒角、圆孔等特征的几何模型也能获得较好的网格质量；其考虑几何的线和面生成表面网格，然后由表面网格生成体网格。

Patch Independent（独立修补算法/补丁独立）采用自上而下的网格划分技术，由内而外，由体至面，划分网格时忽略对几何特征的处理，适合对网格尺寸要求较为统一的几何模型。先生成体网格，再映射到面和线产生表面网格。

对于独立修补算法，在其详细设置窗口中还可以设置容差值，对是否清除几何体特征进行操作；另外通过 Growth Rate 控制网格生成速率，利用 Refinement 选项细化网格。网格细化可以通过特征位置处的曲率以及邻近程度来控制，在曲率较大或者存在缝隙的地方采用较小的网格，最小单元通过 Min Size Limit 设置；网格生成速率则用来控制内部网格形成的大小。此处设置具体含义请见 15.2 节全局网格控制的相应内容。

3. Hex Dominant（六面体主导法）

六面体主导法主要用于控制几何体表面生成六面体网格，几何内部如果无法划分六面体网格，则采用四面体或者锥形网格代替，相比扫掠法，该方法可以用于略微复杂的无法进行扫掠划分的几何模型。如果几何内部充满四面体及锥体等网格，不能生成高质量的网格，则在模型无法直接扫掠的情况下才使用该方法。

六面体主导法先生成四边形主导的面网格，然后再得到六面体，再按需要填充棱锥、棱柱和四面体单元。此方法对于不可扫掠的体，要得到六面体网格时被推荐；对内部容积大的体有用；对体积和表面积比较小的薄复杂体无用；对于 CFD 无边界层识别。六面体主导法提供两种 Free Face Mesh Type（自由表面网格类型），分别为 Quad/Tri（四边形/三角形）和 All Quad（全部四边形）。

4. Sweep（扫掠划分法）

对可以扫掠的实体在指定方向扫掠面网格，生成六面体单元或棱柱单元，扫掠划分要求实体在某一方向上具有相同的拓扑结构，实体只允许一个目标面和一个源面，但薄壁模型可以有多个源面和目标面。

(1) 当创建六面体网格时，先划分源面再延伸到目标面。

(2) 其他面作为侧面。

(3) 扫掠方向或路径由侧面定义，源面和目标面间的单元层是由插值法建立并投射到侧面。

一个装配体由许多部件组成，如何知道哪些部件能被 Sweep？

右键结构树中的 Mesh→Show→Sweepable Bodies(可扫掠实体)，满足条件的部件实体会变成绿色。注意：通过 Show→Sweepable Bodies 可能显示没有部件可以被 Sweep，但我们仍旧可以手动设置来找到源面和目标面，另外源面和目标面不必是平面或平行面，也不必是等截面的。图 15-33 中某装配体的两根圆柱实体在操作中显示为绿色。

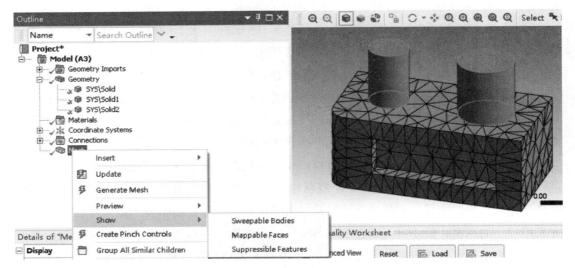

图 15-33　显示可扫掠实体

在设置窗口中，有以下选项需要设置：

1) Algorithm(算法)有 Program Controlled(程序控制)和 Axisymmetric(轴对称)两个选项。

2) Element Order(单元阶次)包含 Use Global Setting、Linear 和 Quadric 三个选项。

3) Src/Trg Selection(源面/目标面选择)包含 Automatic、Manual Source、Manual Source and Target、Automatic Thin 和 Manual Thin 五个选项。Automatic 是默认选项，如图 15-34 所示。Automatic Thin(自动薄壁扫略)和 Manual Thin(手工薄壁扫略)用于对薄壁实体进行扫掠划分。选择 Manual Source(手工指定源面)后，在下面的 Source(源面)选项中要手动选择源面；选择 Manual Source and Target(人工选择源面和目标面)后，在下面的 Source(源面)和 Target(目标面)选项中，要手动选择源面和目标面，如图 15-35 所示。

4) Free Face Mesh Type(自由表面网格类型)用来指定自由面的单元类型，可以指定全部为三角形、四边形或者三角形与四边形的混合。

5) Type 用于限定扫掠的形式，可以按照划分数量，也可以按照单元大小来进行，如果选择 Number of Divisions，则设置 Sweep Num Divs(扫掠的层数)，一般默认即可；如果选择 Element size，则定义 Sweep Element Size(扫掠网格单元的尺寸)。

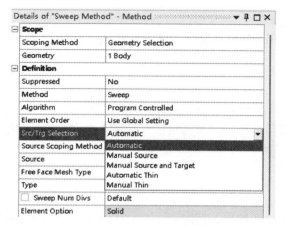

图 15-34　源面/目标面选择

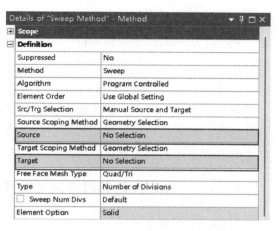

图 15-35　手动选择源面和目标面

5. MultiZone（多区域划分法）

当对传统扫掠方法无法完成的单个几何体进行网格化时，可以使用多区域划分法。多区域法网格划分技术是软件自动将几何体进行切块，将几何体自动归类为映射区域和自由区域，其中映射区域存在可映射的拓扑形状，能够直接进行扫掠划分；自由区域则无法进行扫掠划分，用四面体或者其他锥体网格填充。图 15-36 显示的是某实体（立方块＋圆柱体）采用多区域划分法划分的网格。软件自动将几何体切块为立方块＋圆柱体，两部分都可以扫掠划分网格。

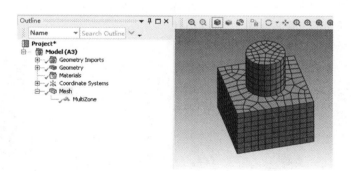

图 15-36　某实体采用多区域划分法划分的网格

多区域划分法对映射区域和自由区域分别存在多种网格设置，其中映射区域划分网格类型包括 Hexa（六面体）、Prism（棱柱）以及 Hexa/Prism（两者混合），自由区域划分网格类型包括 Tetra（四面体）、Tetra/Pyramid（四面体及锥体混合）、Hexa Dominant（六面体主导）等。

对比扫掠和多区域划分法：

多区域划分法：自由分解方法；多个源面对多个目标面。

扫掠方法：单个源面对单个目标面；能很好地处理扫掠方向多个侧面；需要分解几何以使每个扫掠路径对应一个体。

6. Cartesian(笛卡尔法)

用于生成六面体及棱柱网格,主要针对 CFD 而开发设计,该方法将对几何边界进行自动修改,但无法与其他方法同时使用。

7. Layered Tetrahedrons(分层四面体)

分层四面体网格方法基于指定的层高度,在层中创建非结构化四面体网格,并使其适合几何体。该方法可用于模拟增材制造中的打印过程,因为构建零件必须符合在全局 z 方向上具有固定步长的网格。

15.3.2 Sizing(局部网格尺寸调整)

局部网格控制主要用于细化仿真中比较关注的部位,同时对于存在大曲率、多连接相贯等位置处的网格进行细化处理,保证获得质量较高的网格单元。通过插入 Sizing 控制局部网格尺寸的方式有三种,分别如下:

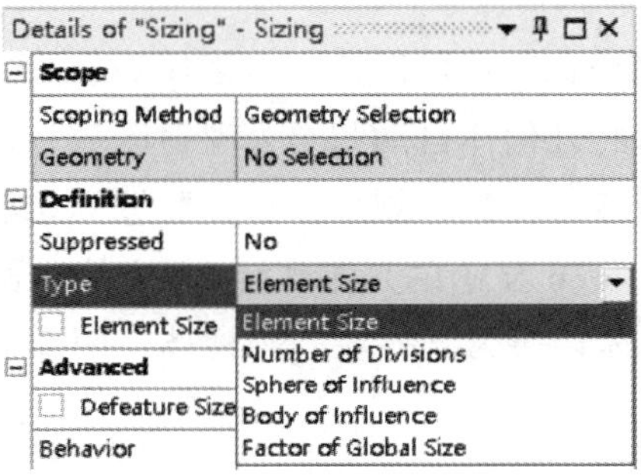

1. Element Size(单元大小):直接选择希望细化的边、面、实体,然后在该项中设置单元大小,生成较为均匀一致的网格,如图 15-37 所示。

2. Number of Divisions(分段数量):定义边的单元份数。

对于图 15-38 中的实体底座的 4 条竖边分别划分 10 个单元,图 15-39 显示的是对应的网格划分。

图 15-37 单元尺寸定义类型

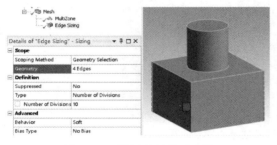

图 15-38 设置边的单元个数

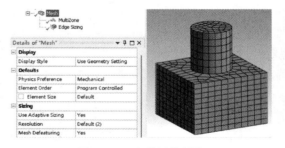

图 15-39 边的网格划分

3. Sphere of Influence(球体影响范围):通过建立虚拟球体,对几何体中包含在所见球体域内的部分进行局部细化。

对于图 15-40 中的实体,在底座某顶点设置局部球体,球半径为 6mm,球内单元网格设置为 1mm,操作中可以看到包含在红色球体域内的实体部分网格被细化(图 15-41)。

在进行影响球的局部网格划分操作中,可以选择某一单独面,先插入局部坐标系,然后以球心为局部坐标系原点,如图 15-42 所示,这样只影响此面在影响球内的部分网格细化,如图 15-43 所示。

15.3 局部网格控制

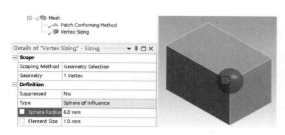

图 15-40　设置顶点影响球

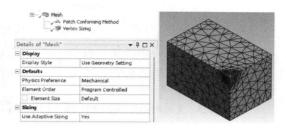

图 15-41　顶点影响球内网格细化

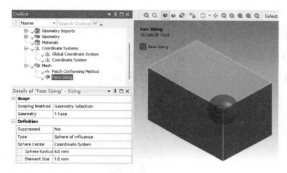

图 15-42　设置面影响球

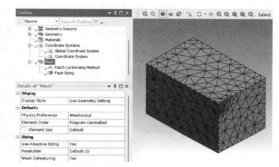

图 15-43　面影响球内网格细化

表 15-2 列出了选择不同作用对象时所对应的属性窗格中的选项。

作用对象及属性窗格选项　　　　　　　　　　　　　　　表 15-2

作用对象	单元尺寸	分段数量	影响球
顶点	—	—	√
边	√	√	√
面	√	—	√
体	√	—	√

当选择 Element size 或 Number of Divisions 时，会出现 Advanced 选项，包含 Behavior 和 Bias Type。

1) Behavior 包含 Soft 和 Hard 两个选项。

（1）Soft 表示软件参与计算，为保证网格质量，最后边上的网格数量可能不等于设置的分段数。

（2）Hard 表示强制按定义规则划分网格，不需要软件自动参与，最后边上的网格数量严格等于设置的分段数。

2) Bias Type 偏置类型，提供了下面 5 种偏置方式：

（1）No Bias，没有偏置，默认选项，这时网格划分均匀。

(2) 先疏后密,符号----,网格划分从稀疏到密集。

(3) 先密后疏,符号----,网格划分从密集到稀疏。

(4) 中间稀疏两边密集,符号-----,网格划分中间稀疏两边密集。

(5) 中间密集两边稀疏,符号-----,网格划分中间密集两边稀疏。

15.3.3 Contact Sizing(接触网格尺寸)

Contact Sizing 主要控制接触区域的几何面的网格细化,当模型中存在接触面时,通过插入 Contact Sizing 可以保证接触面上的网格大小统一,有利于接触面之间的求解计算和收敛。Contact Sizing 控制方式有两种,分别是 Element Size 和 Resolution。如图 15-44 所示为一长方体和圆柱的装配体,且长方体和圆柱的单元尺寸定义一样,添加了 Contact Sizing 后的网格划分。可以看到接触面上的网格大小统一,但结点并不重合。如果再添加 Contact Match(接触匹配),重新划分的网格如图 15-45 所示,接触对网格大小统一,结点重合,这是非常理想的接触对网格。

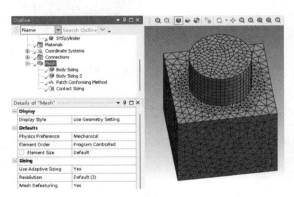
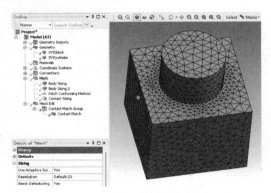

图 15-44 装配体的网格划分-接触尺寸   图 15-45 装配体的网格划分-接触对＋接触匹配

15.3.4 Refinement(网格细化)

Refinement 针对几何体的线和面进行操作,达到细化网格的目的。Refinement 可选参数为 1、2、3 三个数,数值越大,作用的对象网格划分越细。图 15-46 和图 15-47 分别显示的是未细化前和某一个面细化后的网格划分。

15.3.5 Face Meshing(映射面网格划分)

Face Meshing 映射可得到方向一致,分布均匀的高质量网格。但如果因为某些原因不能进行映射面网格划分,网格划分仍将继续,可从树状略图的图标上看出。右键单击 Mesh,可以通过 Show 高亮显示进行 Face Meshing 的可映射几何面,如图 15-48 所示,其中高亮面为可映射面,其网格划分如图 15-49 所示,明显比其他面生成的网格更加规则。

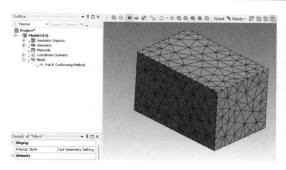
图 15-46 未细化前的网格划分

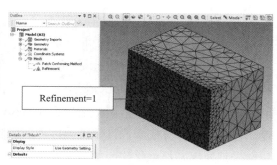
图 15-47 细化后的网格划分

图 15-48 显示可映射几何面

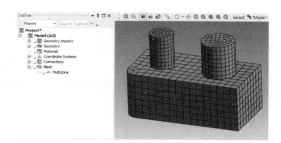
图 15-49 可映射几何面的网格划分

15.3.6 Match Control（匹配控制）

Match Control 常用于对具有阵列性、周期性拓扑形状的网格结构进行划分控制，如旋转机械、涡轮等结构。定义此类划分应在 High Geometry Selection 和 Low Geometry Selection 中指定模型的周期性边界，同时定义旋转的圆柱坐标系。

15.3.7 Pinch（收缩控制）

Pinch 在划分网格时将自动去除模型上面的微小特征，如小孔、细缝等。该控制方法仅对点和线起作用，对面和体不起作用。指定了 Pinch 控制后，满足准则的小特征将被清除掉，Pinch Tolerance 选项用于指定 Pinch 操作的容差（小于此容差的小特征将被清除）。需要注意，该方法不支持笛卡尔法网格划分。

15.3.8 Inflation（膨胀控制）

Inflation 称为膨胀控制，当分析项目中关注边界位置处的结果时，尤其是对于流体分析中模拟不同边界层之间的作用关系时，需要在边界位置进行网格的细化，保证在边界位置生成细化的高质量网格，可以采用 Inflation 进行参数控制。Inflation 设置有三种选择，分别为 Total Thickness、First Layer Thickness 以及 Smooth Transition，通过设置边界位置膨胀的层数、厚度或者过渡等级实现较高质量网格的划分。具体设置参考 15.2.5 Inflation(膨胀控制)内容。

网格划分是有限元分析中非常重要的一项工作内容，是最能体现有限元分析思想的技术。网格划分不仅关乎有限元分析的效率，而且其网格质量的好坏直接影响结果的准确性，所以网格划分是有限元分析工程师最重视的一项工作，同时也是进行有限元分析必备的一项技能。一般而言，网格细化都能够在一定程度上提高结构网格和流体网格求解的精度，但是由于计算成本和计算机硬件性能的限制，在进行网格划分过程中需要平衡网格数量和计算效率及精度之间的关系。对于模型关键部位及关注度高的部位可以通过细化网格的方式来提高求解精度，但是对于模型中的其他位置可以考虑采用更为粗糙的网格来进行离散。网格划分可以说是一门技术活，也是一门艺术活，高质量的网格能够让人看了赏心悦目；只有在综合考虑各项利弊因素的条件下，才能完成高效且最符合要求的网格划分工作。

15.4　Ansys Workbench 网格划分实例

1. 圆柱体网格划分（整体方法）

1）在 SpaceClaim 中画出圆柱体，或者在 SolidWorks 中画好圆柱体，再导入 SpaceClaim。

2）在 Mechanical 或 Mesh 模块中，在结构树 Mesh 选项下插入 Method，Method 选 Multizone，选择圆柱实体划分网格，如图 15-50(a)所示，网格划分对称性不好。

3）插入 Face Meshing，选中上、下两个圆柱端面，Mapped Mesh 选择 Yes，再划分网格，得到质量优异的映射网格，如图 15-50(b)所示。

2. 圆柱体网格划分（分块）

1）在 SpaceClaim 中将圆柱体进行分块，如图 15-51(a)所示，每一个块体都是六面体。

2）在结构树 Mesh 选项下插入 Sizing，选择 5 个实体的上端面和正方形边接触的 8 个 Edge，下端面和正方形边接触的 8 个 Edge，单元划分数为 10；设置 Method 为 MultiZone，划分网格，网格是理想的映射网格，如图 15-51(b)所示。

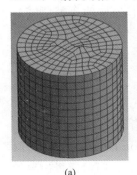
(a)

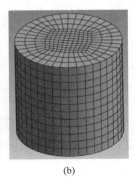
(b)

图 15-50　圆柱体整体网格划分

(a)

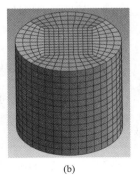
(b)

图 15-51　圆柱体分块网格划分

3. 圆轴网格划分

1) 在 SpaceClaim 中画出圆轴，或者在 SolidWorks 中画好圆轴，再导入 SpaceClaim，如图 15-52(a)所示。

2) 在结构树 Mesh 选项下插入 Method，Method 选 Multizone；插入 Face Meshing，选中上、下两个圆柱端面及中间端面(包括圆弧角面)，Mapped Mesh 选择 Yes，再划分网格，得到质量优异的映射网格，如图 15-52(b)所示。

4. 套筒网格划分

1) 在 SpaceClaim 中画出套筒，或者在 SolidWorks 中画好套筒，再导入 SpaceClaim，如图 15-53(a)所示。

2) 在结构树 Mesh 选项下插入 Sizing，选择套筒的上端的两个半圆弧，单元划分数为 18；在结构树 Mesh 选项下插入 Sizing，选择套筒孔的两个圆弧，单元划分数为 36；设置 Method 为 MultiZone，划分网格，网格是理想的映射网格，如图 15-53(b)所示。

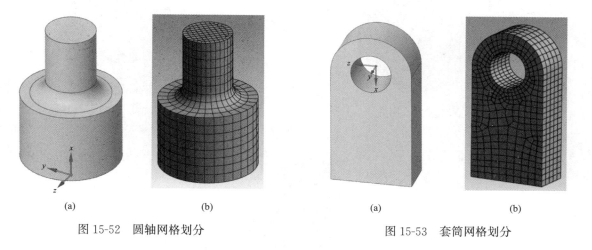

图 15-52　圆轴网格划分　　　　　　　　图 15-53　套筒网格划分

思考及练习题

15-1　请对如图 15-54 所示实体(叠层块体)进行网格划分，分别采用四面体单元和六面体单元，并将网格划分结果进行比较。

15-2　请对如图 15-55 所示实体(圆柱体中间挖空截面正方形的柱体)进行网格划分，分别采用四面体单元和六面体单元，并将网格划分结果进行比较。

15-3　请对如图 15-56 所示实体(六面体一顶点挖去 1/4 球)进行网格划分，希望球面及周围网格加密。

15-4　请对如图 15-57 所示圆锥体进行网格划分，希望网格划分能轴对称。

15-5　请对如图 15-58 所示轴承座进行网格划分。

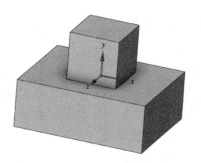

图 15-54　习题 15-1 图

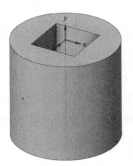

图 15-55　习题 15-2 图

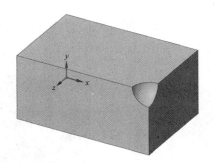

图 15-56　习题 15-3 图

图 15-57　习题 15-4 图

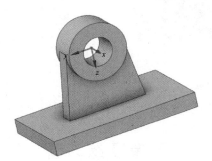

图 15-58　习题 15-5 图

第 16 章 Ansys Workbench 应用实例

16.1 静力结构分析实例 1——空间刚架强度分析

16.1.1 问题描述

本实例内容来自 2022 年全国第十五届大学生结构设计竞赛的结构设计和有限元静力分析。竞赛题目为"三重木塔结构模型设计与制作"。本次竞赛题目模型以三重木塔结构为基本单元,要求参赛者针对竖向荷载、扭转荷载及水平荷载等多种荷载工况下的空间结构进行受力分析、模型制作及加载试验。本实例详细介绍了利用 Ansys Workbench 进行空间刚架结构的有限元建模和静力分析过程。

1. 模型尺寸要求

本竞赛需制作一个带挑檐加载点的三层木塔结构,木塔内部给出圆形中空规避区,外部给出正八边形的外边界线,木塔各层外边界尺寸由低往高逐渐减小。具体要求如下:

1) 木塔层高要求:各层顶部标高如图 16-1 所示(由底板上表面量至各楼层梁的上表面最高处)分别为 0.35m、0.70m、0.90m,塔顶标高为 1.05m。

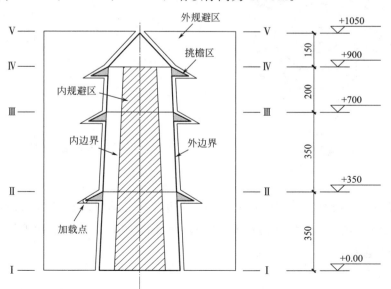

图 16-1 木塔模型示意图(单位:mm)

2) 木塔各层外边界要求：木塔由三层结构及锥形塔顶组成。一层底面（Ⅰ-Ⅰ截面）、二层底面（Ⅱ-Ⅱ截面）、三层底面（Ⅲ-Ⅲ截面）和三层顶面（Ⅳ-Ⅳ截面）正八边形外边界跨径分别为350mm、320mm、290mm、273mm，如图16-2所示。

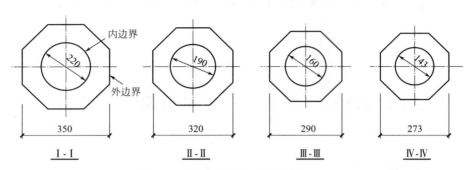

图16-2 模型截面尺寸图（单位：mm）

3) 内部圆形内边界要求：一层底面（Ⅰ-Ⅰ截面）、二层底面（Ⅱ-Ⅱ截面）、三层底面（Ⅲ-Ⅲ截面）和三层顶面（Ⅳ-Ⅳ截面）圆形内边界线直径分别为220mm、190mm、160mm、143mm，如图16-2所示。

4) 挑檐加载点要求：Ⅱ-Ⅱ截面、Ⅲ-Ⅲ截面和Ⅳ-Ⅳ截面需根据模型加载要求设置有凸出的挑檐加载点，各层加载点空间坐标固定，具体为相应层沿八边形形心与角点连线方向。如图16-3(a)中Ⅱ-Ⅱ截面所示，伸出八边形外边界角点的水平投影长度为60mm，立面投影高度为40mm，挑檐详图如图16-3(b)所示。

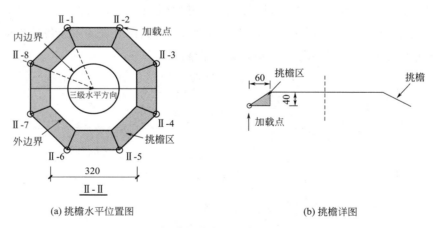

(a) 挑檐水平位置图　　　　　　　　　　(b) 挑檐详图

图16-3 挑檐加载点示意图（单位：mm）

5) 模型所有构件仅能在模型的内边界与外边界线之间以及挑檐区内设置。在内规避区和外规避区内不允许制作任何的水平、竖向、斜向杆件。上述要求相关尺寸的误差均需满足在±5mm范围内。

2. 模型加载

本模型采用三级加载，第一级加载为Ⅱ-Ⅱ截面、Ⅲ-Ⅲ截面和Ⅳ-Ⅳ截面选择加载点的竖向加载；第二级加载为Ⅲ-Ⅲ截面选择两个对角加载点施加顺时针扭转荷载；第三级加载为锥形塔顶沿固定加载方向的水平静力加载。各加载点1~8的位置如图16-4所示，如Ⅱ-3点表示Ⅱ-Ⅱ截面的第3个加载点，其中第一级和第二级加载点位置的抽签环节在模型制作完毕后进行，且所有参赛组采用相同的抽签结果进行加载。

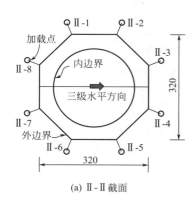 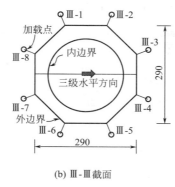 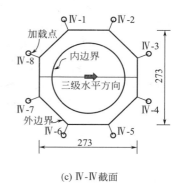

(a) Ⅱ-Ⅱ截面　　　　　　(b) Ⅲ-Ⅲ截面　　　　　　(c) Ⅳ-Ⅳ截面

图16-4　加载点示意图

1) 第一级加载

第一级加载如图16-5所示，在Ⅱ-Ⅱ截面、Ⅲ-Ⅲ截面和Ⅳ-Ⅳ截面下侧外圈八边形共24个加载点中随机选择8个加载点。其中Ⅱ-Ⅱ截面选3个点，每个点加载质量为4kg；Ⅲ-Ⅲ截面选3个点，每个点加载质量为3kg；Ⅳ-Ⅳ截面选2个点，每个点加载质量为2kg。

在持荷第10秒后，结构未出现模型失效情况，则认为该级加载成功。否则，该级加载失效，不得进行后续加载。

8个加载点抽取方法为：从编号1~8的数字(分别代表图16-4中各层的8个加载点位置)中，随机抽取3个数字，作为Ⅱ-Ⅱ截面加载点位置，本次抽取的3个数字放入总样本中；再随机抽取3个数字，作为Ⅲ-Ⅲ截面加载点位置，本次抽取的3个数字放入总样本中；最后随机抽取2个数字，即为Ⅳ-Ⅳ截面加载点位置。

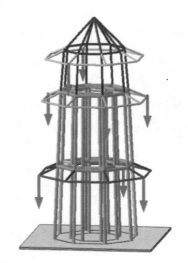

图16-5　第一级竖向加载示意图

2) 第二级加载

在第一级持荷状态下，在Ⅲ-Ⅲ截面8个加载点的四种工况中随机选择一种施加顺时针扭转荷载，四种工况(工况一：1号点-5号点施加荷载；工况二：2号点-6号点施加荷载；工况三：3号点-7号点施加荷载；工况四：4号点-8号点施加荷载)。扭矩荷载施加如图16-6所示，每个点的施加荷载大小为3kg，沿俯视图顺时针方向加载。在持荷第10秒后，结构未出现模型失效情况，则认为该级加载成功；否则，该级加载失效，不得进行后

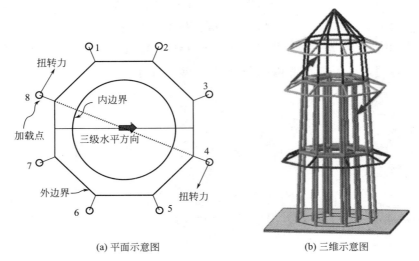

图 16-6　第二级扭转荷载示意图

续加载。

四种工况的抽取方法为随机从编号 1~4 的数字(分别代表图 16-6 中Ⅲ-Ⅲ截面的 4 个加载点所在轴线位置,即对应上述各工况)中,抽取 1 个数字,作为扭转轴线。

3) 第三级加载

在第一、二级持荷状态下,在塔顶点施加如图 16-7 所示固定方向的水平力,水平力加载质量可选择为 5kg、6kg、7kg(由参赛队在赛前自行选择荷载大小)。在持荷第 10 秒后,结构未出现模型失效情况,则认为该级加载成功;否则,该级加载失效。

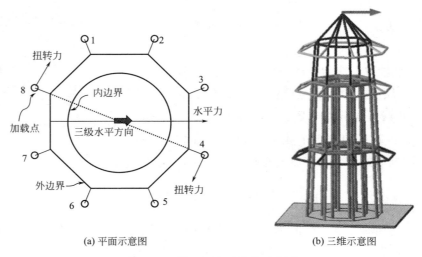

图 16-7　第三级水平荷载示意图

模型在加载前需用自攻螺钉固定到由竞赛组委会统一发放的 600mm×600mm×25mm 竹制底板上,该底板绘有Ⅰ-Ⅰ截面的正八边形角编号点及外边界线和水平加载方向投影记号。

模型采用竹材制作，竹材规格及用量上限如表16-1所示，竹材参考力学指标如表16-2所示。模型制作提供502胶水（30g装）6瓶，用于结构构件之间的连接。

竹材规格及用量上限 表 16-1

竹材规格		竹材名称	用量上限
竹皮	1250mm×430mm×0.20mm	集成竹片（单层）	2张
	1250mm×430mm×0.35mm	集成竹片（双层）	2张
	1250mm×430mm×0.50mm	集成竹片（双层）	2张
竹杆件	930mm×6mm×1.0mm	集成竹材	20根
	930mm×2mm×2.0mm	集成竹材	20根
	930mm×3mm×3.0mm	集成竹材	20根

竹材参考力学指标 表 16-2

密度	顺纹抗拉强度	抗压强度	弹性模量
0.8g/cm^3	60MPa	30MPa	6GPa

16.1.2 前处理

1. 创建工程项目

打开 Ansys Workbench，鼠标双击 Static Structural 栏或者鼠标左键选中 Static Structural 栏拖曳到右边图形窗口，以启动静力学分析模块，如图 16-8 所示，命名并保存此工程项目。

2. 设置单位系统

在 Units 菜单中，选中 Metric(kg，mm，s，℃，mA，N，mV)选项。

3. 定义工程数据

鼠标双击 Engineering Data（工程数据）栏，弹出 Engineering Data 选项卡，如图 16-9 所示。可见 Structural Steel（结构钢）是默认材料。鼠标右键单击 Structural Steel 栏，在弹出的菜单中选 Duplicate（复制），得到新的材料栏 Structural Steel 2，鼠标左键双击此栏，选中材料名，将材料名称改为竹皮，然后按照表 16-2 更改材料密度、弹性模量、强度等参数，结果如图 16-10 所示。关闭 Engineering Data 选项卡。

4. 创建几何模型

1）鼠标双击 Geometry（几何模型）栏，启动 SpaceClaim 实体建模软件。将 $x\text{-}z$ 平面作为草图平面，利用草图选项卡创建功能区中的圆、正多边形和直线工具，画出直径为 220mm 的圆和内切直径为 350mm 的正八边形，以及正八边形对角线，如图 16-11 所示。结束草图编辑。

第 16 章 Ansys Workbench 应用实例

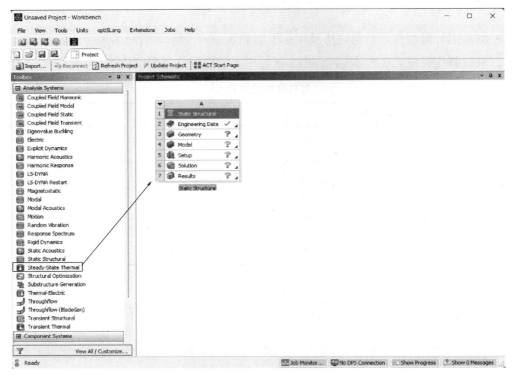

图 16-8　启动 Ansys Workbench 的 Static Structural 模块

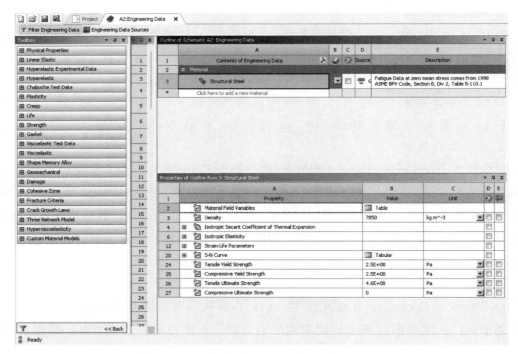

图 16-9　Engineering Data 选项卡

16.1 静力结构分析实例1——空间刚架强度分析

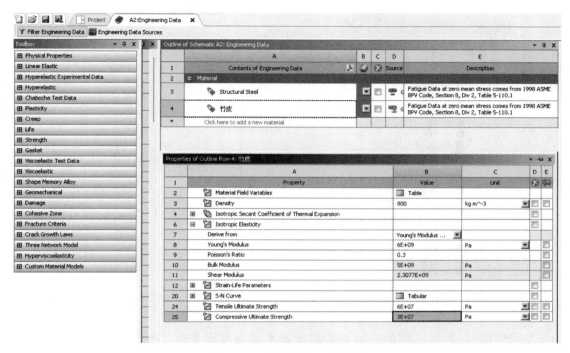

图 16-10　定义竹皮工程数据

2）利用设计选项卡创建功能区的平面工具，以底面（x-z 平面）为参考，创建标高为 350mm 的参考平面 2（初始位置在 x-z 平面，利用移动工具使其升高 350mm）。以参考平面 2 为草图平面，画出直径为 190mm 的圆和内切直径为 320mm 的正八边形，以及两者连线，如图 16-12 所示。在左边窗口的结构树中，选中参考平面 2 的草图中的所有线段，点击鼠标右键，在弹出的菜单中，选 Move to New Component（移动到新组件），如图 16-13 所示，生成第二层的各个杆件。创建标高为 700mm 的参考平面 3 和标高为 900mm 的参考平面 4，并分别在这两个参考平面中画出直径为 160mm 的圆、内切直径为 290mm 的正八边形及两者连线和直径为 143mm 的圆、内切直径为 273mm 的正八边形及两者连线，生成第三层和第四层的杆件，如图 16-14 所示。

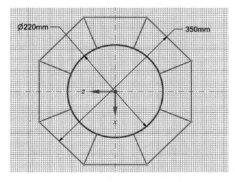

图 16-11　模型Ⅰ-Ⅰ截面

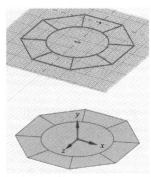

图 16-12　创建Ⅱ-Ⅱ截面草图

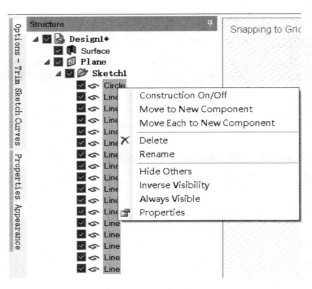
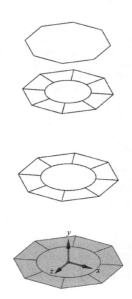

图 16-13　创建新组件　　　　　　　图 16-14　创建各层杆件

3）选择底层和第二层的一对侧边形成的平面为草图平面，画出外侧立柱线段，如图 16-15 所示。重复上述过程，画出各层外侧立柱，如图 16-16 所示。将所有外侧立柱线段移动到新组件（外侧立柱组件）。创建各层之间内侧立柱，归属于内侧立柱组件，如图 16-17 所示。

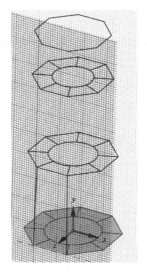
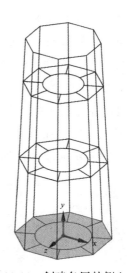

图 16-15　创建底层和二层之间外侧立柱　　　　图 16-16　创建各层外侧立柱

4）在Ⅱ-Ⅱ截面下方 40mm 创建一参考平面，在此参考平面上绘制挑檐外围杆件，如图 16-18 所示。将挑檐外围杆件线段移动到新组件（第二层挑檐外围杆）。将Ⅱ-Ⅱ截面以上的所有线段设置为不可视，分别选取挑檐外围杆角点和外侧立柱来创建草图平面，画出挑檐连杆和斜撑杆(垂直对应外侧立柱)，得到的Ⅱ-Ⅱ截面挑檐连杆和斜撑杆如图 16-19 所示。重复上述过程，得到Ⅲ-Ⅲ截面和Ⅳ-Ⅳ截面的挑檐连杆及斜撑杆，如图 16-20 所示。将Ⅱ-Ⅱ截面和Ⅲ-Ⅲ截面的挑檐斜杆，采用拉伸的方式延长到对应的内侧立柱。另外在各层挑檐面内画一斜杆，结果如图 16-21 所示。

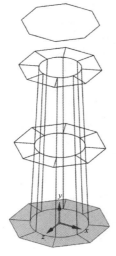

图 16-17 创建各层之间内侧立柱

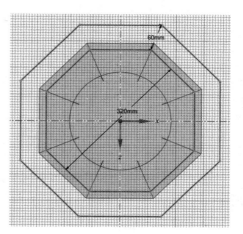

图 16-18 创建Ⅱ-Ⅱ截面挑檐外围杆件

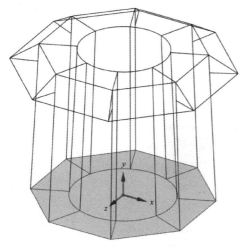

图 16-19 创建Ⅱ-Ⅱ截面挑檐连杆和斜撑杆

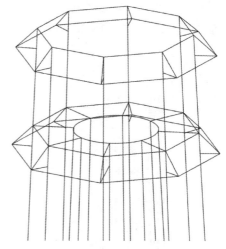

图 16-20 创建各截面挑檐连杆和斜撑杆

5) 以Ⅳ-Ⅳ截面的各个角点和塔的中轴线为草图平面，画出塔顶各个杆件，如图 16-22 所示。

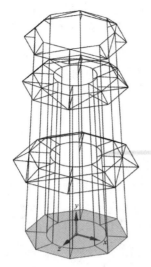 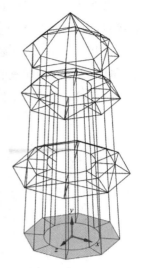

图 16-21　创建各层挑檐斜杆和延伸斜杆　　　　图 16-22　创建塔顶杆件

6) 在结构树中,将相同截面的同类杆件归于同一个组件中,并命名以区分,如图 16-23 所示。

5. 创建梁构件

1) 利用 Prepare(准备)选项卡 Beams(梁)功能区中的 Profiles(轮廓)功能,可以创建各种截面轮廓,常规形状如实心矩形、实心圆、箱形、管形、L 形、T 形、I 形、槽形等,如图 16-24 所示。除此之外,还可以定制任意形状的截面轮廓。本木塔结构各类杆件所用截面图形和尺寸如图 16-25~图 16-30 所示。

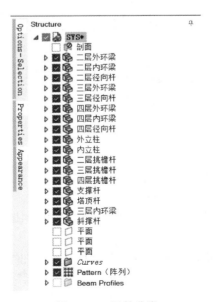 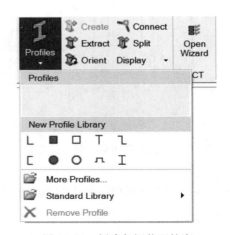

图 16-23　组件分类　　　　　　　　　　　图 16-24　创建各杆截面轮廓

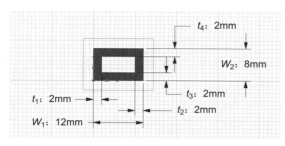

图 16-25 外侧立柱截面

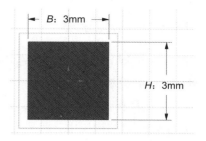

图 16-26 内侧立柱和挑檐杆截面

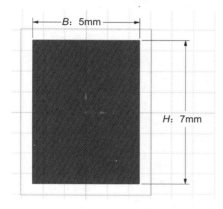

图 16-27 三、四层环梁截面

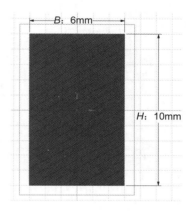

图 16-28 二层环梁截面

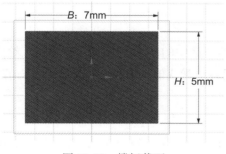

图 16-29 撑杆截面

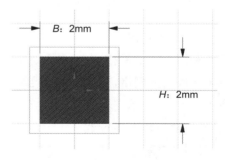

图 16-30 挑檐杆截面

2）利用 Prepare（准备）选项卡 Beams（梁）功能区中的创建功能 ，依次将所有组件中的线段，创建为相应截面的梁构件（刚架梁柱）。梁截面轮廓列在结构树最后，可以对每个梁截面进行编辑，修改其尺寸，甚至修改其形状。

6．共享连接

利用 Ansys Workbench 选项卡 Sharing（共享）功能区中的共享功能 ，将结构的各个杆件通过若干个结点连接起来。形成杆件结点后的塔结构如图 16-31 所示，此时塔结构的几何模型已经准备就绪。

16.1.3 模型求解

在 Ansys Workbench 右侧的 Project Schematic 窗口中，鼠标左键点击 Model 栏，进入 Mechanical 分析环境。

1. 设置材料

在左侧窗口结构树中，将所有梁构件的材料设置为竹皮材料，如图 16-32 所示。

图 16-31　形成杆件结点后的塔结构

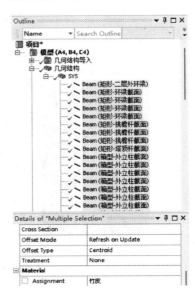

图 16-32　给所有杆件设置材料

2. 划分网格

利用 Mesh(网格)选项卡 Mesh(划分网格)功能区中的 Generate(生成)功能，给塔的所有梁构件划分网格，网格尺寸(梁单元长度)采用系统默认值。划分好单元的模型如图 16-33 所示。

3. 施加约束和荷载

鼠标左键点击左侧窗口结构树中 Static Structural(A5)(静力学结构)，利用右侧窗口上沿标准工具栏的选择模式，选单个选择或框形选择，选择对象定为 Vertex(顶点)，如图 16-34(a)所示。选择所有立柱的底部，点击鼠标右键，在弹出的菜单中，把鼠标光标移动到 Insert(插入)项，选 Fixed Support(固定支撑)；依次选择各层的特定挑檐角点，点击鼠标右键，在弹出的菜单中，把鼠标光标移动到 Insert(插入)项，选 Force(力)，输入力分量的数值，过程如图 16-34(b)所示。约束及加载完毕的塔结构如图 16-35 所示。

4. 添加求解结果

鼠标右键点击 Solution(A6)(求解)，在弹出的菜单中，把鼠标光标移动到 Insert(插入)项，选 Deformation(Total)(总变形)、Beam Tools(梁工具)、Probe(探测器)中的 Force Reaction(选所有立柱底部)。

16.1 静力结构分析实例1——空间刚架强度分析

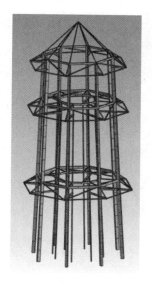

图16-33 划分单元

(a) 选择模式

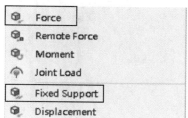

(b) 插入约束或荷载选项

图16-34 施加约束和荷载

所有设置完成后，点击Home或Result选项卡中的Solve(求解)按钮，进行求解。

16.1.4 结果显示

在第一级荷载作用下，梁的总变形云图如图16-36所示，最大位移1.56mm，结构的刚度很好。结构构件截面的最大组合应力云图如图16-37所示，最大应力10.4MPa，小于竹皮的材料强度，满足强度要求。支座的约束反力如图16-38所示，最大约束力250N。

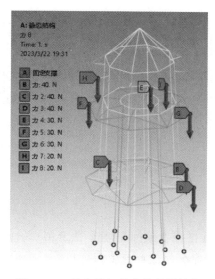

图16-35 约束及加载完毕的塔结构

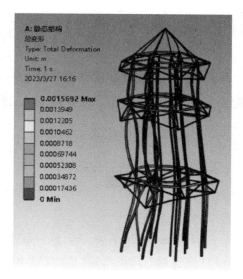

图16-36 第一级荷载作用下总变形

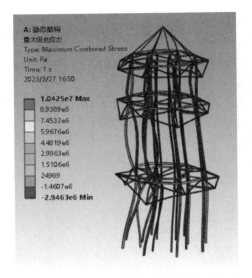

图 16-37　第一级荷载作用下最大组合应力

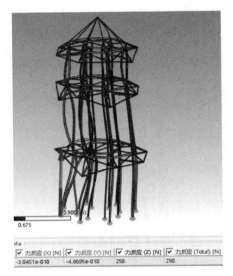

图 16-38　第一级荷载作用下支座约束反力

按照同样的方法可以施加第二级荷载及第三级荷载，分别得到相应的变形和应力的解。

16.2　静力结构分析实例 2——联轴器变形和强度校验

联轴器如图 16-39 所示，通过对它进行应力分析来介绍 Ansys Workbench 三维问题的分析过程，通过此实例可以了解使用 Mechanical 应用进行 Ansys Workbench 分析的基本过程。

16.2.1　问题描述

本实例为考察联轴器在工作时发生的变形和产生的应力，联轴器在底面的四周边界不能发生上下运动，即不能发生沿轴向的位移；在底面的两个圆周上不能发生任何方向的运动；在小轴孔的孔面上分布有 1MPa 的压力，在大轴孔的孔台上分布有 10MPa 的压力，在大轴孔的键槽的一侧受到 0.1MPa 的压力（图 16-39）。

16.2.2　前处理

1. 创建工程项目

打开 Ansys Workbench，鼠标双击 Static Structural 栏或者鼠标左键选中 Static Structural 栏拖曳到右边图形窗口，以启动静力学分析模块，命名并保存此工程项目。

2. 设置单位系统

在 Units 菜单中，选中 Metric(kg，mm，s，℃，mA，N，mV)选项。

3. 创建几何模型

1) 绘制草图

鼠标双击 Geometry(几何模型)栏,启动 SpaceClaim 实体建模软件。将 x-z 平面作为草图平面,利用草图选项卡创建功能区中的圆和直线工具,画出两个圆和两条直线。接着利用 Sketch(草图)选项卡 Constraints(约束)功能区中的 Tangent Constraint(相切约束)功能,使两条直线分别和两个圆的两侧相切。再利用 Modify(修改)功能区中的 Trim Away(裁剪)功能,剪去多余的直线和曲线,画出的草图如图 16-40 所示。接着利用 Sketch(草图)选项卡 Constraints(约束)功能区中的 Dimension(尺寸)功能,进行尺寸标注,结果如图 16-41 所示。结束草图绘制,生成一外轮廓如图 16-40 所示的表面。

图 16-39　联轴器

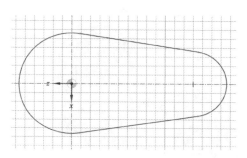

图 16-40　绘制草图

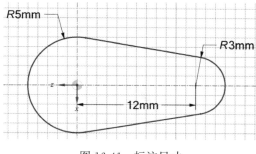

图 16-41　标注尺寸

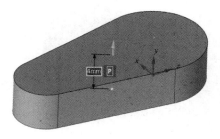

图 16-42　拉伸模型

2) 创建实体模型

使用 Design(设计)选项卡 Edit(编辑)功能区中的 Pull(拉伸)功能,拉伸上述表面 4mm,形成的实体模型如图 16-42 所示。以此模型上表面为草图平面,绘制一个与图 16-41 中大圆弧相同圆心和直径(10mm)的圆,再拉伸此圆表面 6mm,形成的实体模型如图 16-43 所示。再以模型中圆柱最高圆面为草图平面,绘制直径为 7mm 的圆,如图 16-44 所示;以此圆形成的表面为基础,向下拉伸(挖孔)1.5mm,如图 16-45 所示。接着以不透圆孔底面为草图平面,绘制直径为 5mm 的圆,如图 16-46 所示;以此圆形成的表面为基础,向下拉伸形成通孔,如图 16-47 所示。

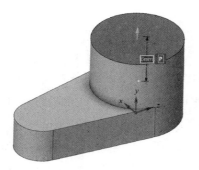

图 16-43　拉伸模型

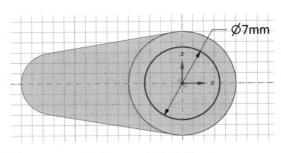

图 16-44　绘制草图

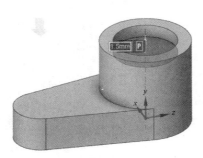

图 16-45　拉伸形成不透孔

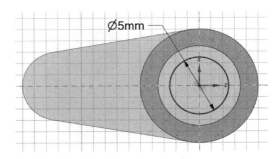

图 16-46　绘制草图

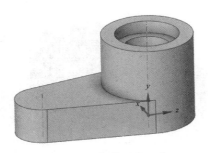

图 16-47　拉伸形成通孔

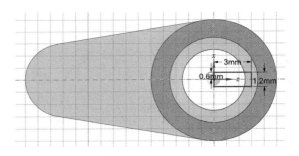

图 16-48　绘制草图

以不透圆孔底面为草图平面，绘制一个 3mm×1.2mm 的矩形，如图 16-48 所示；以此矩形形成的表面为基础，向下拉伸（挖孔）形成穿透的键槽，如图 16-49 所示。以凸台上表面为草图平面，绘制一个直径为 4mm 的圆，如图 16-50 所示；向下拉伸圆表面 1.5mm，形成另一个不透孔，如图 16-51 所示。再以此不透圆孔底面为草图平面，绘制一个直径 3mm 的圆，如图 16-52 所示；向下拉伸圆表面，形成另一个通孔，最后生成的联轴器模型如图 16-53 所示。

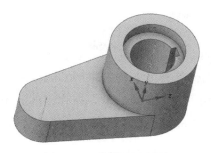

图 16-49　拉伸形成键槽

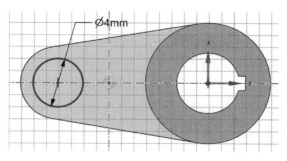

图 16-50　绘制草图

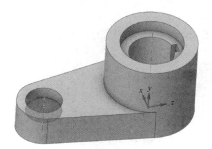

图 16-51　拉伸形成不透孔

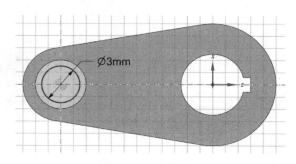

图 16-52　绘制草图

图 16-53　拉伸形成模型

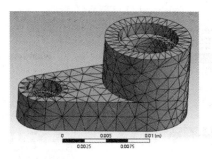

图 16-54　模型划分单元

16.2.3　求解

在 Ansys Workbench 右侧的 Project Schematic 窗口中，鼠标左键点击 Model 栏，进入 Mechanical 分析环境。

1. 划分网格

利用 Mesh(网格)选项卡 Mesh(划分网格)功能区中的 Sizing(单元尺寸)功能，几何对象选择类型：Edge(边缘线)，选择圆柱的圆弧及圆孔的圆弧；划分类型：Number of Divisions(划分个数)；划分个数=36。几何元素选择类型：Face(面)，选择键槽的三个侧面，点击鼠标右键，在弹出的菜单中选 Insert(插入)中的 Refinement(细分)，对键槽周围区域进行单元精细划分，划分好单元的模型如图 16-54 所示。

2. 施加约束和荷载

鼠标左键点击左侧窗口结构树中的 Static Structural(A5)(静力学结构)，几何对象选择类型：Edge(边缘线)，选择基座底面的全部 4 条边界线，点击鼠标右键，在弹出的菜单中选 Insert(插入)中的 Displacement(位移)，在下方的属性管理器中将 z 轴的 Component 设置为 0，如图 16-55 所示。选择基座底面的两个圆周线，点击鼠标右键，在弹出的菜单中选 Insert(插入)中的 Fixed Support(固定支撑)，如图 16-56 所示。

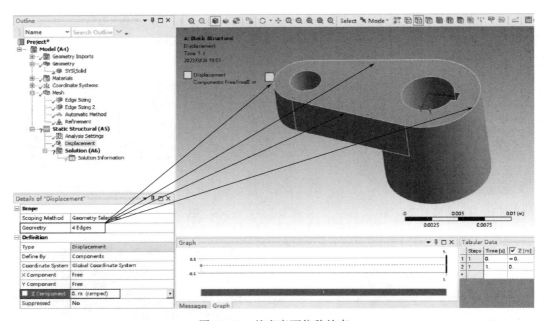

图 16-55　基座底面位移约束

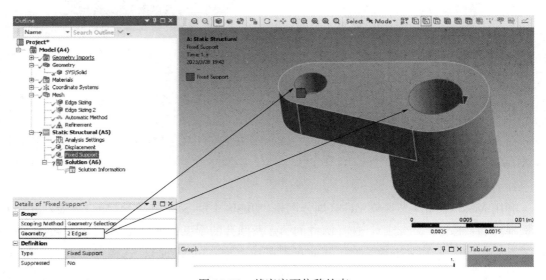

图 16-56　基座底面位移约束

几何对象选择类型：Face(面)，选择大轴孔轴台，点击鼠标右键，在弹出的菜单中选 Insert(插入)中的 Pressure(压力)，在下方的属性管理器中将 Magnitude(压力幅度)设置为 10^7 Pa，如图 16-57 所示。选择键槽一侧，点击鼠标右键，在弹出的菜单中选 Insert(插入)中的 Pressure(压力)，在下方的属性管理器中将 Magnitude(压力幅度)设置为 10^5 Pa，如图 16-58 所示。

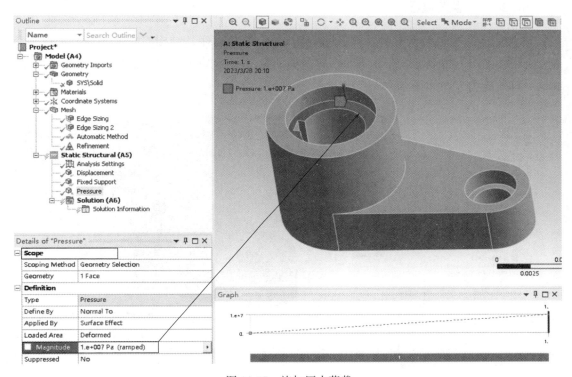

图 16-57 施加压力荷载

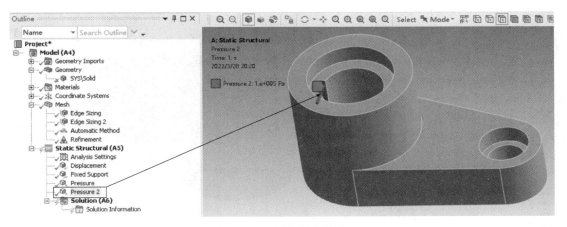

图 16-58 施加压力荷载

3. 添加求解结果

鼠标右键点击 Solution(A6)(求解),在弹出的菜单中,把鼠标光标移动到 Insert(插入)项,选 Deformation(Total)(总变形)、Stress 中的 Equivalent(Von-Mises)。

所有设置完成后,点击 Home 或 Result 选项卡中的 Solve(求解)按钮,进行求解。

16.2.4 结果显示

求解完成后,结果在树型目录中的 Solution 分支中可用。结构的变形图提供了真实变形结果,如图 16-59 所示。Von-Mises 等效应力是考察结构强度所必需的,本模型的 Von-Mises 等效应力云图如图 16-60 所示。

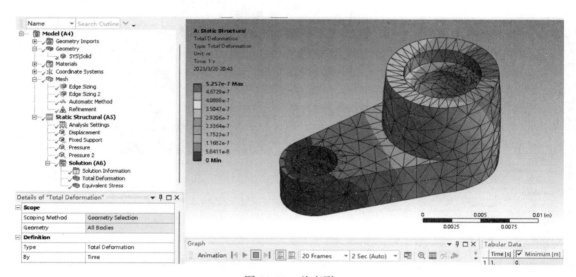

图 16-59 总变形

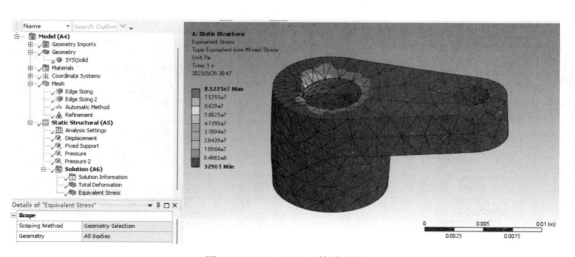

图 16-60 Von-Mises 等效应力

16.3 模态分析实例——机翼的模态分析

16.3.1 模态分析方法介绍

模态分析用于确定设计机器部件及结构的运动特性,即结构的固有频率和振型。它们是承受动态荷载时结构设计中的重要参数,同时也可以作为其他动力学分析问题的起点,例如瞬态动力学分析、频响应分析和谱分析。

Ansys 的模态分析可以对有预应力的结构和循环对称结构进行模态分析。

16.3.2 问题描述

长度为 2540mm 的机翼模型,其横截面形状和尺寸如图 16-61 所示,其一端固定,另一端自由。已知材料的弹性模量为 262MPa,密度为 887kg/m³,泊松比为 0.3,分析该机翼自由振动的前 5 阶频率和振型。

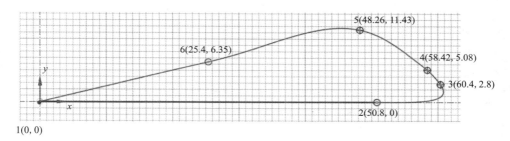

图 16-61 机翼横截面轮廓

16.3.3 前处理

1. 设置单位系统

在 Units 菜单中,选中 Metric(kg,mm,s,℃,mA,N,mV)选项。

2. 创建工程项目

打开 Ansys Workbench,鼠标双击 Modal 栏或者鼠标左键选中 Modal 栏拖曳到右边图形窗口,以启动模态分析模块,如图 16-62 所示,命名并保存此工程项目。

3. 定义工程数据

鼠标双击 Engineering Data(工程数据)栏,弹出 Engineering Data 选项卡,如图 16-9 所示。可见 Structural Steel(结构钢)是默认材料。鼠标右键单击 Structural Steel 栏,在弹出的菜单中选 Duplicate(复制),得到新的材料栏 Structural Steel 2,鼠标左键双击此栏,选中材料名,将材料名称改为机翼模型材料,然后将材料密度、弹性模量和泊松比等参数分别改为 887kg/m³、265MPa 和 0.3,结果如图 16-63 所示。关闭 Engineering Data 选项卡。

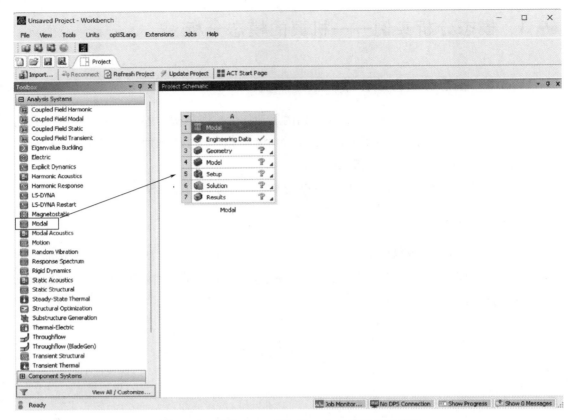

图 16-62 启动 Ansys Workbench 的模态分析模块

图 16-63 机翼模型材料常数设置

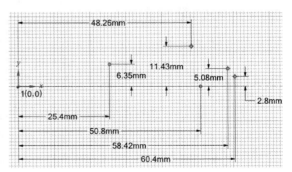

图 16-64 草图平面绘制关键点

4. 创建几何模型

鼠标双击 Geometry(几何模型)栏，启动 SpaceClaim 实体建模软件。将 x-y 平面作为草图平面，利用草图选项卡创建功能区中的点工具，创建 2(50.8, 0)、3(60.4, 2.8)、

4(58.42,5.08)、5(48.26,11.43)、6(25.4,6.35)等各点,1(0,0)点在坐标原点,如图 16-64 所示。利用草图选项卡创建功能区中的线工具,创建 1 至 2 及 1 至 6 两条线段,再利用草图选项卡创造功能区中的样条曲线工具,依次过 2、3、4、5、6 各点画出一条样条曲线(利用草图选项卡约束功能区中的一致约束功能,使样条曲线强制通过 2、3、4、5、6 各点)。最后利用草图选项卡约束功能区中的相切约束,使样条曲线和两条直线段在接头处相切,草图如图 16-65 所示。结束草图绘制,生成机翼截面如图 16-66 所示。

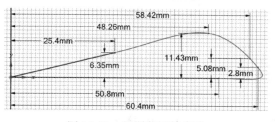
图 16-65 机翼截面轮廓线

图 16-66 机翼截面

16.3.4 求解

在 Ansys Workbench 右侧的 Project Schematic 窗口中,鼠标左键点击 Modal 栏,进入 Mechanical 分析环境。

1. 设置材料

在左侧窗口结构树中,将 Geometry(几何体)下模型(机翼截面/剖面)的材料设置为机翼模型材料,厚度设置为 0.001m,如图 16-67 所示。

2. 划分网格

利用 Mesh(网格)选项卡 Mesh(划分网格)功能区中的 Generate(生成网格)功能,对机翼截面区域进行单元划分(单元尺寸等均采用系统默认),划分好单元的截面如图 16-68 所示。

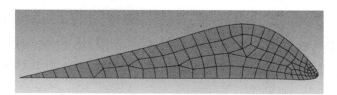
图 16-67 机翼截面轮廓线　　图 16-68 机翼截面网格划分

利用 Mesh(网格)选项卡 Mesh Edit(网格编辑)功能中的 Pull(拉伸)中的 Extrude(伸展)功能(如图 16-69 所示,分成 10 段,每段 0.254m),点击 Mesh Edit 选项卡中的 Solve 按钮,对上述划分好的面单元进行拉伸,形成规则的实体单元,如图 16-70 所示。

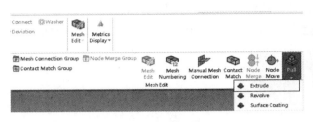
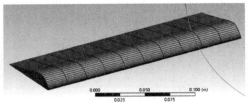

图 16-69　拉伸面单元　　　　　　　图 16-70　机翼实体网格划分

3. 施加约束

鼠标左键点击左侧窗口结构树中的 Modal(A5)(模态),几何对象选择类型:Face(顶面),选择机翼的一侧面,点击鼠标右键,在弹出菜单中选:Insert(插入)中的 Fixed Support(固定支撑),如图 16-71 所示。

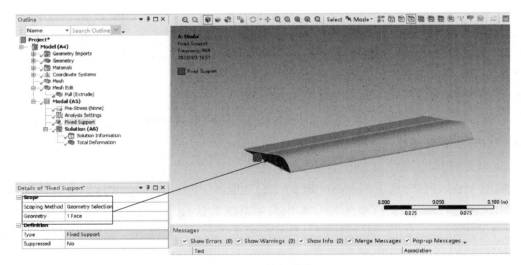

图 16-71　施加约束

4. 分析设置

点击 Modal(A5)(模态)下 Analysis Settings(分析设置),在下面的属性窗口中将 Max Modes to find(最大模态数)设置为 6;将 Limit Search to Range(搜索范围)设置为 Yes;Range Minimum(最小范围)设置为 0Hz;Range Maximum(最大范围)设置为 400Hz;Solver Type(求解器类型)设置为 Supermode,如图 16-72 所示。

5. 添加求解结果

鼠标右键点击 Solution(A6)(求解),在弹出的菜单中,把鼠标光标移动到 Insert(插入)项,选 Deformation(Total)(总变形)。

16.3 模态分析实例——机翼的模态分析

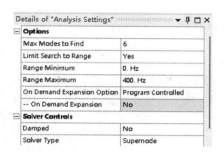

图 16-72 模态分析设置

所有设置完成后，点击 Home 选项卡中的 Solve(求解)按钮 ，进行求解。

16.3.5 结果

求解得到机翼结构 6 阶自振频率，并在图形窗口下面展现，如图 16-73 所示。鼠标左键点击某个模态结果，点击鼠标右键，选择 Sellect All 中的 Create Mode Shape Results，在左侧结构树中 Solution(A6)下出现与各阶自振频率相对应的振型变形，如图 16-74 所示。再次点击 Home 选项卡中的 Solve(求解)按钮，求解出和各阶自振频率相对应的振型变形，如图 16-75 所示。

图 16-73 机翼 6 阶自振频率

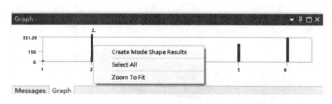

图 16-74 创造模态形状结果

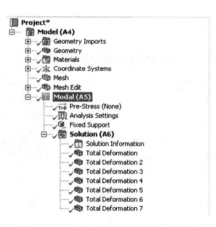

图 16-75 创造各阶模态振型结果

机翼第一阶自振频率为 14.18Hz，对应振型如图 16-76 所示，梁的垂直方向弯曲振动，波形为 1/4 正弦波。机翼第二阶自振频率为 63.68Hz，对应振型如图 16-77 所示，梁的水平方向弯曲振动，波形为 1/4 正弦波。机翼第三阶自振频率为 89.16Hz，对应振型如图 16-78 所示，梁的垂直方向弯曲振动，波形为 1/2 正弦波。机翼第四阶自振频率为 122.82Hz，对应振型如图 16-79 所示，为围绕机翼轴线的扭转振动，转角函数为整个正弦波。机翼第五阶自振频率为 254.49Hz，对应振型如图 16-80 所示，梁的垂直方向弯曲振动，波形为整个正弦波。机翼第六阶自振频率为 351.29Hz，对应振型如图 16-81 所示，为板的弯曲振动。每个自振频率及对应的振型可以进行动画显示，实时真实地表现各阶模态，有利于研究人员仔细观察结构的动态特性。

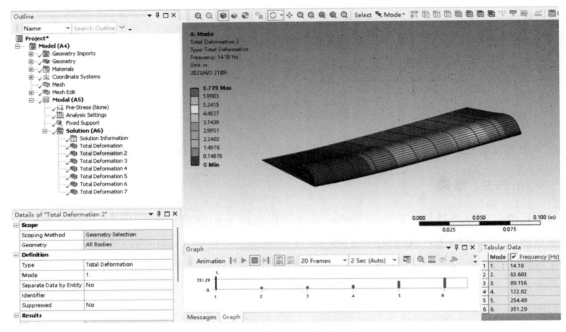

图 16-76　机翼第一阶自振频率和振型

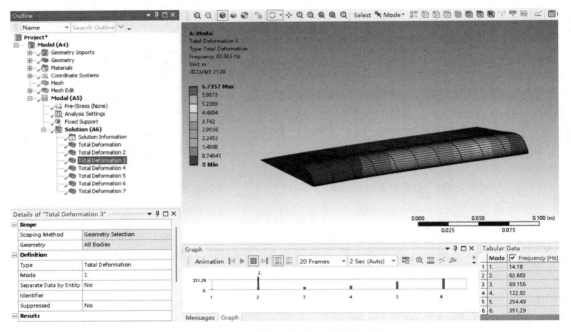

图 16-77　机翼第二阶自振频率和振型

16.3 模态分析实例——机翼的模态分析

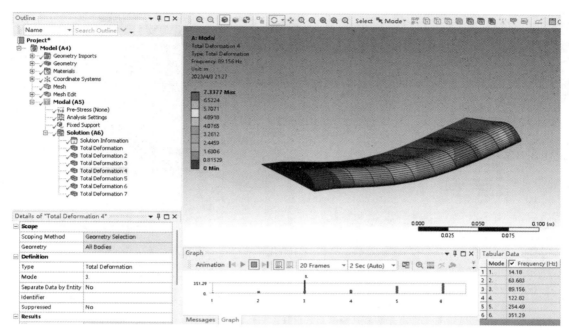

图 16-78　机翼第三阶自振频率和振型

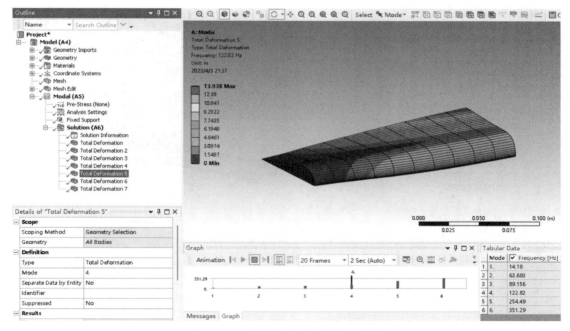

图 16-79　机翼第四阶自振频率和振型

第 16 章 Ansys Workbench 应用实例

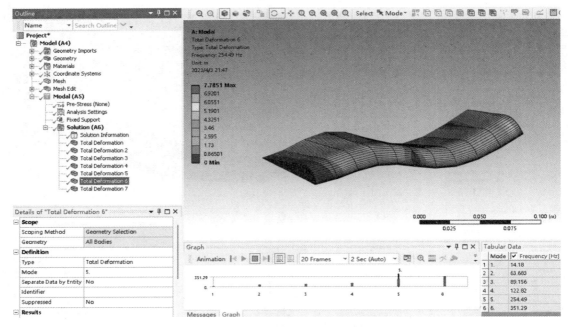

图 16-80　机翼第五阶自振频率和振型

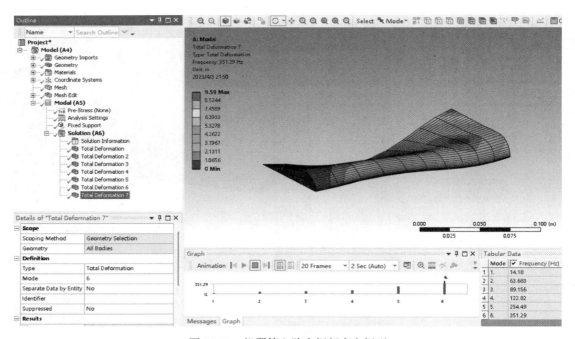

图 16-81　机翼第六阶自振频率和振型

16.4 响应谱分析实例——三层框架结构地震响应分析

16.4.1 响应谱分析方法介绍

结构的响应谱分析方法在前面 12.3 响应谱分析中已做了简要介绍，本实例具体展示在 Ansys Workbench 中进行响应谱分析的路径和具体步骤。需要特别指出的是：1)必须先进行模态分析方可以进行响应谱分析；2)结构必须是线性的，具有连续刚度和质量；3)进行单点谱分析时，结构受一个已知方向和频率的频谱所激励；4)进行多点谱分析时，结构可以被多个不同位置和方向的频谱所激励。

在 Ansys Workbench 中，使用响应谱分析步骤如下：

1) 进行模态分析。
2) 确定响应谱分析项。
3) 加载荷载和边界条件。
4) 计算求解。
5) 后处理查看结果。

在 Ansys Workbench 中，首先在左侧工具箱的 Analysis System 栏内选择 Modal 并双击(也可以用鼠标左键拖曳到右侧窗口)，建立模态分析。接着用鼠标左键选中 Modal 分析的 Solution 栏，单击鼠标右键，在弹出的菜单中选 Transfer Data to New 中的 Response Spectrum，创建响应谱分析项目，如图 16-82 所示。其中响应谱分析以前面的模态分析结

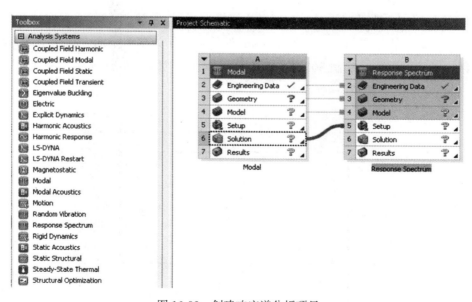

图 16-82 创建响应谱分析项目

果为基础,系统自动把模态分析的结果数据传递到响应谱分析项目中。

16.4.2 问题描述

某两跨三层框架结构模型,其立面和侧面图如图 16-83 所示,立柱为 50mm×50mm× 5mm 的方管,楼面板厚度为 10mm,材料为结构钢。计算在 x、z 方向的地震加速度响应谱作用下整个结构的响应情况。

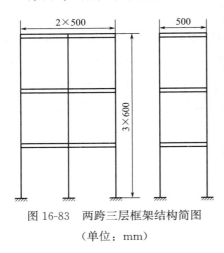

图 16-83 两跨三层框架结构简图
(单位:mm)

16.4.3 前处理

1. 设置单位系统

打开 Ansys Workbench,在 Units 菜单中,选中 Metric(kg,mm,s,℃,mA,N,mV)选项。

2. 创建工程项目

按照前面所述过程,创建如图 16-82 所示的响应谱分析项目,命名并保存此工程项目。

3. 定义工程数据

结构构件材料是结构钢,正好是 Ansys Workbench 默认材料,所以定义工程数据步骤可以省略。

4. 创建几何模型

1) 楼面草图绘制

鼠标双击 Modal 项目中的 Geometry(几何模型)栏,启动 SpaceClaim 实体建模软件。先创建一个和 x-z 平面平行,高度为 600mm 的参考面作为草图平面,利用草图选项卡创建功能区中的矩形工具,绘制 500mm×1000mm 矩形,如图 16-84 所示。完成草图绘制,形成标高为 600mm 的楼板平面(表面)。

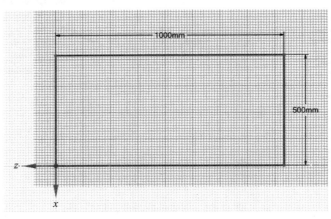

图 16-84 绘制楼面轮廓线

2) 形成各层楼面

使用 Ctrl+Move(移动)工具,移动复制形成标高为 1200mm 和 1800mm 的楼面,如图 16-85 所示。

3) 形成立柱线段

以二层和三层楼面的南面长边为基础,创建参考平面(南立面)。以此为草图平面,利用草图选项卡创建功能区中的直线工具,绘制三根立柱线,如图 16-86 所示。同样以二层和三层楼面的北面长边为基础,创建参考平面(北立面)。以此为草图平面,利用草图选项卡创建功能区中的直线工具,绘制三根立柱线,这样创建了结构的 6 根立柱,如图 16-87 所示。在左侧的结构树中,选中代表立柱的所有直线段,点击鼠标右键,在弹出的菜单中,选 Move to New Component(移动到新组件),创建立柱组件。

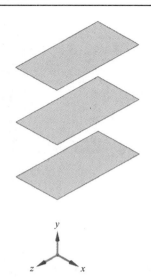

图 16-85　形成各层楼面

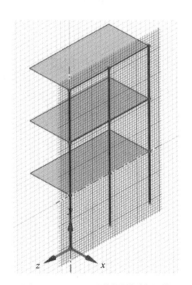

图 16-86　立面草图绘制立柱

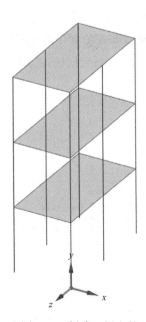

图 16-87　创建 6 根立柱

4) 创建立柱(梁)构件

利用 Prepare(准备)选项卡 Beams(梁)功能区中的 Profiles(轮廓)功能,创建 50mm×50mm×5mm 的方管截面轮廓,如图 16-88 所示。

利用 Prepare(准备)选项卡 Beams(梁)功能区中的 Create(创造)功能,将立柱组件中的所有线段,创建为方管截面的框架立柱(梁构件),梁截面轮廓列在结构树最后。

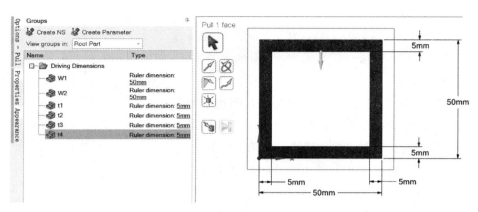

图 16-88 创建方管立柱截面

在左侧的结构树中，选中代表各层楼板的表面，将它们的特性中的厚度设置为 10mm，如图 16-89 所示。

5）创建结构结点

利用 Ansys Workbench 选项卡 Sharing(共享)功能区中的 Share(共享)功能，将框架结构的楼板和各个立柱通过若干个结点连接起来。板、柱形成连接关系的框架结构如图 16-90 所示。此时框架结构的几何模型已经准备就绪。

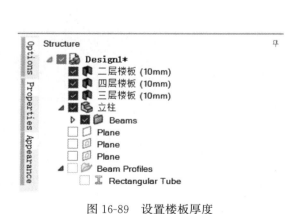

图 16-89 设置楼板厚度

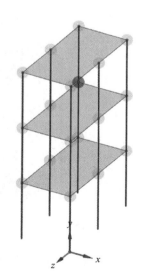

图 16-90 创建框架结构结点

16.4.4 模态分析求解

在 Ansys Workbench 右侧的 Project Schematic 窗口中，鼠标左键点击 Modal 项目中的 Model 栏，进入 Mechanical 分析环境，进行单元划分、约束设置、求解方式设置、结果设定等。

1. 划分网格

利用 Mesh(网格)选项卡 Mesh(划分网格)功能区中的 Generate(生成网格)功能，对框架结构进行单元划分，系统自动对楼板采用壳单元、对支柱采用梁单元(单元尺寸等均采用系统默认)。划分好单元的有限元模型如图 16-91 所示。

2. 施加约束

鼠标左键选择 Modal(A5)，在标准工具栏上确定选择对象 Vertex(顶点)，选择 6 根立柱的底部，设置为固定约束，如图 16-92 所示。

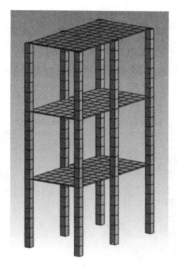

图 16-91　结构单元划分

图 16-92　施加固定约束

3. 分析设置

点击 Modal(A5)(模态)下 Analysis Settings(分析设置)，在下面的属性窗口中将 Max Modes to find(最大模态数)设置为 40；将 Limit Search to Range(搜索范围)设置为 Yes；Range Minimum(最小范围)设置为 0Hz；Range Maximum(最大范围)设置为 300Hz；Solver Type(求解器类型)设置为 Supermode。

4. 添加求解结果

鼠标右键点击 Solution(A6)(求解)，在弹出的菜单中，把鼠标光标移动到 Insert(插入)项，选 Deformation(Total)(总变形)。

所有设置完成后，点击 Home 选项卡中的 Solve(求解)按钮，进行求解。

16.4.5　模态分析结果

求解得到的框架结构 40 阶自振频率在图形窗口下面展现。鼠标左键点击某个模态结果，单击鼠标右键，选择 Select All 中的 Create Mode Shape Results，在左侧结构树的 Solution(A6)下出现与各阶自振频率相对应的振型变形。再次点击 Home 选项卡中的 Solve(求解)按钮，求解出与各阶自振频率相对应的振型变形。

响应谱分析主要受到结构前几阶模态的影响，下面列出前 7 阶模态的自振频率和振型图形。框架结构第一阶自振频率为 10.91Hz，对应振型如图 16-93 所示，为沿 z 方向(纵向)的弯曲振动，波形为 1/4 正弦波。结构第二阶自振频率为 11.14Hz，对应振型如图 16-94 所示，为沿 x 方向(横向)的弯曲振动，波形为 1/4 正弦波。结构第三阶自振频率为 14.94Hz，对应振型如图 16-95 所示，为沿中心轴线方向的扭转振动，波形为 1/4 正弦波。结构第四阶自振频率为 55.32Hz，对应振型如图 16-96 所示，为沿 z 方向(纵向)的弯曲振动，波形为 1/2 正弦波。结构第五阶自振频率为 55.68Hz，对应振型如图 16-97 所示，为沿 x 方向(横向)的弯曲振动，波形为 1/2 正弦波。结构第六阶自振频率为 70.22Hz，对应振型如图 16-98 所示，为沿中心轴线方向的扭转振动，波形为 1/2 正弦波。结构第七阶自振频率为 115.45Hz，对应振型如图 16-99 所示，为楼板的弯曲振动。每个自振频率及对应的振型可以进行动画显示，实时真实地表现各阶模态。

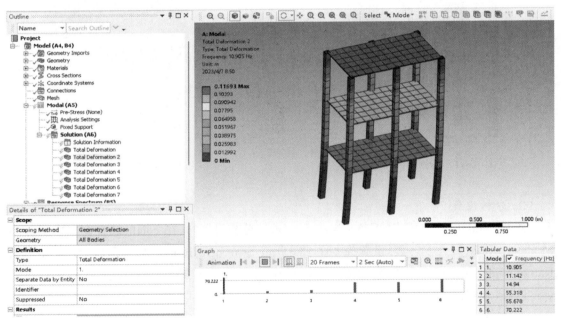

图 16-93　框架结构第一阶自振频率和振型

16.4.6　响应谱分析设置和求解

框架结构抗震验算按照《建筑抗震设计标准》GB/T 50011—2010(2024 年版)的规定进行。

《建筑抗震设计标准》GB/T 50011—2010(2024 年版)第 5 章地震作用和结构抗震验算中的部分规定：

1. 各类建筑结构的地震作用，应符合下列规定：一般情况下，应至少在建筑结构的

16.4 响应谱分析实例——三层框架结构地震响应分析

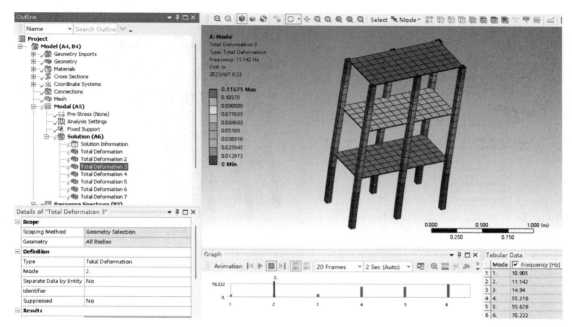

图 16-94　框架结构第二阶自振频率和振型

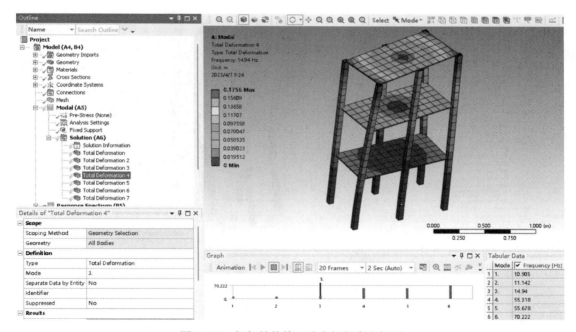

图 16-95　框架结构第三阶自振频率和振型

两个主轴方向分别计算水平地震作用。

2. 各类建筑结构的抗震计算，应采用下列方法：除高度不超过 40m、以剪切变形为主且质量和刚度沿高度分布比较均匀的结构，以及近似于单质点体系的结构外的建筑结

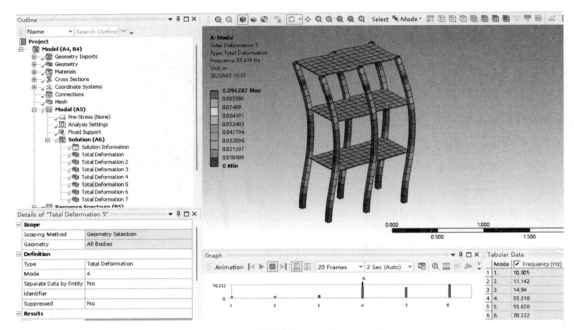

图 16-96　框架结构第四阶自振频率和振型

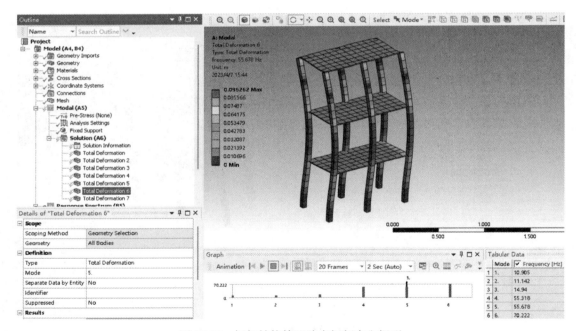

图 16-97　框架结构第五阶自振频率和振型

构,宜采用振型分解反应谱法。

3. 建筑结构的地震影响系数应根据烈度、场地类别、设计地震分组和结构自振周期及阻尼比确定。其水平地震影响系数最大值应按《建筑抗震设计标准》GB/T 50011—

16.4 响应谱分析实例——三层框架结构地震响应分析

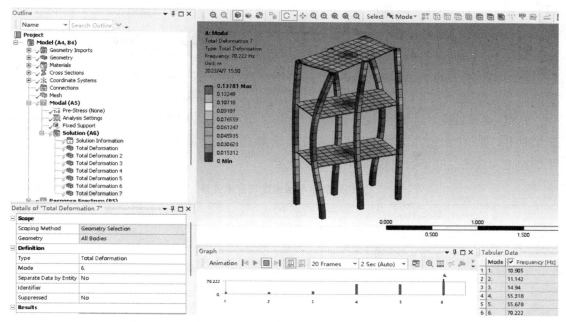

图 16-98　框架结构第六阶自振频率和振型

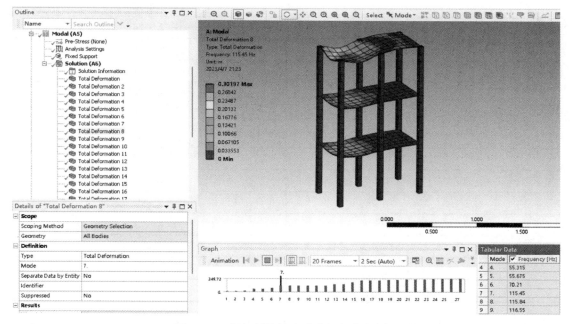

图 16-99　框架结构第七阶自振频率和振型

2010(2024 年版)中表 5.1.4-1 采用；特征周期应根据场地类别和设计地震分组按标准中表 5.1.4-2 采用。

此条采用加速度反应谱计算地震作用，取加速度反应绝对最大值计算惯性力作为等效

地震荷载 F，$F=\alpha G$，α 为地震影响系数；G 为质点的重力荷载代表值。标准中用曲线形式给出了 α 的确定方法，α 曲线又称为地震反应谱曲线。

对框架结构的抗震分析采用振型分解反应谱法进行相互垂直的两个水平方向地震作用的分析。水平地震影响系数最大值取 0.24（8 级多遇地震）、0.32（9 级多遇地震）；特征周期取 0.45s（场地类别Ⅱ，第 3 组）；结构为钢结构，阻尼比取 0.04。

根据《建筑抗震设计标准》GB/T 50011—2010（2024 年版）中的相关规定，得出某地（场地类别Ⅱ，第 3 组）的九级地震水平加速度与频率之间的关系如表 16-3 所示，九级地震水平加速度与频率之间函数曲线如图 16-100 所示。

九级地震水平加速度与频率关系　　　　　　　　　　　　　表 16-3

频率（Hz）	水平加速度（m/s²）
0.16667	0.837
0.2	0.95029
0.25	1.0636
0.33333	1.1769
0.44444	1.2618
0.5	1.406
0.66667	1.8312
1	2.6576
1.1111	2.9276
1.25	3.2621
1.4286	3.6878
1.6667	4.2487
2	5.0233
2.2222	5.5337
4	5.5337
10	5.5337
13.333	4.7324
20	3.9311
40	3.1298
100	2.649

频率响应谱分析设置如图 16-101 所示，其中 Number of Modes To Use：All，表示响应谱分析将用到结构所有的模态；Spectrum Type：Single Point，表示结构将受到单点激励，即不同的支座将受到同一地震波作用；Modes Combination Type：SRSS（The Square Root of the Sum of the Squares）。

鼠标左键选中 Response Spectrum（B5），点击右键，在弹出的菜单选 Insert 中的 RS

16.4 响应谱分析实例——三层框架结构地震响应分析

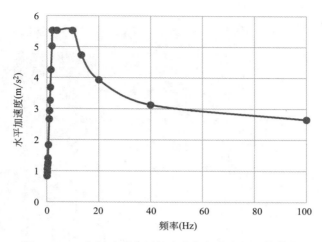

图 16-100 九级地震水平加速度与频率之间函数曲线

Acceleration，设置如图 16-102 所示，其中 Boundary Condition 选择 All Supports；Load Data 选择 Tabular Data；Scale Factor 选择 1；Direction 选择 x Axis。在右侧图形窗口的下方，输入表 16-3 的数据。

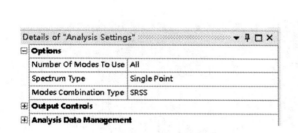

图 16-101 响应谱分析设置

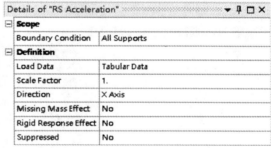

图 16-102 RS 加速度设置

16.4.7 响应谱分析结果

鼠标左键选中 Solution(B6)，点击右键，在弹出的菜单选 Insert 中 Deformaion 中的 Directional(x 和 z 方向)、Insert 中 Deformaion 中的 Directional Acceleraion(x 和 z 方向)和 Insert 中 Sress 中的 Equivalent(Von Mises)，即在 x 方向地震波激励下，进行结构响应谱分析，分别考察 x 和 z 方向的变形、加速度及等效应力。点击 Solve 按钮进行求解。

图 16-103 显示的是框架结构在横向九级地震激励下的横向(x 方向)位移，由此可见，最大位移发生在第四层(顶层)楼板，为 1.45mm；图 16-104 显示的是框架结构在横向九级地震激励下的纵向(y 方向)位移，由此可见，最大位移发生在第四层(顶层)楼板，为 0.025mm；图 16-105 显示的是框架结构在横向九级地震激励下的横向加速度，最大加速度发生在第四层(顶层)楼板，为 7.25m/s²；图 16-106 显示的是框架结构在横向九级地震

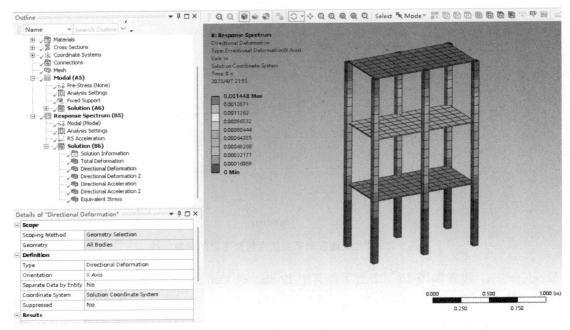

图 16-103　框架结构在横向九级地震激励下的横向位移

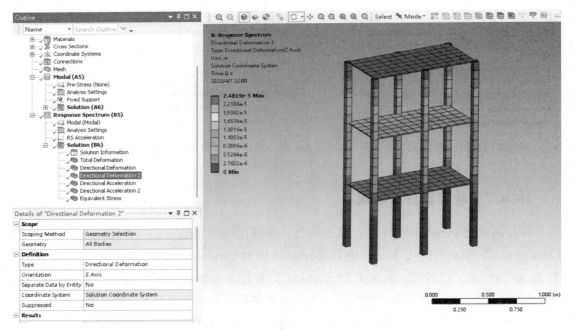

图 16-104　框架结构在横向九级地震激励下的纵向位移

激励下的纵向加速度,最大加速度发生在第四层(顶层)楼板,为 $0.29\mathrm{m/s^2}$;图 16-107 显示的是框架结构在横向九级地震激励下的等效应力,较大的等效应力发生在第三层和顶层楼板的四角区域和长边中间区域,最大等效应力为 16.3MPa。

16.4 响应谱分析实例——三层框架结构地震响应分析

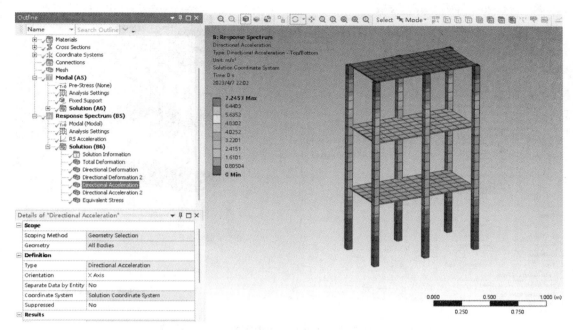

图 16-105　框架结构在横向九级地震激励下的横向加速度

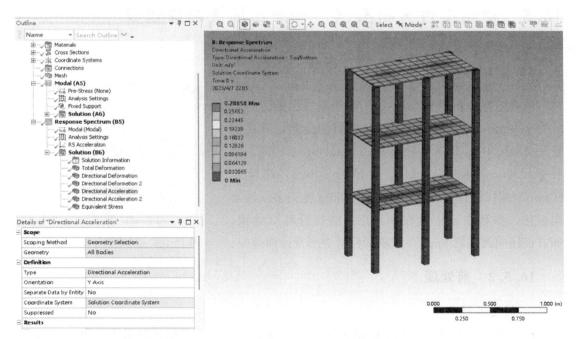

图 16-106　框架结构在横向九级地震激励下的纵向加速度

第 16 章 Ansys Workbench 应用实例

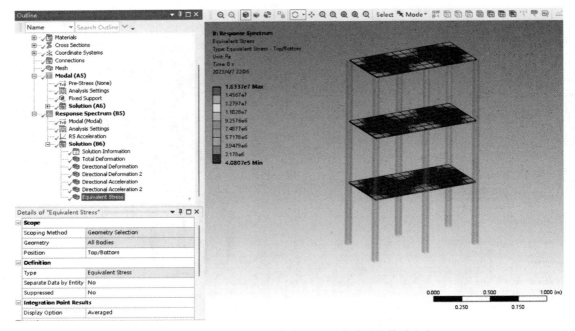

图 16-107 框架结构在横向九级地震激励下的等效应力

16.5 材料塑性分析实例——聚乙烯管回弹效应

16.5.1 问题描述

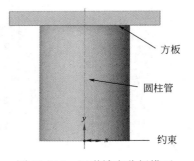

回弹效应分析模型如图 16-108 所示。已知方板尺寸为 100mm×100mm×10mm，材料为金属，弹性模量为 $2×10^9$Pa，其他参数与 Structural Steel 相同。圆柱管尺寸：外径为 60mm，内径为 50mm，高度为 80mm；圆柱管材料为聚乙烯，材料非线性为多线性等向强化，参数在分析过程中给出。圆柱管底部约束，如方板压向圆柱管 8mm，试求圆柱管变形及回弹效应。

图 16-108 回弹效应分析模型

16.5.2 前处理

1. 创建工程项目

打开 Ansys Workbench，鼠标双击 Static Structural 栏或者鼠标左键选中 Static Structural 栏拖曳到右边图形窗口，以启动静力学分析模块，命名并保存此工程项目。

2. 设置单位系统

在 Units 菜单中，选中 Metric(kg, mm, s, ℃, mA, N, mV)选项。

16.5 材料塑性分析实例——聚乙烯管回弹效应

3. 定义工程数据

鼠标双击 Engineering Data(工程数据)栏,弹出 Engineering Data 选项卡,单击 Engineering Data Sources 选项卡,选择 A4 栏 General Materials,在 Outline of General Materials 表中找到 Polyethylene(聚乙烯)材料,点击右边加号,此时在 C10 格中显示标志 ◆,表示材料添加成功。然后在 Ansys Workbench 的工具栏上单击 Engineering Data Sources 选项卡,鼠标右键单击 Outline of Schematic A2:Engineering Data 表中的 Polyethylene,在弹出的菜单中选 Duplicate,得到 Polyethylene2。

单击 Polyethylene2 栏,在左侧单击 Plastic 展开,双击 Multilinear Isotropic Handening 栏,将此材料非线性本构关系引入 Polyethylene2 材料。单击 Polyethylene2 材料属性的 Multilinear Isotropic Handening 栏,在右侧的表格中填写应力-应变关系,如图 16-109 所示。

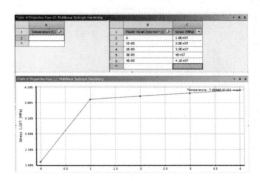

图 16-109 创建材料非线性本构关系

鼠标右键单击 Outline of Schematic A2:Engineering Data 表中的 Structural Steel,在弹出的菜单中选 Duplicate,得到 Structural Steel 2。将 Structural Steel 2 属性中的 Young's Modulus 改为 2×10^9Pa,其他默认。

单击 A2:Engineering Data 关闭按钮,返回到 Ansys Workbench 主界面。

4. 创建几何模型

鼠标双击 Geometry(几何模型)栏,启动 SpaceClaim 实体建模软件。

1) 创建圆柱管

将 x-z 平面作为草图平面,利用草图选项卡创建功能区中的圆工具,画出内径为 50mm 和外径为 60mm 的同心圆,如图 16-110 所示。结束草图编辑,使用设计选项卡编辑功能区中的拉动工具,拉伸圆环表面 80mm 创建圆柱管,如图 16-111 所示。

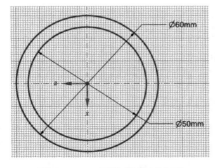

图 16-110 圆柱管截面草图

图 16-111 拉伸形成圆柱管

2）创建方板

以圆柱管顶面为草图平面，利用草图选项卡创造功能区中的矩形工具（从中心定义矩形），画出边长为 100mm 的正方形，如图 16-112 所示。结束草图编辑，形成正方形剖面（表面）。将光标放置在左侧窗口的结构树中的正方形剖面上，单击鼠标右键，在弹出的菜单中选移到新组件，然后使用设计选项卡编辑功能区中的拉动工具，向上拉伸方板剖面 10mm 创建方板，如图 16-113 所示。

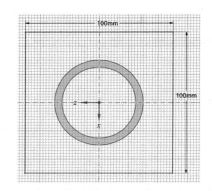

图 16-112　方板截面草图

图 16-113　拉伸形成方板

至此圆柱管和方板两个相互接触的实体模型创建完毕。

16.5.3　模型求解

在 Ansys Workbench 右侧的 Project Schematic 窗口中，鼠标左键点击 Model 栏，进入 Mechanical 分析环境。

1. 为几何模型分配材料

在窗口左侧分析树中，单击 Geometry 展开，选择圆柱管几何体，将其属性的材料设置为 Polyethylene2；选择方板几何体，将其属性的材料设置为 Structural Steel 2。

2. 创建接触连接

在分析树中展开 Connections，点击 Contacts 中的 Contact Region，系统自动识别的圆柱管顶面为接触面，与其接触的方板底面为目标面，如图 16-114 所示。

接触设置，将 Details of Contact Region 的各项属性设置如下：

Definition：Type=Frictionless，Behavior=Asymmetric；

Advanced：Formulation=Augmented Lagrange，Detection Method=Nodal-Normal to Target，Normal Stiffness=Factor，Normal Stiffness Factor=0.1，Update Stiffness=Each Iteration，接触设置如图 16-115 所示。

3. 划分单元

在分析树中单击 Mesh，在 Details of Mesh 中设置：Mesh：Resolution=5，Span Angle Center=Fine，其他默认。Resolution（分辨率）可控制全局网格疏密程度，其值可取

16.5 材料塑性分析实例——聚乙烯管回弹效应

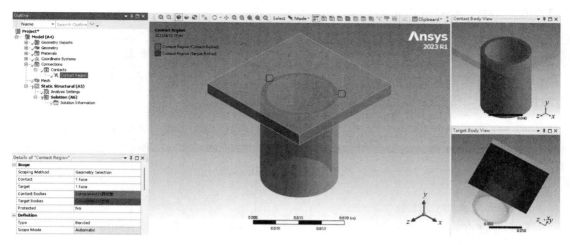

图 16-114 接触面配对

—1~7；Span Angle Center(跨度中心角)，设定基于边的细化的曲度目标。网格在弯曲区域细分，直到单独单元跨越这个角。有几种选择：Coarse（粗糙）：—91°~60°；Medium（中等）：—75°~24°；Fine(细密)：—36°~12°。

将光标放在分析树的 Mesh 上，在标准工具栏上确定选择对象为 Face，选择模型所有外表面，然后单击鼠标右键，在弹出的菜单中选 Insert 中的 Face Meshing，其他默认。

生成单元，单击 Mesh 选项卡中的 Generate 按钮，进行单元划分，划分好的单元模型如图 16-116 所示。

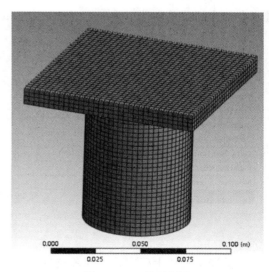

图 16-115 接触设置　　　　图 16-116 单元划分

单元质量检查。在分析树上单击 Mesh，在 Details of Mesh 中设置：Quality：Mesh Metric＝Skewness。显示 Skewness 规则下单元质量详细信息，平均值处于好的范围内；

另外展开 Statistics，可以显示单元和结点数量。

4. 接触初始检测

在分析树上鼠标右键单击 Connections，在弹出的菜单中选择 Insert 中的 Contact Tool。鼠标右键单击 Contact Tool，在弹出的菜单中选择 Generate Initial Contact Results，经过初始运算，得到接触状态信息，如图 16-117 所示。

Name	Contact Side	Type	Status	Number Contacting	Penetration (m)	Gap (m)	Geometric Penetration (m)	Geometric Gap (m)	Resulting Pinball (m)	Real Constant
Frictionless - Component2\圆柱管 To Component1\方板	Contact	Frictionless	Closed	65.	2.7756e-017	0.	2.7756e-017	4.3742e-035	2.6667e-003	3.
Frictionless - Component2\圆柱管 To Component1\方板	Target	Frictionless	Inactive	N/A	N/A	N/A	N/A	N/A	N/A	0.

图 16-117　接触初始检测

5. 分析设置

鼠标左键点击左侧窗口结构树中 Static Structural（A5）（静力学结构）下的 Analysis Settings，Step Controls：Number of Steps＝3，Current Step Number＝1，Step End Time＝1s，Auto Time Stepping＝Program Controlled；Number of Steps＝3，Current Step Number＝2，Step End Time＝2s，Auto Time Stepping＝On，Define By＝Substeps，Initial Substeps＝30，Minimum Substeps＝20，Maximum Substeps＝50；Number of Steps＝3，Current Step Number＝3，Step End Time＝3s，Auto Time Stepping＝On，Define By＝Substeps，Initial Substeps＝30，Minimum Substeps＝20，Maximum Substeps＝50，其他默认。分析设置如图 16-118 所示。

6. 施加约束和荷载

在标准工具栏上确定几何对象选择类型为 Face（面），选择圆柱管底面，单击鼠标右键，在弹出的菜单中选 Insert（插入）中的 Fixed Support（固定约束），如图 16-119 所示。

图 16-118　分析设置　　　　图 16-119　施加固定约束

在标准工具栏上确定几何对象选择类型为 Face（面），选择方板顶面，单击鼠标右键，在弹出的菜单中选 Insert 中的 Displacement，Details of Displacement 中的 Definition：Define By＝Component，x Component＝0mm，y Component＝Tabular Data，z Component＝free，如图 16-120 所示。

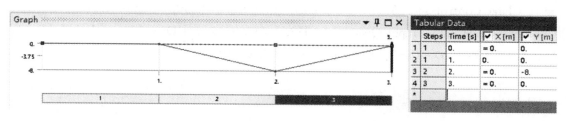

图 16-120　位移荷载设定

16.5.4　结果

1. 设置需要的结果

在分析树上鼠标右键单击 Solution(A6)，在弹出的菜单中选 Insert 中 Deformation 中的 Total。在标准工具栏上确定几何对象选择类型为 Body(体)，选择圆柱管，在 Solution 选项卡中单击 User Defined Result，在 Details of User Defined Result 中，Definition：Expression=abs(UZ)，将 User Defined Result 重新命名为 UZ。在 Solution 选项卡中单击 User Defined Result，在 Details of User Defined Result 中，Definition：Expression=abs(FZ)，将 User Defined Result 重新命名为 FZ。

2. 求解与结果显示

在 Solution 选项卡中单击 Solve 按钮进行求解运算。运算结束后，单击 Solution 中的 Total Deformation，图形区域显示求解得到的塑性变形分布云图如图 16-121 所示。

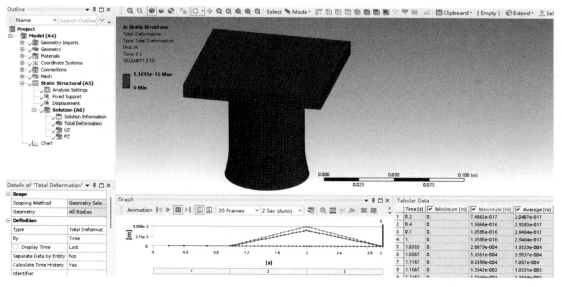

图 16-121　塑性变形分布云图

插入图表 Chart，在 Solution 选项卡中单击 Chart 工具，在 Details of Chart 中，Definition：Outline Selection：2 Objects[选择分析树上 Solution(A6)下面的 UZ 和 FZ 两个对

象]; Chart Controls: x Axis＝UZ(Max), Plot Style＝Both, Scale＝Linear; Report: Content＝Chart data; Input Quantities: Time＝Omit; Output Quantities: [A]UZ(Min)＝Omit, [B]FZ(Min)＝Omit, 图标曲线如图 16-122 所示。

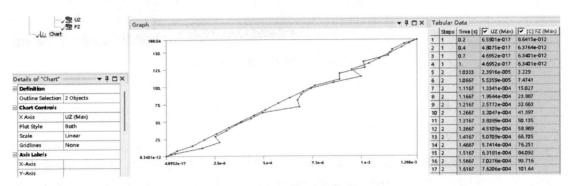

图 16-122　压力与总变形关系曲线

参考文献

[1] 毕继红,王晖. 工程弹塑性力学 [M]. 天津:天津大学出版社,2003.
[2] 夏志皋. 塑性力学 [M]. 上海:同济大学出版社,1991.
[3] 宋卫东. 塑性力学 [M]. 北京:科学出版社,2017.
[4] 米海珍,胡燕妮. 塑性力学 [M]. 北京:清华大学出版社,2014.
[5] 余同希,薛璞. 工程塑性力学 [M]. 2版. 北京:高等教育出版社,2010.
[6] 熊祝华,洪善桃. 塑性力学 [M]. 上海:上海科学技术出版社,1984.
[7] 盛冬发,李明宝,朱德滨. 弹塑性力学 [M]. 北京:科学出版社,2021.
[8] 李同林,殷绥域,李田军. 弹塑性力学 [M]. 武汉:中国地质大学出版社,2016.
[9] 王仲仁,苑世剑,胡连喜,等. 弹性与塑性力学基础 [M]. 2版. 哈尔滨:哈尔滨工业大学出版社,2007.
[10] 李遇春. 弹塑性力学 [M]. 北京:中国建筑工业出版社,2022.
[11] Khan A S, Huang S J. Continuum Theory of Plasticity [M]. New York:John Wiley&Sons,1995.
[12] 卓卫东. 应用弹塑性力学 [M]. 2版. 北京:科学出版社,2013.
[13] Courant R L. Variational Methods for the Solution of Problems of Equilibrium and Variations [J]. Bulletin of the American Mathematical Society,1943,49:1-23.
[14] Turner M J, Clough R W, Martin H C, et al. Stiffness and Deflection Analysis of Complex Structures [J]. Journal of the Aeronautical Sciences,1956,23(9):805-823.
[15] Clough R W. The Finite Element Method in Plane Stress Analysis [C]. Proceedings of 2nd ASCE Conference on Electronic Computation,Pittsbrugh,PA,1960:345-378.
[16] Argyris J H. Energy Theorems and Structural Analysis [M]. London:Butterworth,1960.
[17] 冯康. 基于变分原理的差分格式 [J]. 应用数学与计算数学,1965,2(4):237-261.
[18] Zienkiewicz O C, Cheung Y K. The Finite Element Method in Structural and Continuum Mechanics [M]. New York:McGraw-Hill,1967.
[19] Oden J T. Finite Elements of Nonlinear Continua [M]. New York:McGraw-Hill,1972.
[20] 王伟达,黄志新,李苗倩. Ansys SpaceClaim 直接建模指南与CAE前处理应用解析 [M]. 北京:中国水利水电出版社,2017.
[21] 王泽鹏,胡仁喜,康士廷,等. Ansys Workbench 14.5 有限元分析从入门到精通 [M]. 北京:机械工业出版社,2014.
[22] 买买提明·艾尼,陈华磊. Ansys Workbench 18.0 高阶应用与实例解析 [M]. 北京:机械工业出版社,2018.
[23] 天工在线. 中文版 Ansys Workbench 2021 有限元分析从入门到精通 [M]. 北京:中国水利水电出版社,2022.
[24] 中华人民共和国住房和城乡建设部. 建筑抗震设计标准(2024年版):GB 50011—2010 [S]. 北京:中国建筑工业出版社,2024.